绿色农业·化肥农药减量增效系列丛书

稻田农药科学使用技术指南

全国农业技术推广服务中心　主编

中国农业出版社

编写人员

策　　划　魏启文

主　　编　张　帅　傅　强　王凤乐

副 主 编　刘都才　高同春　陈　雨　郭　荣
　　　　　万品俊　李永平　夏　冰

主要编写人员（以姓氏笔画为序）

万品俊　马国兰　王　标　王凤乐
王京安　王学峰　刘都才　李永平
束　放　张　帅　张　梅　张武云
张绍明　陆明红　陈　雨　陈　雪
陈秋芳　武向文　林正平　周群芳
赵　清　夏　冰　高吉良　高同春
郭　荣　郭永旺　黄向阳　黄军定
彭亚军　覃贵亮　傅　强　舒宽义
臧昊昱

前 言
FOREWORD

水稻是我国重要的粮食作物，自20世纪50年代以来，随着绿色革命的推进，我国在矮秆稻、杂交稻和超级稻品种培育上均处于世界前列，单位面积产量亦居全球前列，总产量更是居世界首位。然而，长期以来我国培育水稻新品种的目标更注重于高产，对培育品种抗有害生物特性关注不够，再加上依赖于高肥投入以追求高产，更促使病虫草害发生与危害加重，在完全不采取人为防治的条件下，病虫草害可引起40%以上的产量损失，因此病虫草害的防治工作成为确保水稻丰产栽培的一项关键技术。

鉴于化学农药具有广谱、快速和高效的特点，使用农药成为病虫草害防治最常用的技术，我国已成为世界上农药生产量和使用量最高的国家。然而，过度施用化学农药不仅带来了环境污染和食品安全问题，而且诱发了病虫草害的再猖獗，导致作物生态系统有害生物种类越治越多。同时，在稻田系统频繁施用同类型或具有交互抗性的农药，导致产生抗药性的有害生物种类越来越多、抗性程度越来越高、抗性谱越来越广、产生抗性的速度越来越快。例如，褐飞虱和二化螟几乎已对各种农药产生了不同程度的抗药性；以往一种农药常在施用10余年后出现抗药性，而近年来施用氯虫苯甲酰胺防治二化螟时仅经过6年左右就出现了抗药性。因而，如果放任这一趋势的发展，我们还能依赖于化学农药来确保粮食安全吗？

为了加强农药抗药性的管理，国际杀虫剂抗性行动委员会（Insecticide Resistance Action Committee）、国际杀菌剂抗性行动委员会（Fungicide Resistance Action Committee）、国际除草剂抗性行动委员会（Herbicide Resistance Action Committee）根据农药作用机理，对农药进行了分类与编号，以指导施药者在交替或轮换使用农药过程中对不同作用机制的药剂进行选择，以延缓或避免抗药性和交互抗性的发展。本书是国内首次按照该分类系统所编写的针对稻田系统有害生物防治的农药应用指南。需要说明的是，在该分类系统中，若所属类别的药剂没有在水稻上登记或禁用，则本书没有列入，例如第四章杀虫剂"第2组GABA-门控氯离子通道拮抗剂"包括硫丹、林丹、氟虫腈等3种药剂，前两种未在水稻上登记使用，氟虫腈则在水稻上禁用，因此，杀虫剂中未列出该组。全书在概述我国水稻病虫草害发生特点、科学用药原则和施药技术的基础上，从方便药剂科学轮用，延缓抗药性的角度，依据国际抗药性行动委员会对农药作用机制的归类原则，详细介绍了我国水稻上登记并有较好田间防治效果的杀虫剂12类41种、杀菌剂11类35种、除草剂11类39种、专用种子处理剂13种。同时，书中还介绍了已发现的稻田主要病虫草对农药的抗性水平，以及各种农药对蜜蜂和天敌等有益生物的影响，便于施药者合理选用农药，以避免或减少农药对稻田生态系统的副作用。此外，本书还提供了抗药性问题较为突出的5种稻田主要虫、草害抗药性监测的技术规程，以推动抗药性系统监测的开展。希望本书的出版能对提高我国稻田生态系统化学农药施用水平，以及强化抗药性治理起到积极的推动作用。

　　本书编写过程中，浙江大学程家安教授和中国农业科学院植物保护研究所郑斐能研究员帮助审阅文稿，并给予了很多建设性的建议，在此表示崇高的敬意和衷心的感谢。本书的编写还得到浙江省农业科学院吕仲贤研究员、南京农业大学高聪芬教授的大力支持和帮助。本书的编写和出版得到了国家重点研发计划"化学肥料和农药减施增效综合技术研发"试点专项（2016YFD02008）"长江中下游水稻化肥农药减施增效技术集成研究与示范"项目资助，谨此鸣谢。

　　编写过程中，尽管编者力求体现当前稻田科学用药的新成果，但由于时间和水平所限，遗漏之处在所难免，敬请广大读者和同行不吝指正。

编　者

2018 年 3 月

　　注：书中所提供的农药施用浓度、施用量及施用方法，会因不同水稻品种、生长时期以及产地生态环境条件的差异而有一定的变化，故仅供参考。实际应用以所购产品使用说明书为准。

目 录
CONTENTS

第一章 <<<
水稻病虫草害发生特点及用药措施

水稻（*Oryza sativa*）是我国非常重要的粮食作物，稻米历来是我国人民的主食。在我国，每年水稻种植面积约为 0.3 亿 hm²，稻谷产量为 2 亿 t 左右，约占全国粮食总产量的 40%。保障水稻优质高产对于我国粮食安全和社会稳定具有重要意义。我国水稻种植区域分布很广，除青海基本没有水稻种植外，北至黑龙江漠河，南至海南崖县，西至新疆，东至台湾，低至东南沿海，高至海拔 2600 m 以上的云贵高原，都有水稻种植。目前我国水稻种植区域大致可分为六大稻作区：东北半湿润早熟单季稻作区、西北干旱半干旱单季稻作区、华北半湿润单季稻作区、西南湿润单季稻作区、长江流域湿润单双季稻作区、华南湿润双季稻作区。

病虫草害是影响水稻稳产、高产、优质的重要因素之一。我国每年水稻病虫草害发生面积都在 0.9 亿 hm² 次以上，对水稻生产造成了重大经济损失。其中，稻飞虱、稻纵卷叶螟、水稻螟虫、稻瘟病、纹枯病、稻曲病以及稗草是我国水稻生产上危害最严重的主要病虫草害。水稻病虫草害的防控技术，特别是化学防治技术，是有效控制和减轻病虫草危害、保障粮食丰收的重要措施。但是，如果化学防控措施应用不当，不仅会影响稻米的产量和品质，而且还会引起次生病虫草害问题，并导致病虫草害抗药性的发展和缩短农药品种的使用寿命。因此，针对各稻区水稻主要病虫草害发生特点，科学交替轮换使用高效、低毒农药品种，采用农药减量增效技术，提高我国水稻病虫草害科学用药防控水平，已成为保障水稻稳产高产的重要基础。

一、我国水稻病虫草害发生特点

1. 发生范围不断扩大

近几年水稻害虫总体呈中等发生，2014—2016 年稻飞虱、稻纵卷叶螟、二化螟平均发生面积分别比 20 世纪 90 年代初上升了 33%、10%、29%。纹枯病呈持续偏重发生态势；稻瘟病偏重发生，重发区域由原来的山区、半山区向平原地区扩展趋势明显；稻曲病中等发生，重点发生在江南和长江中下游稻区。

2. 主要病虫草抗药性问题突出

二化螟、褐飞虱、稻瘟病、稗草等主要病虫草害对田间常用药剂产生了高水平抗药性（参阅第七章），防效下降，形成了"病虫草量上升—强化防治—抗性发展—防效下降—病虫草再上升"的恶性循环。以二化螟为例，生产上频繁使用氯虫苯甲酰胺、阿维菌素、三唑磷、杀虫单等药剂进行防治，且不注意药剂轮用或交替使用，在一季水稻上连续使用2~3次的现象非常普遍，致使二化螟在浙东、湘中南、赣中及赣北环鄱阳湖等双季稻区田间抗药性严重，已对目前几乎所有类型的药剂产生抗性。

3. 次要或新病虫害危害加重

随着优质稻、两系杂交稻、籼粳杂交稻及北方粳稻面积的逐年扩大，一些过去并未引起关注的潜在病虫害发生灾变，如南方水稻黑条矮缩病、穗腐病、穗枯病、干尖线虫病、细菌性基腐病、细菌性条斑病等。由于对这些上升的或新出现的病虫害的基础性研究、发生规律及防控技术等研究不够，造成的产量损失十分严重。

4. 稻田杂草危害加重

近几年我国稻田杂草发生面积逐年扩大，已从2010年的0.19亿 hm² 猛增到2016年的0.21亿 hm²，增加了8.7%。杂草草相发生很大变化，种群演替加快，野慈姑、鸭舌草、萤蔺、异型莎草等阔叶及莎草科杂草发生呈上升趋势，杂草稻已蔓延至25个省份，因缺乏有效的选择性除草剂，目前主要靠人工拔除。杂草抗药性问题突出，安徽、江西、湖南稻田稗草种群对五氟磺草胺抗性发生率高达71.3%，使用剂量已是登记剂量的一倍以上。

二、水稻病虫草害频繁发生的原因

水稻主要病虫害在全国主要稻区频繁、大面积发生，造成水稻产量严重损失。分析水稻病虫害严重发生的原因主要有以下几个方面：**一是气候变化**。由于温室效应，全球气候变化较快，导致高温、高湿天气增多，有利于病虫害发生、流行，特别有利于病虫害向高纬度地区推移。**二是水稻品种布局**。目前由于杂交稻大面积推广种植，缺少优良的抗病、抗虫品种，有利于多种重要病虫害大面积暴发、流行。一些品质好的优质、专用稻，但抗性相对较差品种的应用，引起稻曲病、稻瘟病等病虫害发生频繁，危害加重，并诱导病原菌生理小种、害虫生物型变异。**三是轻简化耕作和机械收割**。免耕等轻简化耕作方式提高了越冬虫源的存活率；机械收割留置田间的稻桩较高，增加了螟虫类及灰飞虱等害虫的越冬虫源基数。免耕和直播导致田间杂草问题突出，特别是直播田有利于杂草发生，且加大了防治难度，普遍出现杂草难防的问题，部分直播稻推广时间较长的地区开始出现因直播稻杂草无法防除而改为移栽稻的现象。**四是种植结构与肥水管理。**密植、高肥尤其是偏施氮肥等高产栽培措施、一家一户承包制及种植多样化，造成播栽时期和品种不一，形成大量桥梁田等，有利于病虫害的传播发生。**五是病虫草对主控药剂的抗药性。**半个多世纪以来，病虫草害抗药性的发展历史告诉我们，病虫草害一旦对主治药剂产生抗性，必然会引起这种病虫草害的暴发与猖獗危害。2005 年褐飞虱因对新烟碱类杀虫剂吡虫啉产生高水平抗性而暴发成灾；2016—2017 年二化螟因对氯虫苯甲酰胺产生高水平抗性而在江西、湖南局部地区难以防控；杂草抗药性是近年来我国稻田杂草上升的主要原因，如湖南沅江等地稗草对五氟磺草胺的高抗药性，其对稗草的防效不足 10%，导致该地稗草的大发生。

三、水稻主要病虫草害防控用药基本原则

水稻病虫草害的防治应遵循"预防为主、综合防治"的植保方针。总体上应通过生态调控途径创造不利于病虫草害、有利于天敌的稻田生态环境，充分发挥自然因子的控害作用，降低水稻病虫草害的发生程度和灾变频率，必要时再采用药剂进行应急防控。基于此，药剂使用应慎重，应遵循以下用药的基本原则：

1. 合理用药原则

根据农药的作用机理，选择适宜的防治时期施用。如选择内吸活性高、持效期长、对成虫和若虫均有效的吡蚜酮、烯啶虫胺，放在当地稻飞虱主害代使用。由于三唑磷可提高褐飞虱的产卵能力，促使其暴发危害，用于防治水稻螟虫时要密切注意褐飞虱的发生动态。

2. 交替用药原则

按作用机理实施药剂分类，上、下代之间或前、后两次用药之间选用无交互抗性或者不同作用机理的药剂进行交替轮换使用，避免连续单一使用某种药剂，确保任一作用机理的农药对病虫草的选择压都是最小的，降低药剂的选择压力，阻止或延缓抗性的发展。例如防治褐飞虱可以选用吡蚜酮、烯啶虫胺、三氟苯嘧啶等；防治稻纵卷叶螟则可以选用氯虫苯甲酰胺、阿维菌素、茚虫威、丙溴磷等；防治稻瘟病可以选用三环唑、稻瘟灵、春雷霉素等药剂。

3. 限制用药原则

为了延缓病虫害抗药性的发展，对新颖、高效的药剂品种实施限制用药的原则（即在一个生长期内限制其使用次数）。如鱼尼丁受体的激活剂氯虫苯甲酰胺主要用于防治当地稻纵卷叶螟和二化螟的主害代，建议水稻每生长季限制使用 1 次；吡啶甲亚胺杂环类杀虫剂吡蚜酮主要用于防治当地褐飞虱、白背飞虱、灰飞虱的主害代，建议水稻每生长季限制使用 1～2 次（一种飞虱只用 1 次）。

4. 暂停用药原则

在制订防控用药技术方案时，根据抗性治理原则和农业部已有的规定，对病虫已产生高水平抗性（抗性倍数＞100 倍）的药剂和具有交互抗性的药剂必须暂停使用。如褐飞虱对吡虫啉、噻嗪酮及噻虫嗪已产生高水平抗性（抗性倍数＞1 000 倍），因此不宜用吡虫啉、噻嗪酮及噻虫嗪防治褐飞虱；浙江、江苏、湖南二化螟对三唑磷产生高水平抗性的地区，暂停使用三唑磷防控二化螟。

5. 安全用药原则

稻田是一个特殊的生态系统，生物种类比较多，特别是天敌种类多，对害虫有良好的控制作用。要使用选择性农药，禁止使用拟除虫菊酯类等对稻田天敌毒性大的农药品种，防止杀伤天敌。

四、提高水稻科学用药技术措施

科学用药是延缓水稻病虫草害抗药性形成的重要途径。当前生产上主要病虫草害抗药性的突出问题，一方面与目前我国登记的农药产品多，农药商品名称混乱有关，尽管国内只能生产 600 余种农药有效成分，但商品农药种类却达到 30 000 余种，很多不同名称的商品农药中均含有同一成分，致使稻农难以选择合适药剂，并导致同种农药的反复使用；另一方面也是稻农对农药认识有限，生产上过度依赖农药，过量用药、盲目用药。因此，我们必须在加强农药登记、生产和销售管理的同时，依据水稻病虫草害综合防治策略，摸清水稻主要病虫草害的发生发展规律，掌握药剂重要特性和使用特点，积极推广生物农药和高效环境友好型农药，优化药剂使用方案，结合专业化统防统治，提高农药使用效率，减少用药次数，延缓病虫草害抗药性的形成，确保药剂的可持续利用和农药减量控害。推荐使用的优化技术方案如下：

1. 实施病虫草全程解决用药方案

病虫草全程解决用药方案摒弃了头痛医头、脚痛医脚式的传统植保方式，根据整个水稻生育期病虫草害发生动态及其相互关系，选用抗性品种、适期栽种和合理施肥等农业技术以营造不适合病虫草发生的环境，综合解决作物整个生长发育期内可能出现的病虫草害问题，提供配套技术产品和植保解决方案，减少了施药次数和药剂使用量，实现了农业的可持续发展。

2. 预防性用药防控技术

切实落实"预防为主，综合防治"的植保方针，从"见虫打药、见病喷药"转变为预防为主，在害虫孵化或病菌萌发关键期施药，重点抓好种子包衣、秧苗药剂处理、破口期提前施药三大环节，有效防控蓟马、螟虫、稻飞虱、恶苗病、稻曲病、稻瘟病等病虫害，大幅减少水稻前期的药剂使用剂量，保护本田天敌种群的尽早建立。

3. 提高除草剂科学使用水平

要优化稻田除草策略，积极推广土壤封闭和茎叶处理相结合的"封杀"技术。科学使用除草剂，实行不同作用机理的除草剂轮用，预防和延缓杂草产生抗药性。完善现有除草剂的使用技术，推广应用新型施药机械，特别要探明最佳用药适期和用药量，用足水量，以提高控草效果。

4. 推广高效药械和先进喷洒技术

水稻生长中后期，株叶茂盛，可选用自走式喷杆喷雾机、植保无人机喷药，这类喷雾机雾滴穿透性好，可直达植株中下部，对病虫害防控效果好，大幅提高了作业效率，减轻了劳动强度。另外，作业时采用较低的作业速度，小流量喷头，实行低容量喷洒，提高农药利用率。

5. 添加助剂

水稻叶片表面蜡质层厚，属于天然超疏水性生物表面，水滴在稻叶表面接触角大，不易湿润持留。喷洒杀虫剂时可在药剂中添加有机硅等助剂，增加药液在作物表面的附着和扩散铺展能力，提高农药利用率和防治效果。

参考文献

王彦华，李永平，陈进，等，2008. 褐飞虱对吡虫啉敏感性的时空变化及现实遗传力 [J]. 中国水稻科学，22（4）：421 - 426.

王荫长，范加勤，田学志，等，1994. 溴氰菊酯和甲胺磷引起稻飞虱再猖獗问题的研究 [J]. 昆虫知识，31（5）：257 - 262.

袁会珠，李永平，邵振润，2007. Silwet 系列农用喷雾助剂使用技术指导 [M]. 北京：中国农业科学技术出版社.

张帅，2017b. 2016 年全国农业有害生物抗药性监测结果及科学用药建议 [J]. 中国植保导刊，37（3）：56 - 59.

张帅，舒宽义，黄向阳，等，2017a. 水稻二化螟抗药性治理的田间试验研究 [J]. 中国植保导刊，37（8）：61-64.

周国辉，张曙光，邹寿发，等，2010. 水稻新病害南方水稻黑条矮缩病发生特点及危害趋势分析 [J]. 植物保护，36（2）：150-152.

庄永林，沈晋良，陈峥，1999. 三唑磷对不同翅型稻褐飞虱繁殖力的影响 [J]. 南京农业大学学报，22（3）：21-24.

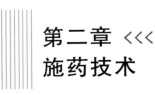

第二章 <<<
施药技术

施药技术指针对水稻种子及植株用药，达到利用药剂防治水稻有害生物目标的方法或技术。水稻生产中，根据施药方式可分为种子处理、撒施法和喷雾法等三类技术。

一、种子处理技术

随着农村劳动力的转移、水稻耕作栽培模式的改变，水稻生产更加机械化、轻简化和集约化，水稻种子处理技术因其简便、环保、长效、节本、增效等优点越来越受到人们的青睐。种子处理是指利用生物、物理、化学因子和技术避免有害生物对种子及播种后的种子萌发和幼苗生长产生危害，确保作物生长健壮，达到高质、高产的目的。利用化学药剂进行种子处理是当前主要应用技术，基本原理是利用药剂在水稻种子与有害生物之间生物活性的不同及作用方式的差异，对种子安全，而可控制或避免有害生物的危害。目前，水稻生产上种子处理方法主要有浸种、拌种、闷种、包衣等方法。所用的药剂通常根据防治的有害生物类型进行选择。此外，种子处理过程中采用植物生长调节剂提高水稻秧苗素质和抗病能力亦渐见普遍。各有关方法简介如表 2-1 所示。

表 2-1 常用种子处理技术

名称	定义	对药剂的剂型要求
浸种	将种子在一定浓度的药剂水分散液里浸渍一定时间，使种子吸收或黏附药剂的方法	能均匀分散在水中并与水形成较稳定药液的剂型，如：水剂、乳油、悬浮剂等剂型；药剂选择范围广
拌种	将种子与药剂按照一定比例进行充分搅拌混匀，使种子外表覆盖均匀药层的方法	药剂选择范围广，可选粉剂、水分散粒剂、可湿性粉剂、水剂、乳油等多种剂型；药剂选择内吸性强为主

（续）

名称	定 义	对药剂的剂型要求
闷种	将药液均匀喷施在种子上并堆后用覆盖物闷一段时间，使药剂充分发挥渗透、内吸、熏蒸等作用的方法	可湿性粉剂、乳油等剂型；药剂选择挥发性强、蒸气压高、内吸性强的为主
包衣	用含有黏结剂的农药组合物（种衣剂）包裹种子，在种子表面形成一层牢固且具有一定功能的保护层的方法（袁会珠，2004）	种衣剂、悬浮种衣剂、干粉种衣剂等剂型；药剂选择范围较大

种子处理具有以下优点：一是提高病虫防治效果。如种衣剂中的杀虫剂、杀菌剂包被于种子表面的衣膜内，随着种子的发芽，种衣剂依靠其缓释及内吸作用不断地被作物吸收，传导到植株各部分，从而达到综合防治苗期病虫害的作用。二是减少农药用量。如种衣剂直接应用于种子，比应用于田间所需活性成分的量要少得多，种子处理所需的活性成分用量仅相当于叶面喷雾的 1/200、沟施（颗粒剂）的 1/10。三是增加水稻产量。种子处理通过防治病虫害，促进幼苗生长、增强抗逆性、培育壮苗，促进成穗以及增加有效穗数，达到增产的效果。

1. 浸种法

水稻浸种是将种子在一定浓度的药剂水分散液里浸渍一定时间，使得种子吸收或黏附药剂的方法。种子在吸收水分的同时，也吸收一定量的农药，进而杀灭种子已携带的有害生物，并预防病虫对秧苗的进一步危害。

浸种前一般需要晒种和选种。晒种是利用太阳光谱的短波光杀死附着在种子表面的病菌和增进种子内酶的活性，进而提高发芽势，使其出芽快且整齐；筛种后再行选种，包括风选和水选，风选是在晒种后用风车或自然风扬去种子空壳、瘪粒、枝梗和杂物以及霉菌孢子，风选后再用筛子过筛，筛去杂粒和细粒及芽谷和稗粒，最后再用黄泥水或盐水进行水选。浸种前已经选种和晒种处理的种子无需重复此步骤。

水稻浸种法操作简单，将待处理的种子直接放入配置好的药液中，在便于搅拌的设备中加以混匀，使种子与药液充分接触即可。为了避免由于种子吸水导致的水位降低而引起种子未覆盖完全，进而影响浸种效果，浸种药液一般需要高出浸渍种子 10～15 cm。一般来说，干燥的水稻种子浸种时，种子与药液比为 1：1.25，而经过盐水选种后的湿水稻种子与药液比为 1：1。

浸种过程中的药液浓度、温度、时间与防病虫效果密切相关。药液浓度

表示药液中农药有效成分的含量，而不是指种子质量。例如，当使用 25%
氰烯菌酯悬浮剂浸种时，如果使用药液的终浓度为 0.012 5%，则表示每
100 kg 药液中含有氰烯菌酯（折百量）0.012 5 kg。部分农药的有效成分在
水中不稳定，需要现配现用，其他稳定的农药浸种后可补充药液重复使用，
避免浪费和减少对环境的污染。若浸种导致药液浓度降低，在药液温度不变
的情况下，需要延长浸种时间；而同等浓度的药液，药液温度高，浸种时间
就缩短；药液温度低，浸种时间可适当加长。生产中浸种水温为 20～30 ℃时，
时间 12～48 h。需要注意，不同温度下种子吸水速率和发芽率有所不同，详见
表 2-2。

表 2-2 不同温度及时间浸种的吸水速率和种子发芽率

水稻品种	浸种温度（℃）	种子吸水速率（%）				种子发芽率（%）			
		12 h	24 h	48 h	72 h	12 h	24 h	48 h	72 h
宁粳 1 号	20	—	1.29	1.31	1.39	—	82	91	82
		—	1.32	1.33	1.38	—	90	92	81
		—	1.32	1.33	1.40	—	88	87	86
扬辐粳 8 号	20	—	1.26	1.26	1.30	—	96	94	97
		—	1.25	1.27	1.30	—	96	94	96
		—	1.26	1.29	1.30	—	98	93	97
淮稻 9 号	20	—	1.25	1.28	1.30	—	78	89	88
		—	1.27	1.28	1.31	—	84	88	90
		—	1.28	1.29	1.30	—	89	83	82
皖稻 68	20	—	1.4	1.41	1.49	—	91	92	90
		—	1.39	1.42	1.46	—	91	91	93
		—	1.41	1.47	1.52	—	92	92	90
宁粳 38	20	1.24	1.26	1.29	—	86	90	92	
		1.24	1.28	1.31	—	90	91	94	
		1.25	1.30	1.36	—	91	97	95	
宁粳 41	20	1.22	1.27	1.29	—	85	91	92	—
		1.23	1.28	1.32	—	89	92	94	
		1.24	1.31	1.35	—	90	96	95	
宁粳 45	20	1.23	1.26	1.30	—	86	90	93	
		1.24	1.27	1.31	—	88	91	93	
		1.25	1.29	1.36	—	91	94	96	

（续）

水稻品种	浸种温度（℃）	种子吸水速率（%）				种子发芽率（%）			
		12 h	24 h	48 h	72 h	12 h	24 h	48 h	72 h
宁粳47	20	1.22	1.26	1.29	—	85	91	92	—
		1.25	1.27	1.32	—	89	92	95	—
		1.26	1.29	1.36	—	91	94	96	—
宁粳49	20	1.21	1.26	1.29	—	85	90	91	—
		1.23	1.28	1.32	—	89	91	93	—
		1.24	1.30	1.36	—	91	96	95	—

浸种用农药剂型要求能够在水中分散和稳定悬浮，或者经搅拌能均匀分散在水中并与水形成相对稳定的药液，从而保证药剂与种子充分接触。因此，粉剂不宜用作浸种使用；水剂溶解性好，但润湿性较差；乳油和悬浮剂的粒径小、分布均匀，形成的药液分散度好；可湿性粉剂颗粒粒径大、分布宽，形成的药液稳定性和分散度较差。

2. 拌种法

拌种法是将种子与药剂按照一定比例进行充分搅拌混匀，使每粒种子外表覆盖均匀药层的方法，拌种时，取一定量药剂（如 3 mL 70%噻虫嗪种子处理悬浮剂）并对水 40～50 mL 稀释后直接与干种子（1 kg）混合搅拌均匀后捞出摊晾阴干即可。拌种若在浸种催芽之后，出芽程度应掌握在"露白"或芽长最多至半粒种子长时，芽过长容易在拌种时受损伤。

拌种应避免出现药剂黏附不均、易脱落等现象。在有条件的地方应该尽可能利用专用拌种器拌种或者圆柱形铁桶，将药剂和种子按照规定的比例加入桶内，封闭后滚动拌种；没有专用设备的也可在塑料袋中拌种。当种子量大时应采用机械拌种，药剂和种子按比例加入滚筒拌种箱中（种子量不超过拌种箱最大容量的 75%，以保证足够空间供种子翻滚），以 30～40 r/min 的速度正反向滚动 2 min 拌种，待药剂在种子表面散布均匀即可。

拌种对病虫的防效不但与拌种操作的质量好坏有关，还取决于药剂及其剂型的选择。拌种用农药应选内吸性较好的种类，且不能产生药害。所用剂量因作物种类和药剂性质而定，一般为种子重的 0.2%～10%。拌种药剂浓度有两种表述方法，其一是按照农药拌种制剂占处理种子的质量分数，如 25%吡虫啉可湿性粉剂拌种浓度为 0.2%，表示每 100 kg 种子需要 25%吡虫啉可湿性粉剂 0.2 kg；另一种是按照拌种药剂的有效成分含量占处理种子的质量分数计算，如 25%吡虫啉可湿性粉剂拌种浓度为 0.2%，则表示每 100 kg 种子需要 25%吡虫啉可湿性粉剂 0.8 kg。生产中多采用第一种方法，使用者需仔细阅读使用说明书。

3. 闷种法

闷种法是介于浸种法和拌种法之间的一种种子处理技术，又称半干法。种子量较少时不需专业的拌药设备，种子量大时应选择合适容量的拌种设备。闷种法的基本原理是先使药剂有效扩散到种子表面，然后通过堆闷使药剂充分发挥渗透、内吸、熏蒸等作用，杀死种子内外的病虫或防止其对种子萌发的危害。选用的药剂应具有挥发性强、蒸气压高、内吸性强等特点，如福尔马林。

闷种法使用药液的用量、浓度、时间主要根据药剂特性和种子情况而定，如用 2% 福尔马林，在气温高于 20 ℃下闷种 3 h 为宜。需要注意的是，由于闷种后种子已经吸收了较多水分，因此不宜久储，以免储存过程中的热量过高影响发芽率。

4. 包衣法

作为当前种子处理技术的研究热点，包衣法具有护种苗（防止有害生物对种子和幼苗的危害）、促生长（为种子萌发和幼苗生长提供相关营养物质）和易播种（调整种子大小、形状，利于机械播种，起到种子丸粒化、标准化的作用）等优点。种子包衣剂除可以包含杀菌剂、杀虫剂、植物生长调节剂等药剂外，还可以包含肥料、微量元素等营养物质。种衣剂包被在种子表面可快速形成固化膜，在土中遇水只能吸胀而不易被溶解和脱落，不易发生药剂流失；对人、畜及天敌相对安全。药膜吸水和药剂释放是种衣剂发挥作用的重要环节。包衣种子施入苗床或大田后，药膜随即吸收土壤水分，药剂有效成分通过成膜剂空间网状结构中孔道释放，被种子吸收或在种子周围和土壤中形成一个"药圈"或"蓄水球囊"，对种子及土壤中的病原菌发生作用，亦可为种子和秧苗的健壮生长创造适宜的条件。

种子包衣是一个涉及多学科、多因子的复杂过程，对种子（脱粒精选）、种衣剂（药剂选择）、包衣机（包衣处理）和操作程序（计量包装）等均有一定的要求，包衣过程中必须按照相关要求进行处理。

（1）首先是质量达标的水稻种子。作为标准化的技术，种子包衣技术的关键是种子的质量，特别是种子纯度和发芽率等方面，因此需首先做好选种工作，相关技术介绍参考浸种法中的相关内容。

（2）其次是质量合格的种衣剂。种子包衣法使用剂型不是浸种或拌种法采用的剂型，而是把单独（或混合）农药、肥料等经特定加工工艺制成具有一定强度和通透性的专用剂型。

截至 2017 年 12 月，我国登记在水稻上有效期内的种衣剂产品 69 个，根据有效成分分为单剂 7 种，混剂 19 种，以悬浮型种衣剂为主，防治对象包括恶苗病、立枯病、稻瘟病、纹枯病、蓟马、稻飞虱等（表 2-3）。生产上实际使用时，应根据当地水稻生产上的病虫种类、水稻品种病虫害抗性水平、药剂的作用机制等信息（表2-4），选择合适的种衣剂品种，可以选择多个有效成分以达到预防多种病虫的效果。

与国际种衣剂市场相比，我国种衣剂市场存在剂型落后、技术水平低、发展不平衡、新产品少等问题，特别是悬浮剂作为包衣的主要制剂常出现分层、沉淀和包衣不牢固等现象，严重影响了其对病虫害的防治效果，制约了我国水稻种衣剂的推广和应用。

（3）对包衣操作的方法和程序有一定的要求。操作方法包括机械法和人工法，前者适合种子数量多、规模大、工厂化处理，而后者适用于农户进行少量种子包衣。人工包衣法主要有圆底大锅包衣法和大瓶包衣法。前者用大锅，先将大锅固定好，放入种子，倒入适量种衣剂后，立即用铲子快速翻动拌匀；后者用大瓶，称取大瓶容量1/4的种子，再按比例放入种衣剂后封盖，快速摇动，直到均匀。不管采用何种方法，均须按照规定的操作方法与技术进行，确保包衣过程和储存过程中的安全性。

表2-3 我国登记在有效期内的悬浮种衣剂（截至2017年12月）

防治对象	种衣剂有效成分名称	剂型含量	登记或生产企业
恶苗病	咯菌腈	25 g/L	上虞颖泰精细化工有限公司、瑞士先正达作物保护有限公司、山东省招远市金虹精细化工有限公司、陕西标正作物科学有限公司、济南绿霸农药有限公司、江苏省南京高正农用化工有限公司、江苏稼穑化学有限公司、杭州宇龙化工有限公司、河南广农农药厂、浙江博仕达作物科技有限公司
	咪鲜胺	1.5%	江苏省南通南沈植保科技开发有限公司
恶苗病、立枯病	戊唑醇	0.25%	福建省莆田市友缘实业有限公司、齐齐哈尔盛泽农药有限公司
蓟马	噻虫嗪	30%	江阴苏利化学股份有限公司、绩溪农华生物科技有限公司 陕西韦尔奇作物保护有限公司、河北德瑞化工有限公司
		35%	深圳诺普信农化股份有限公司、山东省联合农药工业有限公司、陕西美邦农药有限公司
	吡虫啉	600 g/L	拜耳作物科学（中国）有限公司
		1%	沈阳化工研究院（南通）化工科技发展有限公司

（续）

防治对象	种衣剂有效成分名称	剂型含量	登记或生产企业
稻飞虱	吡蚜酮	30%	江苏艾津农化有限责任公司
	呋虫胺	8%	河南雷力农用化工有限公司
	噻虫嗪	30%	山东省青岛润生农化有限公司
	吡虫啉	600 g/L	宁波三江益农化学有限公司
稻飞虱、蓟马	吡虫啉	600 g/L	兴农药业（中国）有限公司
恶苗病	多·福	15%	重庆种衣剂厂、天津科润北方种衣剂有限公司、安徽省六安市种子公司安丰种衣剂厂、江苏天禾宝农化有限责任公司、齐齐哈尔盛泽农药有限公司
		17%	北农（海利）涿州种衣剂有限公司
		20%	安徽天恒农化科技发展有限公司
	多·咪·福美双	11%	辽宁壮苗生化科技股份有限公司
		18%	安徽丰乐农化有限责任公司
		20%	江苏省南通派斯第农药化工有限公司
	咪鲜·多菌灵	6%	哈尔滨火龙神农业生物化工有限公司
	咪鲜·咯菌腈	5%	陕西康禾立丰生物科技药业有限公司
	精甲·咯菌腈	35 g/L	江苏艾津农化有限责任公司
		62.5 g/L	瑞士先正达作物保护有限公司、浙江省杭州宇龙化工有限公司、山东省青岛奥迪斯生物科技有限公司、江苏省南京高正农用化工有限公司
	苯甲·咪鲜胺	30%	天津市施普乐农药技术发展有限公司
	甲·嘧·甲霜灵	12%	美国世科姆公司
稻瘟病	多·福	20%	四川红种子高新农业有限责任公司
立枯病	多·福	17%	安徽禾丰农药厂
	多·福·立枯磷	13%	山东华阳农药化工集团有限公司
	多·咪鲜·甲霜	20%	吉林省八达农药有限公司
恶苗病、立枯病	多·咪·福美双	18%	天津科润北方种衣剂有限公司
	甲霜·福美双	15%	吉林省八达农药有限公司
	咪·霜·噁霉灵	3%	辽宁壮苗生化科技股份有限公司
	咪鲜·噁霉灵	3%	北农（海利）涿州种衣剂有限公司
	精甲·咯·嘧菌	6%	哈尔滨火龙神农业生物化工有限公司

（续）

防治对象	种衣剂有效成分名称	剂型含量	登记或生产企业
恶苗病、蓟马	噻虫·咯·霜灵	20%	湖南农大海特农化有限公司
		25%	湖南新长山农业发展股份有限公司
	噻虫·咪鲜胺	35%	陕西汤普森生物科技有限公司、陕西美邦农药有限公司
	噻虫·咯菌腈	22%	陕西标正作物科学有限公司
	咪鲜·吡虫啉	1.3%	湖南农大海特农化有限公司
		2.5%	北农（海利）涿州种衣剂有限公司
		7%	四川红种子高新农业有限责任公司
	噻虫·咯·霜灵	25%	先正达南通作物保护有限公司
	噻虫·咯菌腈	22%	燕化永乐（乐亭）生物科技有限公司
纹枯病、稻飞虱	苯甲·吡虫啉	26%	山东省济南仕邦农化有限公司

表 2-4 我国已登记的防治水稻病虫害种衣剂的类别、有效成分及其作用靶标

防治对象	化学类别	有效成分	作用靶标或机制
病害	苯并咪唑类	甲基硫菌灵、多菌灵	微管蛋白组有丝分裂
	甲氧基丙烯酸酯类	嘧菌酯	复合体Ⅲ：细胞色素 bc1Qo 位泛醌醇氧化酶（细胞色素 b 基因）
	噁唑类	噁霉灵	
	有机磷类	甲基立枯磷	类脂过氧化作用
	苯基酰胺类	甲霜灵、精甲霜灵	RNA 聚合酶
	二硫代氨基甲酸酯类	福美双	多点触杀活性
	苯基吡咯类	咯菌腈	渗透信号转换中的磷酸单戊酯蛋白/组氨酸（os-2，HOG1）
	三唑类	戊唑醇、苯醚甲环唑	膜立体生物合成 C14-脱甲基化作用（erg11/cyp51）
	咪唑类	咪鲜胺	
虫害	氨基甲酸酯类	丁硫克百威	乙酰胆碱酯酶抑制剂
	有机磷类	毒死蜱	
	新烟碱类	吡虫啉、噻虫嗪、噻虫胺	烟酸乙酰胆碱酯酶受体
	吡啶类	吡蚜酮	阻塞口针

二、撒施技术

撒施技术包括撒粒法、泡腾技术、撒滴法及水面展膜法等施药方法。无须用水配制药液，可直接或制成毒土后施药，具有简单、方便等特点。

1. 撒粒法

撒粒法通常指颗粒剂的施撒，常用于稻田除草剂的使用。撒粒法基本原理是将农药与适宜的辅料配合制成颗粒状制剂，通过人工或机械施撒至田面或土壤中，利用颗粒剂的可溶解性，逐步或迅速释放药效。

使用撒粒法时，要根据目的、条件、农药性质等选择合适大小的颗粒剂。颗粒剂分为微颗粒（74～297 μm，相当于 200～60 号筛目，也称细粒剂）、粒剂（297～1 680 μm，相当于 60～10 号筛目）和大粒剂（5 000 μm 以上，粒度大小接近于绿豆）等 3 种。粒剂和大粒剂主要应用于水稻田中的土壤处理或水生杂草和水田害虫的防治。除了颗粒大小外，单位重量的颗粒数量也影响效果，体现在颗粒数量越多，与有害生物接触的概率就大，溶解速度、均匀性和防效更好。

稻田颗粒剂的撒施方法有人工撒施和机械撒施 2 种。人工撒施与施撒尿素颗粒类似，建议戴橡胶手套，穿着工作服，戴口罩，并在施药后立即清洗手等暴露部位。机械撒施包括背负式、拖拉机牵引或悬挂式、航空撒施和专用型离心式风扇撒粒机等。

2. 泡腾技术

泡腾技术指在药物制剂中加入碳酸盐与有机酸，遇水后产生 CO_2 气体而调节释药行为的一种技术。使用时，施药者可站在田边将其直接抛入稻田。具有无粉尘污染、无特殊器械要求、施药效率高、药效好等优点。

当前，水稻田中在登记有效期内的泡腾除草剂有 27 个，主要以吡嘧磺隆、苄嘧磺隆、苯噻酰草胺、甲草胺、乙草胺、丙草胺、异丙甲草胺、二氯喹啉酸等成分为主；泡腾杀虫剂 8 种，主要以吡虫啉、噻嗪酮、吡蚜酮、甲氨基阿维菌素苯甲酸盐和杀虫单为主；泡腾植物生长调节剂 1 种，为 5% 调环酸钙泡腾片。

3. 撒滴法

撒滴法是不使用喷雾器具、不对水的情况下，直接将农药进行撒施的技术。具有施药轻便、省工省力等优点，适合在水稻田和其他水田作物田使用。

撒滴法应用中，必须选用水溶剂强、土壤吸附率低、半衰期长的农药。杀虫双专用撒滴剂曾在我国稻田中得到推广。但由于撒滴法容易引起的环境安全问题等多方面的原因，尚未能得到大面积的应用。

4. 水面展膜法

水面展膜法利用水稻田有水的独特环境，把疏水性农药溶解在有机溶剂内制成独特的展膜油剂，使用时只需"点状施药"，药剂滴在水面后自行呈波浪状迅速扩散，并沿着水稻基部向上爬升。该方法具有使用简便、点状施药、无需器械、展布均匀、防效优良和受环境条件影响小等优点。

展膜油剂是特殊的剂型，以噻嗪酮展膜油剂为例，其主要根据超分子化学理论，结合噻嗪酮原药的药理特性及分子结构特征，水面扩散剂分子与噻嗪酮分子间非共价键结合而形成的一种特殊油剂。药液直接滴到水田后可迅速扩散形成药膜，并沿水稻茎基部向上爬升到 20 cm 处，达到靶向给药杀虫目的。其使用较简单，每 667 m² 稻田只需将药剂（100～150 mL）分 10～15 个等距离施药点撒施，下雨或阴天均可直接施药，保持田面 5～7 cm 水层 5～7 d，但雨天应避免大雨导致雨水漫过田埂引起药剂流失。

展膜药剂因使用的方便性，在我国颇受重视。8%噻嗪酮展膜油剂、30%毒·噻展膜油剂曾于 20 世纪末在我国推广用于稻田飞虱防控，但由于技术不够成熟，铺展效果不理想，并未获得市场的广泛认可。近年来，8%噻嗪酮展膜油剂、4%噻呋酰胺展膜油剂、4%呋虫胺展膜油剂、5%醚菊酯展膜油剂、5%氟环唑展膜油剂、30%稻瘟灵展膜油剂、25%噁草·丙草胺展膜油剂等一批新产品相继得到登记或示范、推广。相信随着技术的进一步成熟，可望成为一类重要的省工省力型技术为生产广泛接受。

三、喷雾技术

喷雾法是防治水稻病虫草害最常用的技术之一，其防治效果受作业者、施药器具、药剂理化性质、靶标发生部位及环境条件的影响。其中作业者是农业机械的操作者，其操作熟练度及对农机、农艺了解程度直接影响作业效果。此外，水稻株型、栽培方式等耕作因子以及土壤、风雨、温湿度、光照等自然因子均直接或者间接影响药液在稻株上的沉积和农药利用率。因此，应综合考虑作业者的操作水平、稻田苗情、环境等多方面因素，选择适宜的喷雾方法，达到理想的防治效果。

1. 喷雾的概念与分类

喷雾技术是指用喷雾机械将液态农药喷洒成雾状分散体系（即雾化），均匀地覆盖在作物及防治对象上的施药技术，是防治稻田有害生物的主要方法，占稻田化学防治的 80%以上。

雾化的实质是分散体系在外力作用下克服自身表面张力，实现比表面积的大幅度增加。根据外力形式可分为液力式雾化（hydraulic atomization）、气力式雾化（pneumatic atomization）和离心式雾化（centrifugal atomization）等3种类型。液力式雾化是指药液受压后，由于液体内部的不稳定性，液膜与空气发生撞击后破裂成为细小雾滴，并通过特殊构造的喷头和喷嘴而分散成雾滴喷射出去的方法；气力式雾化指利用高速气流对药液的拉伸作用而使药液分散雾化，形成细而均匀的雾滴的方法；离心式雾化是指药液在离心力的作用下脱离圆盘（或圆杯）边缘而延伸成液丝，液丝断裂后形成细雾的方法。

根据施药液量的不同还可将喷雾法分为高容量喷雾法、中容量喷雾法、低容量喷雾法、很低容量喷雾法和超低容量喷雾法等5类。不同容量喷雾法特点比较如表2-5所示。

表2-5　不同容量喷雾技术的比较

类别	喷雾量（L/hm²）	雾滴类型	雾滴大小（μm）	雾化原理	优缺点
常规容量喷雾	>600	粗雾	>400	采用液力式喷头雾化	适用范围广，可用于杀虫剂、杀菌剂和除草剂等的作业，应用最普遍；但易聚集弹跳，滚落叶面，农药散失较多，农药利用率低
中容量喷雾	200~600	中等雾	201~400	采用液力式喷头雾化	除农药利用率略高外，与常规容量法类似
低容量喷雾	50~200	细雾	101~200	通过使用小孔径喷片、调节机械喷头、控制药液流量及采用双流体雾化等技术实现	喷洒速度快、分散性好，减少了雾滴在靶标作物表面的聚集弹跳和滚落现象，农药利用率高于中容量喷雾，适于叶面病虫害防治；但不宜用于高毒农药
很低容量喷雾，又称微量喷雾	5~50	中弥雾	51~100	可通过液力式雾化、低速离心雾化或双流体雾化实现	耐雨水冲刷，农药利用率高于低容量喷雾，适用于少水地区大面积防治；但易造成作物药害和人畜中毒，不宜用于高毒农药

（续）

类别	喷雾量 （L/hm²）	雾滴类型	雾滴大小 （μm）	雾化原理	优 缺 点
超低容量喷雾	<5	气雾	5～50	一般采用挥发性低的油作载体，通过高能雾化装置使药液雾化为细小雾滴	雾滴雾化程度高，省水省药，农药利用率较高；但需专用施药器械，且对操作技术要求较高，且不宜喷洒除草剂和高毒农药

雾滴粗细程度常以体积中直径（或 DV0.5）表示，即指小于该直径的所有液滴容积占液滴总容积的 50%，用微米（μm）为单位。不同容量喷雾法的雾滴对应分为粗雾、中等雾、细雾、中弥雾和气雾等 5 类。同等体积的药液，经雾化器具后形成的雾滴数越多、越细，其对靶标作物的分布特性（包括沉降量、覆盖密度、穿透性和均匀性）就越好，对农田病虫害和杂草的防效就越高。假设雾滴为一个球体，即 1 个 500 μm 的雾滴，若雾滴直径减小 1/2，则变成 8 个 250 μm 的雾滴，即雾滴数量增加到 8 倍。换而言之，单位面积内，获得同等数量的雾滴，可通过降低药液量和雾滴大小实现。

然而，防治稻田有害生物时，并非越细或越大的雾滴防治效果越好，需要根据防治对象来决定。按照最佳生物粒径理论，即最易被生物体捕获并能取得最佳防治效果的农药雾滴直径或尺度称为生物最佳粒径，对于大多数生物靶标，20～100 μm 是最佳粒径范围。稻田中飞行昆虫（如稻飞虱等）、叶面爬行类害虫幼虫（如稻纵卷叶螟等）、病害和杂草生物的最佳粒径分别为 10～50 μm、30～150 μm、30～150 μm 和 100～300 μm。

此外，过细的雾滴具较强的飘移性和蒸发性，易造成飘移污染和农药利用率降低；反之，若雾滴粗大，撞击到靶标上后的附着力差，易发生弹跳和滚落流失，会造成农药流失并污染环境。因此，实际作业过程中，需要结合药剂特性、防治对象、作业机械，选择合适的方法，在不造成环境污染的前提下，充分发挥细小雾滴的优势，有效防治病虫害。综合考虑，田间喷施杀虫、杀菌剂采用粗雾、中等雾、细雾、中弥雾和气雾喷雾均可，除草剂适宜采用中等雾和粗雾喷洒，小于 5 μm 的雾滴不适宜稻田使用。

稻田喷雾按照雾滴沉降方式可分为飘移喷雾法、定向喷雾法和静电喷雾法等。飘移喷雾法是指利用风力把雾滴分散、飘移、穿透、沉积在靶标上的喷雾方法，雾滴按大小顺序沉降，距离喷头近处飘落的雾滴多而大，远处飘落的雾滴少而小。定向喷雾法是指调整喷头的角度或者利用遮挡材料，使喷出的雾流针对农作物的顶部、背面或株腔进行喷雾，或者覆盖作物而对杂草进行喷雾的技术。静电喷雾法是指通过高压静电发生装置使雾滴带电喷施的喷雾方法，雾滴在撞击和静电引力作用下，较易沉积在作物表面，大幅度提高农药利用率，减少雾滴飘移和环境污染。

2. 喷雾机械及使用技术

我国植保喷雾机械保有量较多，据农业部门 2010 年统计，背负式手动喷雾器 7100 万台以上（约占 89%）、背负式机动（电动）喷雾机（740 万台，约占 9%）、担架式机动喷雾机（80 万台，约占 1%）、自走式喷杆喷雾机（80 万台，约占 1%）和少量背负式喷雾喷粉机等。近年来，无人机低空施药技术在省工、高效等方面具有较大优势，发展迅速，逐渐成为病虫害防治的重要手段。

植保机械可通过选用不同的喷头或喷雾系统用于不同容量的喷雾。如，背负式手动喷雾器选择不同孔径的喷片，可用于常规容量、中容量和低容量等的喷雾，背负式机动（电动）喷雾机、担架式机动喷雾机和自走式喷杆喷雾机等也可选择常规喷头、低容量喷头、静电喷头或超低容量喷雾系统分别用作常规容量喷雾、低容量喷雾、静电喷雾或超低容量喷雾。各类植保机械及喷雾技术介绍如下。

（1）背负式手动喷雾器及使用技术。背负式手动喷雾器是我国稻田应用时间最长、最广的一类喷雾机械，技术要求是喷洒周到、均匀，使作物叶面充分湿润，具有适用范围广、附着力强、持效期长、效果高等优点，可用于杀虫剂、杀菌剂和除草剂等喷洒作业，但是存在雾滴大、易被叶片截留、沉积量和穿透性低、农药利用率低等缺点。背负式手动喷雾器结构相对简单、便于操作、价格适中且适应性广，其突出缺点是存在"跑、冒、滴、漏"现象，且工作效率较低，作业强度较大，基于此原因，正逐渐为背负式机动喷雾机等效率较好、较省力的植保器械取代。

背负压杆式手动喷雾器主要由药液系统、压力装置和喷洒装置 3 部分组成，根据压杆的位置分为肩上操作压杆和肩下操作压杆两种，后者较为常见，如工农-16 型（上海工农喷雾机厂）、SX-LK16C 型（台州市市下控股有限公司）、WS-16P 型（山东省卫士植保机械有限公司）等（表 2-6）。背负式手动喷雾器工作原理比较简单，通过摇动压杆，使活塞和皮碗在泵筒内上下运动，进而使药液在空气压力的作用下，经吸水滤网、进水球阀、泵筒和出水球阀等进入空气室，最终药液在压力作用下，通过截流阀、出水接头和胶管，流向喷头体内的涡流室，再经喷孔呈雾状喷出，一般雾滴直径为 $200\sim500~\mu m$。

表 2 - 6　背负式手动喷雾器参数

参　　数	工农 - 16	SX - LK16C	WS - 16P
容量（L）	16	16	16
工作压力（MPa）	0.3～0.4	0.2～0.4	0.2～0.4
喷头形式	圆锥形	圆锥形或扇形	圆锥形或扇形
重量（kg）	5.0	3.95	3.4
尺寸（长×宽×高，mm）	510×415×375	455×185×610	440×185×615
残留量（mL）	120	—	50

背负式手动喷雾器的使用注意事项包括使用前检查与调整机械，选择作业参数，按照操作规范作业，药后机械的保养和废液处理等方面。

使用前检查：①应在喷雾器皮碗、摇杆转轴处、滑套及活塞处涂上适量的润滑油；②压缩喷雾器使用前应检查并保证安全阀的阀芯运动灵活，排气孔畅通；③根据操作者身高调节好背带长度；④药箱内装上适量清水并以每分钟10～25次的频率摇动摇杆，检查各密封处有无渗漏现象，喷头处雾型是否正常；⑤选择合适的喷头，如喷除草剂、植物生长调节剂最好用扇形雾喷头，而喷杀虫剂、杀菌剂则用空心圆锥雾喷头。

使用前作业参数选择：①根据用水量确定合适的喷片，每 667 m² 用水量40～45 L、20～25 L、1.5～10 L，分别选用 1.3～1.6 mm、1 mm、0.7 mm 孔径喷片；②在选择好喷片后，装上清水，设定压力后用量杯接取喷出清水的量，计算 1 min 喷出水量，从而计算行走速度。若行走速度过快或过慢，可适当调整喷头流量。

使用中作业规范：①作业前先关闭开关，放上滤网（根据喷片选择），加入药液（不要超过桶壁上所示水位线位置），盖紧桶盖；②将机具背好后摇动摇杆，待室内空气压力升高达到工作压力后再打开开关进行喷洒作业，边走边打气边喷雾。若撬动摇杆感到沉，则不宜过分用力，且工作状态时严禁旋松或调整任何部件，以免药液喷出造成损害；③没有安全阀的压缩喷雾器，一定要按产品使用说明书上规定的打气次数打气；④喷雾器不能用来喷洒非水溶性或水溶性差的粉状制剂；⑤可溶性粉剂必须在充分溶解经加液口处的大滤网过滤后才可进行喷洒。

药后的清洗与保养：①每次施完药后彻底清洗喷雾器各部件并擦干清水，以减少药液对喷雾器的腐蚀，然后打开开关，置于室内通风干燥处存放；②活动部件及非塑料接头应涂黄油防锈；③再次使用前要对喷雾机进行保养，加入清水，摇动摇臂，使喷雾机中喷出的水有压力和不漏水后再投入使用；④常备一些易损件，如不同型号的密封垫圈等，可在偶发泄漏现象下便于排除故障，保障机具的正常使用；⑤废弃残液或清洗液应选安全地点妥善处理，不宜随地处理，防止环境污染。

（2）背负式机动喷雾机及使用技术。背负式机动喷雾机按照动力不同分为电动喷雾机和油动喷雾机两类。

①背负式电动喷雾机。又称背负式电动液力式喷雾机，包括常规容量喷雾和低容量喷雾两种。

a. 常规容量电动喷雾：常规容量电动喷雾机与背负式手动喷雾器工作原理相似，主要差别是将手动改为电动。进行喷雾作业时，除降低作业强度、提高工作效率外，还因为其压力相对较高，雾滴数量多，雾粒直径小，改善了雾化效果，进而提高了施药效果。电动喷雾机一般由电池、充电器、液泵、筒身、喷杆、喷头、开关、胶管等部件组成（表2-7）。

表2-7 典型背负式电动喷雾机参数

	3 WBD-16	FST-16D
厂家	台州市路桥明辉电动喷雾器有限公司	台州市富士特有限公司
电池	12 V12 AH 胶体电池	12 V8 AH 铅酸电池
水泵	隔膜泵	隔膜泵
充电器	智能型三段式充电器	智能型三段式充电器
桶身	聚乙烯料	聚乙烯料
喷杆	玻璃钢伸缩杆	铜接头玻璃钢伸缩杆
喷头	四孔喷头，单、双喷头	六孔细雾喷头，单、双、扇形喷头
胶管	橡塑软管	橡塑软管
整机净重（kg）	7	6
喷雾幅宽（m）	4～5	—
药箱容积（L）	16	16
电压（V）	12	12
流量（L/min）	1.8～2.8	1.7
工作压力（kg）	4～5	4～6
每 667m² 用水量（L）	60	48

电池和液泵是电动喷雾机的核心部件。目前，市面上的电动喷雾机电池多为铅酸电池，新购产品使用前一定先用配套专用充电器把电量反复充足再使用。当在使用电动喷雾机时，若发现电动喷雾机出现雾化减小、水泵无力、电

量指示灯偏向过放区域时，应立即停止使用，马上进行充电，以免电量耗尽，发生电池断格报废；若长期不使用，则要充满电后放置在阴凉干燥处，每隔1～2个月充一次电。液泵有3类，活塞泵、隔膜泵、齿轮泵。活塞泵是由电机带动传动装置推动活塞往复运动，将药液抽入空气室内，工作稳定可靠，压力较大但噪声、振动均较大。隔膜泵是由电机驱动一个与之相连的带隔膜的泵头，电机运转时隔膜一侧吸水，另一侧产生高压，药液从高压一侧直接喷出去，其优点是压力大、噪声小、耗电少、电池连续工作时间长，但泵的耐用性不如活塞泵，有些企业生产的隔膜泵在使用一段时间后容易漏水。齿轮泵的工作压力高、流量稳定，但噪声较大，且产品较贵，市场上较少。

背负式电动喷雾机使用和维护注意事项可参照背负式手动喷雾器。此外，还需注意电气部分的防水，清洗喷雾机时不能将喷雾机底部浸入水中，以免底部电子元件损坏和线路短路。

b. 低容量电动喷雾：低容量电动喷雾机与背负式电动喷雾机的结构和原理相似，主要不同是选择低容量喷头，使得离心喷头所产生的雾滴直径为100～300 μm。此外，电动低容量喷雾机的自重减轻、药剂容量和流量均减少，喷雾时可进一步减轻作业的劳动强度，提高作业效率。以广西田园生化股份有限公司研发的3 WBD-10B型背负式电动低量喷雾机为例，药箱容积10 L、整机重量4.5 kg、流量0.7 L/min、喷雾压力0.2～0.4 MPa、作业喷幅3.5 m（左右7 m）、雾滴粒径100～150 μm、电池容量12 V、离心喷头2个，结果是：每667 m^2用水减少至3～4 L、每桶喷施耗时15～18 min、每桶作业面积（2～3）×667 m^2、工作效率2～4 hm^2/d，高于常规电动喷雾技术。

低容量喷雾因雾滴相对较小而较常规容量喷雾更易导致雾滴飘移，造成对周边环境的安全风险，因此，较常规容量喷雾更需要注意环境风速的影响，一般需要在气流相对稳定的条件下作业，避免风速过高引起雾滴飘移；喷雾时田间应树立1根风向标，帮助操作人员辨别风向和估测风速。当风速变大时喷头高度应稍微降低，反之可稍微举高些，而风速发生剧变时则应立即翻转药液瓶停止喷洒，待风速恢复稳定后再继续喷洒作业。

②背负式油动喷雾机。背负式油动喷雾机又称为背负式机动气力式喷雾机，一般以小型汽油发动机为动力，使用汽油、机油混合油为燃料。其基本原理是风机流出的高速气流喷至截面积减小的喷头，并在喷嘴周围形成负压，药箱流出的药液在药箱压力和负压作用下从喷孔流出，被高速气流击碎形成小雾滴。

背负式油动喷雾机由发动机、机架、风机、药箱、喷药部件等几大部件组成，具有结构紧凑、操作灵活、省工、省时、高效、经济环保和适用性广等特点。机架由上机架、下机架、减震装置、背负系统及操作机构（分为发动机油门操纵机构和排粉操作机构）组成。发动机油门操纵机构控制可通过杠杆操纵机构或钢丝软轴操作机构控制化油器上调风量活塞来控制油机转速。风机多为小型离心风机，包括风机前、后窝壳和叶轮，风机在发动机带动下把气流由叶轮轴向进入风机，获能后再沿叶轮圆周切线流出。药箱是储存药液或药粉并借助气流进行输送的装置。喷管组件包括弯头、蛇形管、直管、弯管、手把开关、喷头、喷嘴、出水塞、输液管等。

影响背负式油动喷雾机雾化程度的主要因素包括：气流速度、气液比（流经喷管的气体量与供液量的体积比）、药液理化性质。风量越大，气流速度越快，气流对药液雾化程度就越高。气液比越大，雾滴直径越小。表面张力小、黏度小的药液，雾滴也越细小。与电动喷雾机相比，背负式油动喷雾机的明显缺点是发动机产生的振动和噪声，对操作者的体力要求相对较高，因此，当前的背负式油动喷雾机占比呈下降趋势。

背负式油动喷雾机的操作流程及维护包括：①施药环境，作业温度>30 ℃、风速>2 m/s 及雨天（或露水过多）时不建议施药；②器具检查，包括新机具或维修后的机具启动前，应排净气缸内封存的汽油，检查发动机、各连接部位、鼓风机能否正常；③正式喷雾前进行清水试喷，检查各处有无渗漏；喷雾时要均匀前进，防止重喷漏喷；④行走方向应与风向相垂直或不小于 45°的夹角，操作者应该在上风向，喷射部件在下风向；⑤停机时，要先关闭开关，降低发动机转速，待低速运转 3～5 min 后再熄火停机；⑥作业结束后，应倒出药箱内残余药液并清洗，风机壳洗净吹干后涂上机油，放置在干燥通风的室内，以防锈蚀并定期保养维护；长期不用时应清理残留的油，尤其是管路等容易堵塞部位应清理干净。

（3）担架式机动喷雾机及使用技术。担架式机动喷雾机指机具的各个工作部件都装在像担架的机架上，作业时由人抬着担架或置于三轮车等车体上进行转移的机动喷雾机。担架式机动喷雾机的特点：喷射压力高、射程远、喷量大，可以稻田里吸水、自动混药。担架式喷雾机根据配用泵的种类不同可分为两大类：担架式离心泵喷雾机和担架式往复泵喷雾机，后者又可分为担架式活塞泵喷雾机、担架式柱塞泵喷雾机和担架式隔膜泵喷雾机等 3 类。常用担架式机动喷雾机为常规容量喷雾，药液流量 10～35 L/min、每 667 m² 施药时间 2～4 min，药剂射程达 12～25 m，一般需要 2～3 人进行操作。

担架式机动喷雾机的使用除按照说明书进行操作和正常维护外，还需注意：①施药后应用清水继续喷洒 2～5 min，清洗泵内和管路内残留的药液或粉剂；然后卸下吸水滤网和喷雾胶管，打开出水开关；将调压阀减压手柄往逆时针方向扳回，旋松调压手轮，使调压弹簧处于自由松弛状态；再用手旋转发动机或液泵，排除泵内存水，并擦洗机组外表污物；②根据说明书要求定期更换曲轴箱内的机油；③机具长期存放时，应排尽泵内积水，卸下三角皮条、喷枪、喷雾胶管、喷杆等，清洗干净并晾干，置于通风干燥处，远离易燃物及火源。

（4）喷杆式喷雾机及使用技术。喷杆式喷雾机是一种将喷头装在横向喷杆或竖立喷杆上，自身可以提供喷雾动力和行走动力，不需要其他动力就能完成自身工作的一种高工效植保机械。其突出优点是作业效率高、喷洒质量好、喷液量分布均匀，适合大面积喷洒各种农药、肥料和植物生长调节剂等的液态制剂。

近年来，自走式高地隙喷杆喷雾机已成为部分植保专业合作社和种粮大户首选的稻田植保机械，但该类喷杆式喷雾机在田间行走过程中难以避免会造成稻株的机械损伤，尤其在转向和掉头时损伤严重，因此不适合较小面积田块的操作，同时，还受田块平整度、泥层深度、进出稻田道路、地形等的影响，是该类喷雾机推广受限制的主要原因。

根据喷杆类型，喷杆式喷雾机可分为：①横喷杆式，常用机型，喷洒时喷杆水平放置，喷头直接装在横喷杆下侧或装在横喷杆下平行地垂吊的若干根竖喷杆下端，根据喷杆长度将喷幅分为大型（18～26 m）、中型（10～13 m）、小型（2～8 m）；作业时，横喷杆和竖喷杆上的喷头对作物形成"门"字形喷洒，使作物的叶面、叶背都能较均匀地被雾滴覆盖。②气流辅助式，其原理是在喷杆上方装有一条气袋，气袋下方对着每个喷头的位置开有一排出气孔。作业时由风机往气袋里供气，利用风机产生的强大气流，经气袋下方小孔产生下压气流，将喷头喷出的雾滴带入株冠丛中，提高了雾滴在作物各个部位的附着量，增强了雾滴的穿透性。③竖喷杆式，稻田中不常用。④盖罩式，利用盖罩或挡板将喷杆、喷头部分遮挡，以引导气流的流动方向，导入作物冠层。

尽管喷杆式喷雾机的类别较多，但其主要部件和原理基本相同。喷杆式喷雾机主要部件包括液泵、药液箱、喷射部件、调压分配阀、三通开关、过滤器、吸水头、传动轴、牵引杆等部件组成。喷杆式喷雾机工作时，由拖拉机的动力输出轴驱动液泵转动，液泵从药箱吸取药液，以一定的压力排出，经过过滤器后输送给调压分配阀和搅拌装置；再由调压分配阀（控制喷头的工作压力）供给各路喷头，药液通过喷杆上的喷头形成雾状后喷出。当压力高时，药液通过旁通管路返回液箱。如果需要进行搅拌，可以打开搅拌控制阀门，让一部分药液经过液力搅拌器，返回药液箱，起搅拌作用，保证农药与稀释液均匀混合。药泵和喷头也是对喷雾质量影响最大的部件，其中药泵供给喷雾压力和流量，喷头影响雾滴雾化程度。

一般认为，喷杆式喷雾机具有作业效率高、均匀性好、防效高等优点。在此，以永佳 3 WSH－500 型自走式高地隙水旱两用喷杆喷雾机为例，其基本参数：药箱容积 500 L、单边喷幅 13 m、施药高度 1.5 m、作业速度 0.8 m/s 和每 667 m² 用水量 30～40 L 等条件下，作业效率达 20 hm²/d。国内有学者对喷杆式喷雾机的雾滴沉积规律进行了测定（表 2－8），发现稻丛 90 cm 高度处（剑叶中下部位置）与 60 cm 处（稻丛中部位置）雾滴密度无显著差异，尽管均显著高于基部 30 cm 处，但 30 cm 处雾滴密度仍高达 90 cm 处的 53%，雾滴体现出较好的垂直穿透性。同时，90 cm、60 cm 处雾滴密度的变异系数＜30%，稻株不同方位的雾滴分布密度无显著差异，喷幅范围内不同位置的雾滴分布密度无显著性差异，体现出较好的雾滴均匀性。

喷杆式喷雾机在田间作业之前，应进行一系列的检查、调整与校核，其主要故障包括喷头磨损、喷杆变形、液管破损、过滤器堵塞、药液滴漏及压力表不能正常指示等。作业前对喷雾机进行清洗、保养（尤其是喷头）和试喷等，并按作业程序进行操作。每台喷雾机应备足配件，尤其是喷头组部件，在田间作业时可携带备用喷头，当喷头发生堵塞时，可以及时更换。喷雾机每次作业后的清洗、存放、过冬，以及液泵的使用与保养，应严格按使用说明书的要求进行。每天喷药结束后，要用清水冲洗药箱、泵、管路、喷头和过滤系统。改换药剂品种和不同种类作物时更要注意彻底清洗。

表 2－8　永佳 3 WSH－500 型喷杆喷雾机在稻丛中雾滴分布规律

类　　型	位　　置	雾滴密度（个/cm²）	变异系数（%）
测试卡分布（cm） （穿透性）	90（剑叶中下部）	31.3 ± 9.9 a	29.8
	60（稻丛中部）	31.7 ± 9.7 a	29.7
	30（稻丛基部）	16.7 ± 11.9 b	71.2
稻株不同方位 （均匀性）	前	10.8 ± 6.5 a	60.8
	后	21.9 ± 14.2 a	65.5
	左	19.2 ± 10.5 a	54.7
	右	11.7 ± 7.1 a	60.8
喷幅内不同位置 （均匀性）	喷幅外侧边缘	22.0 ± 11.4 a	52.0
	喷幅一侧的 1/2 处	16.8 ± 11.9 a	71.2
	喷幅内侧边缘	11.8 ± 9.0 a	76.9

（5）航空喷雾机械及使用技术。农用航空喷雾是指利用航空器及其机载设

备将药剂施于靶标区的作业技术。航空喷雾施药能够快速进行大面积覆盖作业，作业效率较高。根据作业平台类型可分为固定翼飞机和旋翼飞机，根据动力的类型可分为电动无人机和油动无人机，而根据操纵方式又分为有人驾驶飞机以及无人机。我国常见的农用航空喷雾喷头有液力雾化式和旋转离心雾化式两种。除喷雾设备与控制技术之外，航空喷雾的作业条件（如气候、风向、风速等）、飞行参数（如飞行速度、飞行高度等）和药液的理化性质均对施药效果有不同程度的影响。因此，在进行航空喷雾时要选择合适的设备、作业条件和飞行参数。

为保证植保作业飞行安全，通过制定相关操作准则和技术指标，减少航空植保作业的负面影响，保障和提高航空喷雾的安全性。例如，联合国粮农组织（FAO）制定了《飞机施用农药的正确操作准则》，涵盖了飞行员（或操作员）、飞机、农药、作业条件、作业记录、施药后处理等各个方面；我国国家民航总局也制定了《农业航空作业质量技术指标》，涉及包括固定翼飞机从事农林牧业的喷洒作业（常量、低容量和超低容量喷洒农药和化学肥料等作业）等在内的质量技术指标。

① 植保无人机。近年来，我国植保无人机的发展十分迅速。据不完全统计，2017 年相关生产厂家超过 1 000 家。植保无人机主要为农用无人驾驶轻型直升机，与传统的施药方式相比，无人机具有明显的优势，最突出的是作业效率高、适应范围广、价格相对便宜；与其他高工效植保机械（如走入式喷杆喷雾机）相比则突出体现在适应范围较广的优点，无人机适应山区、丘陵、梯田、平原等多种地形条件，受地形影响较小，还不会造成碾压、踩踏、折断等损伤，对水稻植株伤害较小。此外，无人机可通过人工遥控和自主导航技术自动完成施药过程，对施药人员相对安全。

农用植保无人机通常由飞机平台、机载系统、遥控操作系统和作业系统等组成。飞机平台是指单旋翼或多旋翼的直升机载体，其中单旋翼无人机的载重能力相对较高，机翼风场相对单一，而多旋翼无人机操控相对简单，稳定性较好，风场相对复杂。机载系统包括一系列飞行辅助系统、高度感应系统、方向和方位感知系统、速度感知系统等，未来无人机还可能会有风力和风向感应系统等更多适合自主导航操作的系统。遥控操作系统是指用来控制飞行参数和作业过程的一套系统，包括机载装置和地面控制装置，其中机载装置收集实时飞行信息（速度、高度和方位等）、飞机能源（燃油或电力）信息和预计飞行时间、作业系统状态信息（作业完成信息等），地面控制装置主要接受机载装置收集的信息和接收来自地面控制装置的指令，并根据作业需求和收到的机载装置信息，发出相应控制指令。作业系统是指为完成目标任务而配备的系统，如喷雾系统等，是植保无人机发挥喷雾作用的核心系统，包括药箱、液泵、输液管、药量调节开关、喷头和安装架等部分。飞行时，强大的飞行气流使喷头高速旋转，药液箱里的药液经过液泵、输液管、药液调量开关进入喷头，在离心力和转笼纱网的切割作用下，与空气撞击，雾化为细小的雾滴，在无人机下压风场、自然风力和重力的作用下沉积在植物上。无人机喷头一般为超低容量喷头，又称为转笼式雾化器或离心喷头，分为电动式与风动式，是实现超低容量喷雾的核心部件。

我国主流的植保无人机作业参数见表 2-9。载药量多为 10～16 L，最新机型可载药 20～30 L；飞行高度 1～2 m（距作物顶层高度），最大作业速度在 6～15 m/s，每 667 m² 流量多低于 1.5 L，喷幅 1.5～6 m；作业效率高，日作业面积通常为 2.7～8 hm²，部分可达 13.3～20 hm²。目前生产上使用的植保无人机以手动遥控操作为主，对操作人员的操作技能要求较高，作业时常因操作人员操作稳定性方面的问题，导致实际作业速度、飞行高度、喷头流量等与设置速度有较大偏差，进而喷洒药量不够或剩余，影响病虫害防治效果的稳定性。当前植保无人机相配套的全自主飞行控制系统广受关注，且发展较快，相信随着该技术的成熟，可较好地解决飞行高度、飞速和流量等基本参数的稳定性，改善无人机的可操作性、安全性，进而得到更广泛的应用。

表 2-9　市面上部分常见的植保无人机参数

机型	翼型	动力	最大载重（L）	最大作业速度（m/s）	每 667m² 喷洒流量（L）	喷幅（m）	作业效率（667 m²/d）	厂家
3 WQF125-16	单旋翼	燃油	16	15	0.4～0.6	4～6	60～120	安阳全丰生物科技有限公司
3XY8D	单旋翼	电池	10	7	0.5	4～6	60～120	广西田园生化股份有限公司
HY-B-15 L	单旋翼	电池	16	8	0.8～1.2	4～7	≥50	深圳高科新农技术有限公司
CD-15	单旋翼	燃油	15	6	0.3～2.0	4～6	120	无锡汉和航空技术有限公司
P20 2017	四旋翼	电池	10	8	0.2～0.8	1.5～3	80	广州极飞电子科技有限公司
3 WDM4-10	四旋翼	电池	10	8	1.0	3.5	≥40	珠海羽人农业航空有限公司
MG-1S	八旋翼	电池	10	7	0.2～0.5	4～6	60～120	深圳市大疆创新科技有限公司

雾滴沉积情况是无人机喷雾作业质量的重要评价指标，包括雾滴覆盖密度或沉降量、均匀性和穿透性等方面，近年来受到广泛的关注。田间实测结果表明（表 2 - 10），植保无人机喷雾作业后，稻株上部叶片上雾滴数平均 14.3～15.2 个/cm²（范围介于 4.9～34.4 个/cm²），低于其他常用的植保机械，这主要是与其药液用量较少有关；稻株中下部雾滴密度与上部叶片上雾滴之比为 0.079～0.122，略高于背负式喷雾机，但低于走入式喷杆喷雾机。综合不同研究者的观察结果，无人机喷雾作业的雾滴沉积密度一般在 5～165 个/cm² 之间，不同飞行参数、不同机型甚至同一款飞机的不同飞行架次之间均有一定差异。

表 2 - 10　植保无人机与其他常用喷雾药械雾滴密度与分布情况的比较

喷雾药械的类型	每 667 m² 用水量（L）	上部叶片附着雾滴的平均密度（个/cm²）	稻中下部雾滴密度与上部雾滴密度的平均比值
单旋翼植保无人机	0.75～1.5	14.3（范围 4.9～34.4）	0.079（范围 0.039～0.177）
多旋翼植保无人机	1～1.5	15.2（范围 7.1～28.4）	0.122（范围 0.051～0.242）
背负式电动低容量喷雾机	4	75.4	0.061
背负式电动常规容量喷雾机	25	200.0	0.083
自走式喷杆喷雾机	25	42.8	0.298
背负式手动喷雾器	30～45		

就植保无人机的雾滴沉积规律与飞行参数的关系而言，飞行高度、飞行速度均显著影响雾滴沉积量，进而影响对病虫的防控效果。一般而言，随着飞行高度的增加，植株冠层附近的垂直风场减弱，靶区内的雾滴沉积量会逐渐减少；同时，飞行过高时雾滴受无人机旋翼引起的紊流风场及外界风场影响较大，使其垂直向下的风场不稳定，影响飞机下方植株冠层上雾滴的均匀性。操作过程中，飞行速度过快，当喷头流量不能随之相应增大时，洒落在单位面积上的药剂减少，势必减少雾滴在植株上的沉降。当前，对多数无人机进行稳定的操作难度较大，即使是经过专门培训合格的机手，也常出现实际飞行速度与设定速度不一致等现象，是造成植保无人机喷雾和防控效果不稳定的重要原因。随着植保无人机全自动自主操作技术的发展和成熟，喷头流量能随飞行速度实时做出对应的调控，该问题应能得到解决。

此外，相同飞行参数下，不同水稻品种、生育期下雾滴的穿透性存在一定的差异；叶片直立的水稻品种以及水稻生长前期，雾滴的穿透性相对较高。另外，由于植保无人机喷洒的农药属于高浓度药剂，需考虑高浓度药剂对水稻的影响。研究发现植保无人机飞机喷洒毒死蜱后，水稻籽粒硬度增加。因此常规药剂用于航空施药作业前应进行相关试验，避免使用高浓度时易产生药害的风险。

　　无人机施药对病虫害的实际防治效果颇受关注。大量观察表明，无论是对为害叶片的稻纵卷叶螟，还是对基部发生的纹枯病和稻飞虱，无人机喷雾施药的防治效果与背负式机动喷雾机、背负式人工喷雾器、担架式喷雾机和走入式喷杆喷雾机等其他常用施药器械防效的差值绝大多数在 5 个百分点以内，个别为 5~10 个百分点，极个别在 10 个百分点以上，可认为总体上防效大致相当（表 2-11）。

表 2-11　植保无人机与其他喷雾机械对主要水稻病虫害的防治效果比较

喷雾机械类型	防治效果（%）			资料来源
	稻纵卷叶螟	稻飞虱	纹枯病	
单旋翼电动无人机喷雾	66.8~87.3	70.8~91.0	76.6	荀栋等，2015
背负式电动喷雾	41.0~85.8	74.4~85.7	68.0	
多旋翼电动无人机喷雾	89.7	89.1	78.6	江武等，2017
背负式电动喷雾	88.1	91.1	79.0	
多旋翼电动无人机喷雾	85.7~100	90.1~100	81.1~88.1	肖晓华等，2016
背负式静电喷雾	92.9	97.9	89.9	
背负式油动喷雾	50.0	89.6	88.2	
背负式电动喷雾	−14.5	77.1	70.7	
多旋翼电动无人机喷雾	81.3	76.7	73.5	张玉等，2017
自走式喷杆喷雾机喷雾	87.5	84.1	75.1	
高压泵喷雾机喷雾	85.4	79.5	69.9	
背负式电动喷雾	83.3	73.8	77.4	
单旋翼电动无人机喷雾	63.7~90.9	75.9~96.1	—	薛新宇等，2013
担架式喷雾机喷雾	63.6	94.8		
单旋翼油动无人机喷雾	—	96.4	71.9	吴水祥等，2016
背负式手动喷雾		88.6	48.2	

　　随着社会经济的发展，我国农业劳动力进一步紧缺和工资成本迅速增高，迫切需要高工效的植保喷雾药械。因有明显的高工效特征，加之适应性较广，植保无人机无疑将是喷雾药械的重要发展方向之一，并将被越来越多的推广应用。但是，除了前文提及的植保无人机因操作难度大而导致喷雾和防效不稳定的问题之外，目前还受限于机器性能不够稳定、对常规药剂适应性有限等问题，尚需无人机飞控性能和喷雾性能的进一步改进。此外，因无人机喷雾的雾

滴较小，较易飘移而造成环境安全问题，除注意避免使用高毒药剂及在风速过大的环境下操作外，还可使用农药助剂减少雾滴飘移和提高药剂在稻株上的附着率。

② 植保有人机。植保有人机是国内较早使用的植保飞机，黑龙江垦区1963年开始使用农用固定翼飞机Y-5型进行除草和灭虫。目前国内航空喷雾使用的植保有人机的机型包括固定翼飞机和旋翼飞机（直升机），且以前者为主，其常见机型主要参数如表2-12所示。其普遍具有载药量较大，作业高度较高以及作业效率高的特点，其中作业效率远高于其他植保喷雾机械，是目前效率最高的药械，因此，适合于大面积平原地区集中连片的稻田使用，而不适合在丘陵或山谷平坝等地形复杂、水稻连片面积不大的地区使用。固定翼植保有人机的飞行高度较高（>3 m），药剂可飘移较远距离，同时，施药范围通常包括目标防治区内的树木、道路甚至其他庄稼，因此其安全性问题尤需关注，除应避免在大风天气作业之外，应尽量使用低毒农药，以减少对环境的影响；若使用除草剂，务必使用对施药范围及附近种植的庄稼安全的药剂，避免药害；施药时，人、畜、禽和车辆等均应远离施药区，确保安全。

固定翼植保有人机还有一个较突出的缺点是需要有配套的起降机场，植保直升机可克服该困难。因此，近年来植保直升机开始得到发展，相信随着技术的进步，将发展成为我国的一种重要植保喷雾药械。

表2-12 我国常见固定翼植保有人机的比较

飞机型号	发动机马力（kW）	载药量（L）	距作物顶端的作业高度（m）	作业效率（hm²/h）
Y-5B	735	1 000	5-7	73~80
Y-11	210	800	3~6	67~73
M-18A	735	1 350~1 500	3~5	133~147
GA-200	184	500	3~5	53~67
N-5A	294	700	3~5	67~80
PL-12	294	700	3~5	67~80

3. 喷雾施药的配套技术

静电喷雾、农药助剂是改善喷雾技术的两条重要途径，两者将可以促进雾滴在植株上的吸附，减少雾滴飘移，提高农药利用率。

（1）静电喷雾技术。静电喷雾技术是近年来发展较快并被广泛关注的一项先进的植保施药技术。与常规喷雾相比，静电喷雾雾滴在雾滴大小、沉积量、均匀性等方面具有明显的优势。静电喷雾是指液体喷嘴和对应的接地电极之间，使用高压发生器使其加上数千伏的电压时，从喷嘴尖端流出的带电液体，在表面张力（根据同种电荷相互排斥作用产生与表面张力相反的附加内外压力差）、静电力及重力联合作用下，使药液进一步均匀破碎，定向飞向和吸附在电荷极性相反的植物叶片上。应用静电喷雾技术喷洒农药，具有雾滴小、雾滴沉积量和均匀性高、用药量少、农药利用率高、耐雨水冲刷等特点。

目前，国内静电喷雾商品化产品发展较晚，生产上接受性尚不高。简单地说，各类静电喷雾机均可由传统机动喷雾机改进而来，即用静电雾化装置替代原来的雾化装置。生产上常见的有背负式电动静电喷雾机、担架式静电喷雾机、喷杆式静电喷雾机以及植保静电喷雾飞机等。与同类型的传统喷雾机相比，静电喷雾机一般具备雾滴小、高效、省工的优点，可明显提高农药利用率，且防效相当或略优。例如：背负式电动静电喷雾机 3 WBJ－16DZ 型雾滴中径 20～60 μm，每小时作业面积 0.2 hm^2；自走式静电喷杆喷雾机雾滴中径 151 μm，每小时作业面积 3.3 hm^2，农药利用率可提高到 50% 左右；静电喷雾与植保无人机结合可使雾滴变小、均匀性提高、植株冠层的药剂沉积量增多。然而，目前我国在静电喷施的基础理论、药液雾滴沉积规律、雾滴荷电原理、变量施药控制等方面仍存在不足，静电喷雾技术尚待进一步成熟。

（2）喷雾助剂。喷雾助剂在使用时与农药产品混用，可以降低药液的表面张力、增加雾滴黏附与沉积、提高润湿和展布性能、溶解或渗透昆虫或植物叶片表面蜡质层、促进药剂的吸收和传导，从而能增强农药的药效，是农药减量使用技术的重要支撑。

喷雾助剂按功能分为展着剂、防飘移剂、润湿剂、渗透剂、增效剂等，按化学类别可分为无机盐类、表面活性剂类、有机硅类、矿物油类、植物油类等。不同类型的助剂对环境条件有不同的要求（表 2-13），生产上应结合助剂特性及环境要求，选择合适的助剂。

表 2-13　不同类型喷雾助剂的使用环境条件对比

喷雾助剂种类	用量（%）	使用环境条件	常用助剂
无机盐类	0.12～0.5	在相对湿度<65%、温度>28 ℃时无明显增效作用，且安全性差	尿素、硫酸铵、硝酸铵等
表面活性剂类	0.1～0.5	在相对湿度<65%、温度>28 ℃时无明显增效作用，且安全性差，增加药害	OP10、JFC、月桂氮䓬酮（GLZ）等
有机硅类	0.1～0.5	pH 适用范围窄，仅在 pH 5～9 的溶液中稳定，在偏酸或偏碱中迅速降解	杰效利、速润、聚乙氧基改性三硅氧烷系列等

（续）

喷雾助剂种类	用量（%）	使用环境条件	常用助剂
矿物油类	0.5～2	在相对湿度<65%、温度>28 ℃时安全性差	迈道、领美、GY - Spry、GY - T12 等
植物油类	0.5～2	不受pH范围限制，适用于各种环境条件，对温度湿度无要求	植物油类乳剂（大豆油、玉米油等）、酯化植物油类乳剂（甲酯化花生油、玉米油等）、酯化聚氧乙烯甘油等

① 无机盐类助剂。主要在除草剂中添加氮肥等含铵离子的无机盐助剂来提高药效，主要有尿素、硫酸铵、硝酸铵等，其添加量大约是施药量的 0.12%～0.5%，能促进植物叶片对农药的吸收，消除金属离子对农药的拮抗作用。但无机盐类助剂在农药使用过程中对环境的要求较高，只在适宜条件下有效，使用时需详细阅读使用说明了解有关使用条件。

② 表面活性剂类助剂。具有很强的表面活性，能有效降低液体表面张力，同时具有乳化、增溶等性质，可以是一种或多种不同物质的混合物，通常是表面活性剂与溶剂、水等的混合物，用量为喷液量的 0.1%～0.5%。表面活性剂类助剂有非离子型、阴离子型和阳离子型，其中前两个主要在农药领域应用较多，如环氧乙烷含量高和含量低的表面活性剂分别促进亲水性、亲脂性农药的吸收；乙氧基脂肪胺是一种常用的具有非离子与阳离子特性的表面活性剂，其添加浓度为 0.5% 就能增加茎叶除草剂的选择性，并对药液防治阔叶类杂草增效显著。表面活性剂的亲水亲油程度用亲水亲油平衡值（hydrophilic lipophilic balance，HLB）表示，一般在 1～20 范围内，HLB 值越高（大于 11）表明表面活性剂的亲水性强于亲油性，能促进药液在植物叶片的润湿；反之，表面活性剂的亲油性大于亲水性，有利于药液在植物表面蜡质层的铺展和渗透。在环氧乙烷含量相同的表面活性剂中，亲脂基结构不同，对吸收的效果也不同，如含有直链烷烃的表面活性剂比含支链烷烃或烷基苯基的品种对草甘膦、灭草松和氟吡甲禾灵的吸收效果更好。此外，即使同为直链烷烃型表面活性剂，烃链的长短也影响其性能，中等长度的碳链似乎对农药吸收效果最高，因而应用也最普遍。值得注意的是，表面活性剂对除草剂的增效作用亦是其缺点，主要是与植物无亲和性、安全性较差、干旱条件下增效不明显、对环境有污染等。

③ 有机硅表面活性剂类助剂。通过降低喷雾液表面张力，改善雾液在植

物或昆虫体表的润湿分布性，增加药液的铺展面积，提高雾液通过叶面气孔时被植物叶片吸收的能力。有机硅助剂主要成分为聚醚改性三硅氧烷化合物（TSS），其在纯水中添加浓度为 0.1% 时的扩展面积是未添加 TSS 时的 10 倍以上。有机硅助剂在草甘膦上用量最大，同时在其他除草剂、杀虫剂、杀菌剂、叶面肥、植物生长调节剂和生物农药中也得到广泛的应用，其添加量一般为喷液量的 0.1%～0.5%，具有明显的减药增效作用。但是，有机硅助剂也有其局限性：a. 空气相对湿度 <65%、气温 >27 ℃ 的干旱条件下，有机硅助剂的增效作用降低；b. 与农作物亲和性差，在发挥增效作用的同时会溶解农作物叶片表面的角质层和细胞膜；c. 在水中不稳定，易分解，需现用现混。影响有机硅表面活性剂稳定性的因素主要是药液的 pH 和药液储存时间，在中性（pH 为 6～8）药液的条件下，有机硅表面活性剂在药液中稳定性好，可长期保持活性，而 pH<5 或 >9 下会发生缩聚反应，失去增效作用。因此，在使用有机硅助剂时，要充分考虑药液的理化性质。值得一提的是，美国迈图高新材料集团开发出了能在极宽的 pH 中保持水解稳定性的新型有机硅助剂，从而解决了有机硅助剂只能在中性 pH 条件下使用的局限性。

　　④油类助剂。可分为矿物油类和植物油类两类，能增加药液黏度，减少挥发、飘移损失，防止雨水冲刷，提高农药利用率；用量为药剂最终喷雾浓度的 0.5%～2% 时，即有显著的增效作用。矿物油助剂对农药的增效作用远远高于表面活性剂类喷雾助剂，其突出特点是在干旱、高温等不良环境条件下仍有良好的增效性能。植物油类助剂来源于自然界，对环境相对友好，包括植物油类和酯化植物油类 2 个亚类。植物油类指从植物种子、果肉及其他部分的原料提取的植物油，如玉米油、大豆油、菜籽油、葵花油、棉籽油、椰子油、蓖麻油等及其混合物，其主要成分是三酰基甘油。酯化植物油类是指来自天然的或者部分精制的植物脂肪酸短链（甲、乙、丙、丁）烷基酯的酯化植物油，增加植物油的亲脂性，比植物油和矿物油的活性要高，能明显提高对靶标的渗透性；植物油类增效剂在大多数除草剂和杀虫剂、杀菌剂中都有明显的增效作用。油类助剂还具有一定的杀虫作用，其机理在于它不仅可在昆虫体表形成油膜，切断昆虫的呼吸作用，使其窒息而死，而且可以溶解昆虫体壁的上表皮，使蜡质层受到破坏，从而破坏昆虫体的保水作用，使昆虫由于体内的水分过度蒸发而死；对昆虫的卵而言，植物油可以进入卵膜孔而引起原生质凝结沉淀。

　　植保飞机喷雾雾滴较小，施药时需要采取措施防止飘移和蒸发，添加助剂是重要手段。目前已开发了较多的航空专用助剂，涉及高分子聚合物、油类助剂、有机硅等不同类型。飞防专用助剂的作用：a. 影响雾滴大小，适量的助剂能改变药液的动态表面张力、黏度等，在相同的喷头和压力下，添加油类助剂可增加雾滴粒径；b. 抗蒸发，例如，加入助剂后 25% 嘧菌酯悬浮剂的蒸发速度由 4.28 $\mu L/(cm^2 \cdot s)$ 降低到 3.95 $\mu L/(cm^2 \cdot s)$；c. 抗飘失，加入助剂可以改变雾滴粒径，减少飘失，如加入油类飞防助剂后飘失量从 21% 减少至 13%；d. 促沉积，助剂提高植物体表润湿渗透，提高农药沉积率。部分常用喷雾助剂的作用列于表 2-14。

表 2-14　几款常用增效助剂及其作用

助剂名称	厂家	抗蒸发	抗飘失	促沉积	黏附性	渗透力	持效性	其他
迈飞（航空助剂）	北京广源益农化学有限责任公司	抗蒸发，延长雾滴干燥时间	抗飘移，调节雾滴谱，减少小雾滴形成	促沉降，抑制雾滴蒸发，加快雾滴沉降	促附着，改进雾滴的润湿和铺展，耐雨水冲刷	促吸收，加快有机体蜡质层溶解，促进药液吸收	—	—
倍达通（航空助剂）	河北明顺农业科技有限公司		提高抗飘移能力	促进沉降	耐雨水冲刷	降低表面张力，加快蜡质层溶解		
克胜（航空助剂）	江苏克胜有限责任公司	扩展润湿	适应性强，减少飘移	改善水质，乳化效果好	—	加速传导，增强渗透，提高药效	提高利用率，持效期长	优化雾滴大小，喷雾均匀稳定
田园（喷雾助剂）	广西田园生化股份有限公司	挥发性低，抗蒸发性	—	—	黏附性强	渗透性强	药效快，持效期长	喷液量少，雾滴小，有效成分浓度高，工效高
Silwet408（有机硅）	迈图新材料集团	润湿与扩展性能好	—	—	增强药液附着，耐雨水冲刷	增加覆盖面	—	降低喷雾量和农药残留
激健（增效助剂）	四川蜀峰化工有限公司	—	—	湿展作用	—	具有传导、穿透作用	—	农药使用量减少，减少农药残留，安全性好

（续）

助剂名称	厂家	抗蒸发	抗飘失	促沉积	黏附性	渗透力	持效性	其他
领美（矿物源增效剂）	北京广源益农化学有限责任公司	—	—	—	—	包裹在害虫卵体表面，促进药液吸收	—	在作物表层形成油膜，分隔病虫害，溶解昆虫蜡质层，干扰新陈代谢；阻塞害虫气孔并干扰呼吸系统，加速死亡

4. 喷雾与水稻稻株形态的关系

水稻属于窄叶型作物，叶片窄条形，纵向生长为主，与阔叶型作物相比，稻株中农药雾流的穿透性较强。但是，喷雾后的雾滴在稻株上的沉积分布特征以及落入田间的吸收规律因不同水稻品种的株高、冠层（叶和穗）、根等形态特征不同而存在差异。

喷雾法喷施水稻，农药雾滴自上而下地落入稻田中，其沉积、穿透力与稻株冠层结构以及株高、栽培密度、分蘖能力等群体质量性状相关。稻株冠层结构包括叶片形态（叶形、叶尖、叶缘、叶基和叶脉等外部特征）和穗形态。其中，叶片的长度、宽度、厚度以及叶片卷曲度、直立性等特征对雾滴的沉积和穿透可能有影响。研究发现，不同水稻品种间、不同叶位间、同一品种不同发育时期间的叶基角、叶开角都存在一定差异，这些差异可能影响到喷雾的效果。一般而言，面积大的叶片上雾滴的沉积量较多。而直立型稻叶的叶基角、叶开角较小，叶片挺直，能减少相互荫蔽，通透性好，雾滴在稻丛中的穿透力较高；类似地，具有纵卷特性或较厚的叶片，挺直性较高，雾滴的穿透力也高。水稻抽穗后，穗形态与叶形态共同影响了冠层结构，与半直立、弯曲穗型相比，雾滴在直立穗型或者"小叶大穗"的群体结构中的穿透性可能更强。

雾滴落入稻田中，可由水稻根部吸收。根部吸收水分的同时，也随之吸收具有根部内吸作用的农药，并通过蒸腾流由下向上输导，根对水分的吸收能力在一定程度上影响了农药的利用率。

参考文献

岑旗钢，2004. 静电雾化机理及雾化流场特性的实验研究 [D]. 镇江：江苏大学.

陈丽，贺奇，2017. 不同浸种温度和浸种时间对水稻种子发芽的影响 [J]. 宁夏农林科技，

58 (2)：1-2.

陈达刚，周新桥，李丽君，等，2015. 水稻叶厚性状的研究进展 [J]. 农学学报，5 (11)：22-25.

陈盛德，兰玉彬，李继宇，等，2017. 航空喷施与人工喷施方式对水稻施药效果比较 [J]. 华南农业大学学报，38 (4)：103-109.

杜学林，邢光耀，任爱芝，等，2010. 葵花油、芝麻油和花生油对吡虫啉和阿维菌素增效作用 [J]. 农药，49 (3)：225-227.

范贤洲，2011. 机动喷雾机在农作物病虫害防治中的应用 [J]. 植物医生，24 (2)：52-53.

高云英，谭成侠，胡冬松，等，2012. 种衣剂及其发展概况 [J]. 现代农药，11 (3)：7-10.

郭永旺，袁会珠，何雄奎，等，2014. 我国农业航空植保发展概况与前景分析 [J]. 中国植保导刊，34 (10)：78-82.

何玲，王国宾，胡韬，等，2017. 喷雾助剂及施液量对植保无人机喷雾雾滴在水稻冠层沉积分布的影响 [J]. 植物保护学报，44 (6)：1046-1052.

何雄奎，2017. 植保精准施药技术装备 [J]. 农业工程技术，37 (30)：22-26.

胡凝，姚克敏，张晓翠，等，2011. 水稻株型因子对冠层结构和光分布的影响与模拟 [J]. 中国水稻科学，25 (5)：535-543.

华乃震，2011. 悬浮种衣剂的进展、加工和应用 [J]. 世界农药，33 (1)：50-57.

华乃震，2013. 油类助剂及油类在农药中的应用和前景（Ⅰ） [J]. 农药，52 (1)：7-10, 23.

黄崇春，王迎春，杨代斌，等，2016. 呋虫胺4%展膜油剂的配制及田间防效研究 [J]. 农药科学与管理，37 (5)：30-34.

辉胜，2017. 农药泡腾片（粒）剂及其在国内的登记状况 [J]. 农药市场信息 (27)：38-39.

江武，夏志保，王仙桃，等，2017. 植保无人机水稻病虫害专业化统防统治应用探讨 [J]. 现代化农业 (4)：10-11.

蒋芬，范永义，杨国涛，等，2015. 水稻株型相关指标动态探究 [J]. 浙江农业科学，56 (6)：799-802.

金兰，茹煜，2016. 基于无人直升机的航空静电喷雾系统研究 [J]. 农机化研究 (3)：227-230.

雷玉明，2005. 种衣剂应用中存在的问题及控制措施 [J]. 种子，24 (9)：101-102.

李春清，王家刚，李莎莎，等，2015. 不同施药机械防治水稻病虫害试验研究 [J]. 湖北植保 (3)：7-8.

李洪亮，2016. 担架式机动喷雾、喷粉机的正确选用与维护 [J]. 乡村科技 (13)：28.

李耀明，唐会联，杨丽，等，2015. 新型药械性能测定及其应用于稻飞虱防治的效果 [J]. 中国植保导刊，35 (1)：60-63.

梁帝允，1998. 杀虫双撒滴剂防治水稻螟虫效果好 [J]. 植保技术与推广 (3)：41.

廖娟，臧英，周志艳，等，2015. 作物航空喷施作业质量评价及参数优选方法 [J]. 农业工程学报（S2）：38-46.

林蔚红，孙雪钢，刘飞，等，2014. 我国农用航空植保发展现状和趋势 [J]. 农业装备技术（1）：6-11.

刘泉，2007. 机动喷雾机在农业病虫害防治中的应用 [J]. 植物医生，20（6）：49-50.

刘武兰，周志艳，陈盛德，等，2018. 航空静电喷雾技术现状及其在植保无人机中应用的思考 [J]. 农机化研究，40（5）：1-9.

娄尚易，薛新宇，顾伟，等，2017. 农用植保无人机的研究现状及趋势 [J]. 农机化研究，39（12）：1-6.

卢瑞，庚乐，罗常泉，2014.5%氟环唑展膜油剂研制 [J]. 广州化工，42（1）：77-80.

卢向阳，2013. 农药使用中要慎用有机硅助剂 [J]. 农药市场信息（19）：38.

毛连纲，颜冬冬，吴篆芳，等，2013. 种子处理技术研究进展 [J]. 中国蔬菜，1（10）：9-15.

齐麟，王昱翔，王宁，等，2017. 水稻种衣剂成膜助剂的研究进展 [J]. 种子，36（6）：54-60.

齐鹏，2017. 常用植保机械简介 [J]. 科学种养（8）：61-62.

茹煜，金兰，贾志成，等，2015. 无人机静电喷雾系统设计及试验 [J]. 农业工程学报，31（8）：42-47.

茹煜，周宏平，贾志成，等，2011. 航空静电喷雾系统的设计及应用 [J]. 南京林业大学学报（自然科学版），35（1）：91-94.

宋益民，2002. 我国种衣剂研究开发现状及发展前景 [J]. 植病学会通讯，4：3.

孙炳林，李世华，1997. 低容量喷雾技术的理论依据及其在植保上的应用 [J]. 安徽农学通报（3）：34-36.

田源，邹凡，杨金星，等，2017. 基于无人机的静电离心喷雾装置的设计 [J]. 南方农机，48（12）：9.

万品俊，王国荣，袁三跃，等，2016. 不同植保机械雾滴在水稻上的分布研究 [J]. 浙江农业科学，57（12）：1976-1979.

王怀敏，刘加平，2015. 我国植保机械及施药技术现状与发展趋势 [J]. 中国机械（17）：69-70.

王玉龙，刘荣宝，夏斯飞，等，2007. 浸种温度和时间对水稻种子发芽的影响 [J]. 耕作与栽培（5）：15-16.

文晟，兰玉彬，张建桃，等，2016. 农用无人机超低容量旋流喷嘴的雾化特性分析与试验 [J]. 农业工程学报，32（20）：85-93.

吴水祥，狄蕊，赵丽稳，等，2016. 水稻病虫害无人机防控试验初探 [J]. 浙江农业科学，57（7）：1007-1008.

肖晓华，刘春，杨昌洪，等，2016. 无人机防治水稻病虫害效果分析 [J]. 南方农业，10（7）：5-8.

谢加飞，陈海新，郭登华，2015. 不同施药机械对水稻病虫害防效及效益研究 [J]. 安徽农业科学（29）：137-138.

谢士杰，柴荣耀，张震，等，2016. 加水量和喷片孔径对单季晚稻穗颈瘟防治效果的影响 [J]. 浙江农业科学，57（12）：1982-1983.

徐德进，顾中言，徐广春，等，2013. 喷雾机及施液量对水稻冠层农药雾滴沉积特性的影响 [J]. 中国农业科学，46（20）：4284-4292.

徐佩玲，秦国萍，2002. 噻嗪酮展膜油剂防治稻飞虱的效果 [J]. 安徽农学通报，8（4）：51.

徐世杰，周子骥，周丽花，等，2011. 3 WBJ-16DZ 静电喷雾机施药对稻飞虱防效的评价 [J]. 上海农业科技（2）：123.

徐妍，孙宝利，战瑞，等，2009. 浅谈农药可湿性粉剂的质量提升 [J]. 现代农药，8（1）：7-11.

许红，1998. 防治水稻螟虫技术的一大进步——杀虫双撒滴剂 [J]. 湖北植保（3）：26.

许童羽，于丰华，曹英丽，等，2017. 粳稻多旋翼植保无人机雾滴沉积垂直分布研究 [J]. 农业机械学报，48（10）：101-107.

薛新宇，秦维彩，孙竹，等，2013. N-3 型无人直升机施药方式对稻飞虱和稻纵卷叶螟防治效果的影响 [J]. 植物保护学报，40（3）：273-278.

薛志成，2004. 背负式机动喷雾机的使用和维护 [J]. 浙江农村机电（4）：10.

荀栋，张兢，何可佳，等，2015. TH80-1 植保无人机施药对水稻主要病虫害的防治效果研究 [J]. 湖南农业科学（8）：39-42.

余露，2017. 展膜油剂：时隔 3 年，再次在作物上获得登记 [J]. 农药市场信息（11）：41.

袁会珠，王国宾，2015. 雾滴大小和覆盖密度与农药防治效果的关系 [J]. 植物保护（6）：9-16.

苑立强，贾首星，沈从举，等，2010. 静电喷雾技术的基础研究 [J]. 农机化研究，32（3）：28-30.

张玉，王凤良，郑玉涛，等，2017. 新型药械与助剂结合在稻田农药减量控害中的应用初探 [J]. 中国植保导刊，37（6）：73-75.

张东彦，兰玉彬，陈立平，等，2014. 中国农业航空施药技术研究进展与展望 [J]. 农业机械学报，45（10）：53-59.

张靖，2015. 喷雾助剂提高农药对靶沉积性能与增效作用研究 [D]. 兰州：甘肃农业大学.

张宗俭，卢忠利，姚登峰，等，2016. 飞防及其专用药剂与助剂的发展现状与趋势 [J]. 农药科学与管理，37（11）：19-23.

周强，2016. 担架式机动喷雾喷粉机的使用与保养 [J]. 农村百事通（5）：50-51.

周志艳，臧英，罗锡文，等，2014. 中国农业航空植保产业技术创新发展战略 [J]. 农业技术与装备，29（5）：19-25.

朱传银，王秉玺，2014. 航空喷雾植保技术的发展与探讨 [J]. 植物保护（5）：1-7.

朱友理，何东兵，吴小美，等，2016. 自走式喷杆喷雾机在水稻病虫害防治中的应用研究

［J］. 农业装备技术，42（6）：22 – 24.

庄占兴，路福绥，刘月，等，2008. 表面活性剂在农药中的应用研究进展［J］. 农药，47（7）：469 – 475.

DE OLIVEIRA R B，ANTUNIASSI U R，MOTA A A B，et al，2013. Potential of adjuvants to reduce drift in agricultural spraying［J］. Engenharia Agricola，33（5）：986 – 992.

HILZ E，VERMEER A W P，2013. Spray drift review：The extent to which a formulation can contribute to spray drift reduction［J］. Crop Protection，44：75 – 83.

SHARMA K K，SINGH U S，SHARMA P，et al，2015. Seed treatments for sustainable agriculture – a review［J］. Journal of Applied and Natural Science，7（1）：521 – 539.

UK S，1977. Tracing insecticide spray droplets by sizes on natural surfaces. The state of the art and its value［J］. Pest Management Science，8（5）：501 – 509.

第三章 <<<
种子处理剂

种子处理剂有效成分主要是杀虫剂、杀菌剂及杀虫剂与杀菌剂的混剂。从农药类别上看，杀菌剂占绝对优势，主要有效成分有咪鲜胺、精甲霜灵、咯菌腈、福美双、氟唑菌苯胺等6种，作用对象主要登记在水稻恶苗病、立枯病、稻瘟病、纹枯病、烂秧病、白叶枯病、胡麻叶斑病等病害。杀虫剂主要有效成分有吡虫啉、噻虫嗪、噻虫胺、丁硫克百威等4种，作用对象主要为稻蓟马、稻飞虱和稻瘿蚊等。从剂型上看，以悬浮种衣剂登记产品最多，其次是种子处理干粉剂、种子处理可分散粉剂和种子处理悬浮剂。

吡 虫 啉
(imidacloprid)

【理化性质】

纯品为白色或无色晶体，有微弱气味。熔点 143.8 ℃，相对密度 1.543，蒸气压 2.0×10^{-9} Pa（20 ℃）。溶解度（g/L，20 ℃）：水 0.51、二氯甲烷 50～100、异丙醇 1～2、甲苯 0.5～1、正己烷<0.1。pH 5～11 介质中稳定。

【毒性】

中等毒。大鼠急性经口 LD_{50} 约 450 mg/kg，大鼠急性经皮 LD_{50}（24 h）> 5 000 mg/kg，大鼠急性吸入 LC_{50}（4 h）>5 223 mg/kg（粉尘）。对兔眼睛和皮肤无刺激作用。在试验条件下，无致突变、致畸和致敏性。对鱼低毒，虹鳟鱼 LC_{50}（96 h）211 mg/L。对鸟类有毒，日本鹌鹑急性经口 LD_{50} 为 31 mg/kg，山齿鹑 LD_{50} 为 152 mg/kg。叶面喷洒时对蜜蜂有危害。在土壤中不移动，不会淋渗到深层土中。

【防治对象】

内吸性新烟碱类杀虫剂，作用于烟碱乙酰胆碱受体，干扰害虫运动神经系统，使化学信号传递失灵。具有高效、广谱，对人、畜、植物和天敌安全等特点，并有触杀、胃毒和内吸多重作用方式。害虫接触药剂后，中枢神经正常传导受阻，麻痹死亡。药效和温度呈正相关，温度高，杀虫效果好。由于它的优良内吸性，特别适于用种子处理和撒颗粒剂方式施药。主要用于防治水稻、小麦、棉花、蔬菜等作物的刺吸式口器害虫，如飞虱、叶蝉、粉虱、蓟马，对鞘翅目、双翅目和鳞翅目的某些害虫，如稻水象甲、稻负泥虫、潜叶蛾、蛴螬、金针虫等也有效。对线虫、叶螨无活性。

【使用方法】

防治水稻蓟马，按照每 100 kg 种子用 600 g/L 吡虫啉悬浮种衣剂 200～400 mL 包衣。

（1）手工包衣。按照 1 kg 种子加稀释后的药液 20～30 mL，与水稻种子充分混匀，待种子均匀着药后，摊开于通风阴凉处，水稻稍晾干后催芽播种或晾干后播种。

（2）机械包衣。选用适宜的包衣机械，根据机械要求调整药种比进行包衣处理。

【注意事项】

（1）水稻种子浸种催芽至露白到芽长为水稻种子 1/4 长时进行种子包衣。

（2）本品对蜜蜂、家蚕有毒，施药期间应避免对周围蜂群的影响，开花植物花期、蚕室和桑园附近禁用。

（3）处理后的种子禁止供人畜食用，也不要与未处理种子混合或一起存放。

【主要制剂和生产企业】

600 g/L 悬浮种衣剂，70％湿拌种剂。

拜耳作物科学（中国）有限公司、江苏扬农化工股份有限公司、浙江新安化工集团股份有限公司、陕西上格之路生物科学有限公司、江苏龙灯化学有限公司、深圳诺普信农化股份有限公司、陕西汤普森生物科技有限公司、南京红太阳股份有限公司等。

噻 虫 嗪
（thiamethoxam）

【理化性质】

纯品为白色结晶粉末。熔点 139.1 ℃，相对密度 1.57，蒸气压 6.6×10^{-9} Pa（25 ℃）。溶解度（g/L，25 ℃）：水 4.1、丙酮 48、乙酸乙酯 7.0、甲醇 13、二氯甲烷 110、正己烷 $<1 \times 10^{-3}$、正辛醇 0.62、甲苯 0.68。

【毒性】

低毒。大鼠急性经口 LD_{50} 为 1 563 mg/kg，大鼠急性经皮 $LD_{50} > 2\,000$ mg/kg，大鼠急性吸入 LC_{50}（4 h）>3.72 mg/L。对兔眼睛和皮肤无刺激性。

【防治对象】

第二代新烟碱类杀虫剂，其作用机理与吡虫啉相似，可选择性抑制昆虫中枢神经系统烟碱乙酰胆碱受体，进而阻断昆虫中枢神经系统的正常传导，造成害虫出现麻痹死亡。不仅具有触杀、胃毒、内吸活性，而且具有高效、安全、广谱及作用速度快、持效期长等特点。内吸速度快，传导性能非常好，能被植物很快吸收并均匀分布，且土壤对噻虫嗪的绑定能力适中，所以播种初始未被吸收的有效成分仍均匀分布在根周围，对新生组织提供持效的保护。对鞘翅目、双翅目、鳞翅目，尤其是同翅目害虫有高活性，可有效防治各种飞虱、蚜虫、叶蝉、粉虱、金龟子幼虫、马铃薯甲虫等害虫以及线虫。

【使用方法】

防治水稻蓟马。

（1）先浸种，后拌种。先将水稻种子按照当地常规方法浸种处理后，沥干水分。按照每 100 kg 种子用 30％噻虫嗪种子处理悬浮剂 100～300 mL，加水 1～2.5 L，稀释后，与种子充分搅拌，直到药液均匀分布到种子表面，晾干后催芽播种。

（2）先拌种，后浸种。按照每 100 kg 种子用 30％噻虫嗪种子处理悬浮剂 100～400 mL，加水 1～2.5 L，稀释后，与种子充分搅拌，直到药液均匀分布到种子表面，晾干后，浸种，催芽，播种。

（3）机械包衣。选用适宜的包衣机械，根据机械要求调整药浆种子比进行包衣处理。

按照每 100 kg 种子用 30％噻虫嗪种子处理悬浮剂 830～1 250 mL 拌种处理。

【注意事项】

（1）处理过的种子必须放置在有明显标签的容器内。勿与食物、饲料放在一起，不得饲喂禽畜，更不得用来加工饲料或食品。

（2）本品对蜜蜂及其他授粉昆虫有毒，如按照推荐剂量及种子处理使用不会伤害蜜蜂及其他授粉昆虫。在包衣种子存放处设立对授粉昆虫有毒的警示标志。确保种子处理质量，避免产生粉尘波及相邻田块。

（3）本品对水生生物有毒。勿将本品及其废液弃于池塘、河溪、湖泊等，以免污染水源。禁止在河塘等水域清洗施药器具。

（4）播种后必须覆土，严禁畜禽进入。

（5）拌种后的水稻种子应及时催芽播种。

【主要制剂和生产企业】

40%、30%种子处理悬浮剂。

瑞士先正达作物保护有限公司、海利尔药业集团股份有限公司、华北制药集团爱诺有限公司、山东省青岛奥迪斯生物科技有限公司等。

噻 虫 胺

（clothianidin）

【理化性质】

纯品外观为白色结晶体，无嗅。熔点 176.8 ℃，蒸气压（20 ℃）3.8×10^{-11} Pa。溶解度（g/L，25 ℃）：水 0.327，乙酸乙酯 2.03，正庚烷 <0.001 04，二甲苯 0.012 8，二氯甲烷 1.32，辛醇 0.938，丙酮 15.2，甲醇 6.26。

【毒性】

低毒。大鼠急性经口 LD_{50} >5 000 mg/kg，大鼠急性经皮 LD_{50} >2 000 mg/kg，大鼠急性吸入 LC_{50}（4 h）>6.14 mg/L。对家兔眼睛和皮肤无刺激性，豚鼠皮肤致敏试验结果为无致敏性。大鼠 3 个月亚慢性喂养毒性试验结果最大无作用剂量：27.9 mg/(kg·d)（雄）、34.0 mg/(kg·d)（雌）。致突变试验：Ames试验、小鼠骨髓细胞微核试验、大鼠肝细胞体内非程序 DNA 合成（UDS）试验均为阴性。对鱼中等毒，低风险性；对鸟中等毒，低风险性；对家蚕和蜜蜂剧毒，极高风险性。

【防治对象】

该药是具噻唑环的第二代新烟碱类杀虫剂，具有触杀和胃毒作用，内吸性强、杀虫谱广、活性高。其作用机理和其他烟碱类化合物一样，作为烟碱乙酰胆碱受体抑制剂，作用于昆虫中枢神经系统。可用在水稻、蔬菜、果树及其他作物上防治飞虱、叶蝉、蚜虫、蓟马等半翅目、鞘翅目、双翅目和某些鳞翅目害虫。

【使用方法】

防治水稻蓟马，按照每 100 kg 种子用 18% 噻虫胺种子处理悬浮剂 500～900 mL 拌种。一般浸种催芽后，按推荐用药量，将药剂加少量水稀释，每 1 kg 水稻种子药液量以 20 mL 为宜，与浸种、催芽露白的种子充分搅拌均匀，使药剂均匀附着在稻种表面，再摊晾 25 min 左右播种。催芽方法，常温下常规稻浸种 48 h，杂交稻浸种 24 h。

【注意事项】

（1）本品对蜜蜂、家蚕有毒，对赤眼蜂高风险。施药期间应避免对周围蜂群的影响，开花植物花期、蚕室和桑园附近禁用，禁止在赤眼蜂等天敌放飞区使用。

（2）本品不可直接撒施在水塘、湖泊、河流等水体中或沼泽湿地。从施药区被雨水冲走的药剂可能对附近的水生生物造成危险。勿在水源处清洗用具或处理剩余药剂，以免造成水质污染。远离水产养殖区、河塘等水体施药。

（3）本品在水稻上每生长季最多使用 1 次。

【主要制剂和生产企业】

18% 种子处理悬浮剂。

江苏省苏州富美实植物保护剂有限公司。

丁 硫 克 百 威

（carbosulfan）

【理化性质】

褐色黏稠液体，蒸气压 4.0×10^{-5} Pa。溶解性（25 ℃）：水中溶解度 3 mg/L，与丙酮、二氯甲烷、乙醇、二甲苯互溶。稳定性：在乙酸乙酯中 60 ℃ 下稳定，在 pH<7 时分解。

【毒性】

中等毒。大鼠急性经口 LD_{50} 为 250 mg/kg（雄）、185 mg/kg（雌），大鼠急性经皮 $LD_{50} > 2\,000$ mg/kg，大鼠急性吸入 LC_{50}（1 h）分别为 1.53 mg/L（雄）、0.61 mg/L（雌），大鼠和小鼠两年饲喂无作用（致突变）剂量为 20

mg/(kg·d)。在试验条件下，无致畸、致癌、致突变作用。雉、野鸭、鹌鹑的急性经口 LD$_{50}$ 分别为 26 mg/kg、8.1 mg/kg、23 mg/kg。对鱼毒性 LC$_{50}$（96 h）：蓝鳃翻车鱼 0.015 mg/L，虹鳟鱼 0.042 mg/L。

【防治对象】

本品具有触杀、胃毒和内吸作用，杀虫谱广，持效期长，在昆虫体内代谢为有毒的克百威起杀虫作用，其杀虫机制是抑制乙酰胆碱酯酶活性，干扰昆虫神经系统。能防治水稻稻飞虱、稻蓟马等害虫，也能防治柑橘、马铃薯、甜菜等作物的蓟马、蚜虫、螨、金针虫、甜菜跳甲、马铃薯甲虫等；进行土壤处理，可防治地下害虫。

【使用方法】

防治稻蓟马，先将称好的稻种浸种，催芽至露白，沥干水分后，放在塑料袋内，然后按照每 100 kg 种子用 35％丁硫克百威种子处理干粉剂 600～1 200 g 用量拌种，将袋口扎紧后上、下、左、右摇动 5 min 左右至种子处理剂完全覆盖种子表面为止，再晾干 30 min，将种子均匀撒播。若处理未经浸湿的种子，则先向种子洒水使其充分湿润后，再行拌种。

【注意事项】

（1）本品应于水稻播种前拌种，播种后立即覆土，每季最多使用 1 次。

（2）本品不可与碱性的农药等物质混合使用。

（3）本品对鱼类、鸟类及野生动物有害。处理过的种子被鸟类觅食可能致命，因误食致死的鸟尸会对其他鹰类及肉食鸟类造成危险，应立即掩埋或处理。鸟类保护区附近禁用。

（4）本品不可直接撒施在水塘、湖泊、河流等水体中或沼泽湿地。自撒施地区被风吹散或雨水冲走的药剂可能对附近的水生生物造成危险。不要在水源清洗用具或处理剩余药剂，以免造成水质污染。鱼或虾蟹套养稻田禁用，施药后的田水不得直接排入水体。

（5）本品对蜜蜂、鱼类等水生生物、家蚕有毒，使用本品期间应避免对周围蜂群的影响，开花植物花期、蚕室和桑园附近禁用。远离水产养殖区、河塘等水体附近施药，禁止在河塘等水体中清洗施药器具。用过的容器应妥善处理，不可作他用，也不可随意丢弃。

【主要制剂和生产企业】

35％种子处理干粉剂。

江苏省苏州富美实植物保护剂有限公司、吉林省通化农药化工股份有限公司、湖南海利化工股份有限公司、浙江天一农化有限公司、江西巴菲特化工有限公司、广西田园生化股份有限公司等。

咯 菌 腈
（fludlioxonil）

【理化性质】

纯品为无色结晶，熔点 199.8 ℃，相对密度 1.54，蒸气压 3.9×10^{-7} Pa（20 ℃）。溶解度（g/L，25 ℃）：水 1.8×10^{-3}、丙酮 190、乙醇 44、正辛醇 20、甲苯 2.7、己烷 7.8×10^{-3}。在 pH 5～9 的范围内，70 ℃ 条件下不水解。

【毒性】

微毒。大鼠急性经口 LD_{50} >5 000 mg/kg，大鼠急性经皮 LD_{50} >2 000 mg/kg，大鼠急性吸入 LC_{50}（4h）>2.6 mg/L。对兔眼睛和皮肤无刺激作用。在试验条件下，无致畸、致癌、致突变作用。野鸭和山齿鹑急性经口 LD_{50} >2 000 mg/kg，饲喂 LC_{50} >5 200 mg/L（饲料）。蓝鳃翻车鱼 LC_{50}（96 h）为 0.31 mg/L，鲤鱼 1.5 mg/L，虹鳟鱼 0.5 mg/L，水蚤 LC_{50}（48 h）为 1.1 mg/L。对蜜蜂无毒。

【防治对象】

新型广谱、非内吸吡咯类杀菌剂，通过抑制葡萄糖磷酰化的有关转移，并抑制真菌菌丝体的生长，最终导致病原菌死亡。用于水稻、小麦、玉米、豌豆、油菜、蔬菜、葡萄、草坪、观赏作物叶面处理，防治雪腐镰孢、小麦网腥黑腐菌、立枯病菌等，对灰霉病有特效；对谷物和非谷物种子处理，防治种传和土传病菌，如链格孢属、壳二孢属、曲霉属、镰孢属、长蠕孢属、丝核菌属及青霉属。

【使用方法】

防治水稻恶苗病。

（1）包衣：按照每 100 kg 种子用 25 g/L 悬浮种衣剂 400～600 mL，以药浆与种子比为 1：（50～100）的比例将药剂稀释后（即 100 kg 种子加水 1～2 L），与种子充分搅拌，直到药液均匀分布到种子表面，晾干后即可。

（2）浸种：按照每 100 kg 种子用 25 g/L 悬浮种衣剂 200～300 mL，用水稀释至 200 L，浸种 24 h 后催芽。

【注意事项】

（1）处理过的种子必须放置在有明显标签的容器内。勿与食物、饲料放在一起，不得饲喂禽畜，更不得用来加工饲料或食品。

（2）播后必须覆土，严禁畜禽进入。

（3）禁止用于水田，以免杀伤水生生物。

【主要制剂和生产企业】

25 g/L 悬浮种衣剂。

先正达（苏州）作物保护有限公司、陕西标正作物科学有限公司、深圳诺普信农化股份有限公司、浙江省杭州宇龙化工有限公司、江阴苏利化学股份有限公司、浙江博仕达作物科技有限公司等。

氰 烯 菌 酯
（phenamacril）

【理化性质】

纯品为白色或淡黄色固体粉末，熔点 123～124 ℃，蒸气压 4.5×10^{-5} Pa（25 ℃）。易溶于氯仿、丙酮、二甲基亚砜、N,N-二甲基甲酰胺，难溶于水、石油醚、甲苯。在酸性、碱性介质中稳定，对光稳定。

【毒性】

微毒。大鼠急性经口 LD_{50} ＞5 000 mg/kg，大鼠急性经皮 LD_{50} ＞5 000 mg/kg。对兔眼睛和皮肤无刺激性。Ames 试验、小鼠骨髓嗜多染红细胞微核试验、小鼠睾丸精母细胞染色体畸变试验均呈阴性。在试验条件下，无致畸、致癌、致突变作用。对鱼、山齿鹑中等毒，斑马鱼 LC_{50}（96 h）为 7.70 mg/L，山齿鹑 LD_{50}（7 d）为 321 mg/kg。对蜜蜂低毒，LC_{50}（48 h）为 436 mg/L。

【防治对象】

由江苏省农药研究所股份有限公司研发的氰基丙烯酸酯类杀菌剂，高效、微毒、对环境友好，具有优异的保护和治疗作用，能强烈抑制菌丝的生长和发育。具有内吸及向顶传导活性，可以被植物根部、叶片吸收，在植物导管或木质部以短距离运输方式向上输导。作用机制独特，初步推测，可能作用于禾谷镰孢肌球蛋白-5。可应用于防治镰刀菌引起的水稻恶苗病、小麦赤霉病、棉花枯萎病、香蕉巴拿马病、西瓜枯萎病及各类作物的枯萎病、根腐病、立枯病等病害。

【使用方法】

防治水稻恶苗病，配制 25％氰烯菌酯悬浮剂 2 000～3 000 倍液，浸种温度为 15～20 ℃时，浸种 2～3 d 为宜。

【注意事项】

（1）本品作用位点单一，选择性强，存在一定的抗性风险。为延缓其抗药性的产生、延长其使用寿命、扩大其应用范围，可与其他作用机理药剂复配施用。

（2）本品对鱼和蜜蜂中等毒。使用时应注意对鱼和蜜蜂的不利影响，开花植物禁用，药液及其废液不得污染各类水域、土壤等环境。蚕室与桑园附近禁用。远离水产养殖区施药，禁止在河塘清洗施药器具。

【主要制剂和生产企业】

25%悬浮剂。

江苏省农药研究所股份有限公司。

氟 唑 菌 苯 胺

（penflufen）

【理化性质】

纯品为灰白色粉末状固体，熔点 111 ℃，蒸气压 $1.2×10^{-6}$ Pa（25 ℃）。溶解度（g/L，20 ℃）：水 $1.1×10^{-2}$、正己烷 1.6、甲苯 62、丙酮 139、甲醇 126、乙酸乙酯 96、二甲亚砜 162。在水中保持稳定。

【毒性】

低毒。大鼠急性经口 LD_{50}＞5 000 mg/kg，大鼠急性经皮 LD_{50}＞2 000 mg/kg，大鼠急性吸入 LC_{50}＞2.02 mg/L。鸟类：野鸭 LC_{50}（5 d）＞5 000 mg/kg，山齿鹑 LC_{50}＞5 000 mg/kg。鱼类：鲤鱼 LC_{50}（96 h）为 0.103 mg/L。水蚤 EC_{50}（48 h）＞4.66 mg/L。蜜蜂：LD_{50}（经口、接触）＞100 μg/只。

【防治对象】

属于吡唑酰胺类杀菌剂，琥珀酸脱氢酶抑制剂。具有内吸、预防和治疗作用，持效期长。主要用作杀菌种子处理剂，种子处理后，药剂经渗透进入发芽的种子，通过幼株的木质部传导至整个植物，从而保护幼苗。用于水稻、小麦、马铃薯、玉米、棉花、大麦、苜蓿、蔬菜、豆类以及油菜等种子，可以防治种传、土传的丝核菌和黑粉菌等引起的水稻纹枯病、水稻恶苗病、马铃薯黑痣病等病害。

【使用方法】

防治水稻纹枯病和恶苗病，按照每 100 kg 种子使用 22％氟唑菌苯胺种子处理悬浮剂 830～1 250 mL 拌种处理。

【注意事项】

（1）本品对部分水生生物有毒，严禁在水产养殖区、河塘、沟渠、湖泊等水体中清洗施药器具。

（2）处理后的种子应安全存储，严禁人畜食用，如需晾晒必须有专人看管，特别要注意远离儿童以防止误食中毒。

【主要制剂和生产企业】

22％种子处理悬浮剂。

拜耳作物科学（中国）有限公司。

福 美 双

（thiram）

【理化性质】

纯品为白色无嗅结晶。熔点 155～156 ℃，相对密度 1.29，蒸气压 2.3×10^{-3} Pa（25 ℃）。溶解度（g/L，20 ℃）：水 3×10^{-2}、乙醇<10、丙酮 80、氯仿 230、己烷 0.04、二氯甲烷 170、甲苯 18、异丙醇 0.7。酸性介质中分解，长期接触日照、热、空气和潮湿会变质。

【毒性】

低毒。大鼠急性经口 LD_{50} 为 378～865 mg/kg，小鼠急性经口 LD_{50} 为 1 500～2 000 mg/kg，对皮肤和黏膜有刺激作用。对鱼类有毒，虹鳟鱼 LC_{50}（96 h）为 0.128 mg/L，蓝鳃翻车鱼 LC_{50}（96 h）为 0.044 5 mg/L。对蜜蜂无毒。

【防治对象】

属二硫代氨基甲酸酯类杀菌剂。保护作用强，杀菌谱广，主要用于处理种子和土壤，对水稻稻瘟病、胡麻叶斑病，小麦白粉病、赤霉病，黄瓜白粉病、霜霉病，葡萄白腐病，甜菜、烟草根腐病有良好的保护作用。

【使用方法】

防治水稻稻瘟病、胡麻叶斑病，按照每 100 kg 种子使用 50％福美双可湿性粉剂 500～600 g 拌种或使用 50％福美双可湿性粉剂 500～1 000 倍液浸种 2～3 d。

【注意事项】

（1）不能与铜、汞及碱性农药混用或前后紧连使用。

（2）拌过药的种子有残毒，不能再食用。对皮肤和黏膜有刺激作用，喷药时注意防护。

【主要制剂和生产企业】

50％可湿性粉剂。

河北万特生物化学有限公司、山东海讯生物科技有限公司、山东恒利达生物科技有限公司、河北省石家庄市绿丰化工有限公司等。

咪　鲜　胺

（prochloraz）

【理化性质】

纯品为无色无嗅结晶固体，熔点 46.5～49.3 ℃，相对密度 1.405。溶解度（g/L，25 ℃）：水 $3.44×10^{-2}$，丙酮 3 500，氯仿、乙醚、甲苯 2 500。稳定性：在 pH 7 和 20 ℃条件下的水中稳定，遇强酸、强碱或长期处于高温（200 ℃）条件下不稳定。

【毒性】

低毒。大鼠急性经口 LD_{50} 为 1 600 mg/kg，大鼠急性经皮 $LD_{50}>2 100$ mg/kg，大鼠急性吸入 LC_{50}（4 h）2.4 mg/L，对皮肤有轻度刺激，对眼无刺激。大鼠 90 d 饲喂试验最小影响剂量为每天 6 mg/kg，小鼠无作用剂量为每天 6 mg/kg。大鼠慢性毒性试验无作用剂量为每天 1.3 mg/kg，小鼠为每天 7.5 mg/kg。在试验条件下未发现致畸、致癌、致突变作用。对鱼有毒，虹鳟鱼 LC_{50}（96 h）为 1.5 mg/L，蓝鳃翻车鱼 LC_{50}（96 h）为 2.2 mg/L。对蜜蜂低毒。

【防治对象】

本品是一种咪唑类广谱杀菌剂，通过抑制甾醇的生物合成而起作用。尽管其不具有内吸作用，但具有一定的传导性能，对多种作物由子囊菌和半知菌引起的病害具有明显的防效。浸种可防治水稻恶苗病、稻瘟病等病害。

【使用方法】

防治水稻恶苗病，长江流域及以南地区，使用 450 g/L 咪鲜胺水乳剂 4 000～6 000 倍液浸种 1～3 d，捞出用清水催芽；黄河流域及以北地区，使用 450 g/L 咪鲜胺水乳剂 6 000～8 000 倍液浸种 3～5 d，捞出用清水催芽；东北地区，使用 450 g/L 咪鲜胺水乳剂 6 000～8 000 倍液浸种 5～7 d，捞出用清水催芽。

【注意事项】

（1）该药对鱼有毒，施药时不可污染鱼塘、河道或水沟。

（2）可与多种农药混用，但不宜与强酸、强碱性农药混用。

【主要制剂和生产企业】

45％、25％乳油，450 g/L 水乳剂，1.5％水乳种衣剂。

德强生物股份有限公司、山东泰诺药业有限公司、江苏辉丰农化股份有限公司、美国富美实公司、江苏华农种衣剂有限责任公司、山东省青岛泰生生物科技有限公司等。

精 甲 霜 灵

（metalaxyl‐M）

【理化性质】

本品为浅棕色透明液体，相对密度 1.125，熔点－38.7 ℃，蒸气压 3.3×10^{-3} Pa（25 ℃）。溶解度（g/L，25 ℃）：水 26、正己烷 59，与丙酮、乙酸乙酯、甲醇、二氯甲烷、甲苯和正辛醇互溶。

【毒性】

低毒。大鼠急性经口 LD_{50} 为 667 mg/kg，大鼠急性经皮 $LD_{50} > 2\,000$ mg/kg。在试验条件下，未见动物有致癌、致畸、致突变作用。对鱼类、蜜蜂毒性较低，虹鳟鱼 LC_{50} 为 10 mg/L，水蚤 LC_{50} 为 100 mg/L，蜜蜂 $LD_{50} > 25\,\mu g$/只（接触），$LD_{20} > 127\,\mu g$/只（经口）。

【防治对象】

本品为甲霜灵的 R 异构体，是一种高效、内吸性杀菌剂。具有保护和治疗作用，药效高、残留低，良好的环境相容性。可作为种子处理，内吸进入植物体内，施药后 30 min 即可在植物体内上下双向传导，可以透入卵菌的细胞膜，抑制菌丝体内蛋白质的合成，使其营养缺乏，不能正常生长而死亡。对卵菌纲中的霜霉病菌、疫霉病菌、腐霉病菌所致的水稻、小麦、蔬菜、果树、油料、棉花等作物病害具有较好的防治效果。

【使用方法】

防治水稻烂秧病。

（1）拌种：按照每 100 kg 种子用 350 g/L 精甲霜灵种子处理乳剂 15～25 mL，用水稀释至 1～2 L，将药浆与种子充分搅拌，直到药液均匀分布到种子表面，晾干后即可。

（2）浸种：将 350 g/L 精甲霜灵种子处理乳剂用水稀释，按照 4 000～6 000 倍液浸种，浸种 24 h 后催芽。

【注意事项】

（1）处理过的种子必须放置在有明显标签的容器内。勿与食物、饲料放在一起，不得饲喂禽畜，更不得用来加工饲料或食品。

（2）播种后必须覆土，严禁畜禽进入。

【主要制剂和生产企业】

350 g/L 种子处理乳剂。

山东省联合农药工业有限公司、先正达（苏州）作物保护有限公司、浙江天丰生物科学有限公司等。

精甲霜灵·咯菌腈

【制剂毒性】

低毒。大鼠急性经口 LD_{50} ＞5 050 mg/kg，大鼠急性经皮 LD_{50} ＞5 000 mg/kg，大鼠急性吸入 LC_{50}（4 h）5.43 mg/L。对兔眼睛和皮肤无刺激作用。

【防治对象】

本品由两种具有不同作用机制的杀菌剂混配而成。其中，咯菌腈高效广谱，可以防治由高等真菌（如镰刀菌、立枯丝核菌）引起的水稻恶苗病和立枯病。而精甲霜灵为内吸性杀菌剂，能透过种皮，随种子萌发和幼苗生长内吸传导到植株的各个部位，防治由低等真菌（如腐霉菌、疫霉菌）引起的多种土传和种传病害。因此，通过两种有效成分的混用，优势互补，高（等真菌）低（等真菌）兼顾，可控制几乎所有的水稻苗期主要侵染性病害，并且对由这些真菌引起的烂秧、烂种、烂芽有很好的控制作用。

【使用方法】

防治水稻恶苗病，种子包衣：按照每 100 kg 种子用 62.5 g/L 精甲霜灵·

咯菌腈悬浮种衣剂 300～400 mL，用水稀释至 1～2 L，将药浆与种子按比例充分搅拌，直到药液均匀分布到种子表面，晾干后播种。

【注意事项】

（1）处理过的种子必须放置在有明显标签的容器内。尽快使用，勿与食物、饲料放在一起，不得饲喂禽畜，更不得用来加工饲料或食品。

（2）播种后必须覆土，严禁畜禽进入。

（3）勿将本品及其废液弃于池塘、河溪、湖泊等，以免污染水源。

【主要制剂和生产企业】

62.5 g/L、35 g/L 悬浮种衣剂。

江苏省南京高正农用化工有限公司、瑞士先正达作物保护有限公司、浙江省杭州宇龙化工有限公司、山东省青岛奥迪斯生物科技有限公司、江苏艾津农化有限责任公司等。

噻虫嗪·咯菌腈

【制剂毒性】

微毒。大鼠急性经口 LD_{50} ＞5 000 mg/kg，大鼠急性经皮 LD_{50} ＞5 000 mg/kg。对兔眼睛和皮肤无刺激作用。

【防治对象】

本品由一种杀虫剂和一种杀菌剂混配而成。噻虫嗪是一种新烟碱类杀虫剂，具有内吸传导性，兼具胃毒和触杀作用，用于种子处理，可被作物根迅速内吸，并传导到植株各部位。咯菌腈用于种子处理，可防治作物的种传和土传真菌病害。两者复配可同时防治水稻蓟马和恶苗病。

【使用方法】

防治水稻蓟马和恶苗病，先将水稻种子按照当地常规方法浸种处理后，沥干水分。按照每 100 kg 种子用 17% 噻虫·咯菌腈种子处理悬浮剂 500～747 mL 用量，加入适量水稀释后，与种子充分搅拌，使药液均匀分布到种子表面，在背光条件下晾干后再播种，忌阳光暴晒。

【注意事项】

（1）配置好的药液应在 24 h 内使用。

（2）处理过的种子必须放置在有明显标签的容器内。勿与食物、饲料放在一起，不得饲喂禽畜，更不得用来加工饲料或食品。

（3）本品对蜂、鸟、鱼、蚕等生物有毒，远离水产养殖区施药，禁止在河塘等水体中清洗施药器具。鸟类保护区禁用，播种施药后立即覆土。

【主要制剂和生产企业】

17%种子处理悬浮剂，22%悬浮种衣剂。

陕西标正作物科学有限公司、华北制药集团爱诺有限公司、燕化永乐（乐亭）生物科技有限公司等。

噻虫嗪·精甲霜灵·咯菌腈

【制剂毒性】

低毒。大鼠急性经口 LD_{50} >5 000 mg/kg，大鼠急性经皮 LD_{50} >5 000 mg/kg，大鼠急性吸入 LC_{50}（4 h）>2.5 mg/L。对兔眼睛和皮肤轻微刺激作用。

【防治对象】

本品为三元复配杀虫杀菌剂。其中的噻虫嗪是一种新烟碱类杀虫剂，对刺吸式/锉吸式口器害虫（如蓟马、飞虱等）有很好的效果，用于种子处理，可被作物根迅速内吸，并传导到植株各部位。精甲霜灵为内吸性苯胺类杀菌剂，对腐霉、绵霉等引起的多种种传和土传病害有非常好的防效。咯菌腈高效广谱，为非内吸吡咯类化合物，对子囊菌、担子菌、半知菌等许多病原菌引起的水稻恶苗病和立枯病有非常好的防效。因此，通过三种有效成分的混用，优势互补，病虫兼顾，可有效防治水稻苗期蓟马及主要侵染性病害，提高出苗率，培育壮苗，强壮根系。

【使用方法】

防治水稻恶苗病、烂秧病、蓟马，按照每100 kg 种子用25%噻虫嗪·精甲霜灵·咯菌腈悬浮种衣剂 300～600 mL 剂量，使用前请摇匀，加入适量水稀释并搅拌均匀为药浆［药浆种子比为1：（50～100），即100 kg 种子对应的药浆为1～2 L］，将种子倒入，充分搅拌均匀，晾干后即可播种。

【注意事项】

（1）处理过的种子必须放置在有明显标签的容器内。勿与食物、饲料放在一起，不得饲喂禽畜，更不得用来加工饲料或食品。

（2）播种后必须覆土，严禁畜禽进入。

（3）本品对蜜蜂高毒，开花植物花期禁用。勿将本品及其废液弃于池塘、河溪、湖泊等，以免污染水源。

【主要制剂和生产企业】

25%、20%悬浮种衣剂。

先正达南通作物保护有限公司、湖南农大海特农化有限公司、湖南新长山农业发展股份有限公司等。

参考文献

胡智辉，易青，瞿华香，2009. 水稻种衣剂"适乐时"的应用效果研究 [J]. 湖南农业科学
（5）：31 - 32.

邵振润，闫晓静，2014. 杀菌剂科学使用指南 [M]. 北京：中国农业科学技术出版社.

邵振润，张帅，高希武，2014. 杀虫剂科学使用指南 [M]. 北京：中国农业出版社.

杨凌峰，2014. 60%吡虫啉 SC 种衣剂拌种对水稻苗期虫害的防治效果及秧苗素质的影响
[J]. 安徽农业科学，42（4）：1007 - 1008.

占中师，2012. 350 g/L 噻虫嗪悬浮种衣剂防治水稻蓟马田间药效试验 [J]. 安徽农学通报，
18（09）：114 - 115.

张舒，胡洪涛，2017. 我国水稻种子处理剂登记现状分析与展望 [J]. 农药，56（10）：
708 -711.

张国生，孙丽昕，2000. 水稻种子处理剂及其防治病虫害 [J]. 农药，39（10）：40 - 41.

赵立英，贾信德，许力保，等，2014. 水稻应用锐胜 350FS 悬浮种衣剂包衣示范试验总结
[J]. 现代化农业（11）：66 - 67.

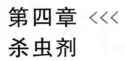

第四章 <<<
杀虫剂

水稻上常见害虫有 30 多种，其中稻飞虱、稻纵卷叶螟和螟虫是水稻生产上难以防治的三大害虫。据调查，2012—2016 年全国稻田害虫平均发生面积 0.656 亿 hm^2 次，防治面积 0.902 亿 hm^2 次。近几年，我国每年水稻用杀虫剂用量在 8 万 t 左右，药剂类型主要包括有机磷类、氨基甲酸酯类、沙蚕毒素类、大环内酯类、新烟碱类、双酰胺类以及 Bt 制剂等。在水稻杀虫剂应用中，目前适合田间使用的剂型仍以乳油和可湿性粉剂为主，但新的环保剂型，如悬浮剂、水乳剂、微乳剂、水分散粒剂等已进入水稻杀虫剂使用领域。下文主要依据杀虫剂的作用机制，列出目前在稻田登记并有较好田间防效的杀虫剂 41 种，分属 12 种不同的作用机制。

第 1 组　乙酰胆碱酯酶抑制剂

稻田登记的有氨基甲酸酯类（1A）和有机磷类（1B）

第 1A 组　氨基甲酸酯类

丁 硫 克 百 威
（carbosulfan）

化学结构式、理化性质、毒性、防治对象等参见第三章"丁硫克百威"。

【曾用名】

好年冬、稻拌威、好安威、拌得乐、安棉特。

【使用方法】

防治稻飞虱和叶蝉，在低龄若虫盛发期施药，每 667 m^2 使用 20％丁硫克百威乳油 150～200 mL，对水均匀喷雾处理。

【对天敌和有益生物影响】

丁硫克百威对黑肩绿盲蝽等捕食性天敌有一定杀伤力。

【注意事项】

（1）不能与酸性或强碱性物质混用，但可与中性物质混用。可与多种杀虫剂（如吡虫啉）、杀菌剂混配，以提高杀虫效果和扩大应用范围。在稻田施用时，不能与敌稗、灭草灵等除草剂同时使用，施用敌稗应在施用丁硫克百威前3～4 d进行，或在施用丁硫克百威后30 d进行，以防产生药害。

（2）喷洒时力求均匀周到，尤其是主靶标。同时，防止从口鼻等吸入，操作完后必须洗手、更衣。因操作不当引起中毒事故，应送医院急救，可用阿托品解毒。

（3）对水稻三化螟和稻纵卷叶螟防治效果不好，不宜使用。

（4）对鱼类高毒，养鱼稻田不可使用，防止施药田水流入鱼塘。

【主要制剂和生产企业】

20％、5％乳油，35％干粉剂，10％微乳剂，5％颗粒剂。

湖南海利化工股份有限公司、山东省青岛瀚生生物科技股份有限公司、江苏省苏州富美实植物保护剂有限公司、浙江天一农化有限公司、河北省石家庄市伊诺生化有限公司、美国富美实公司等。

异 丙 威

（isoprocarb）

【曾用名】

灭扑散、叶蝉散。

【理化性质】

纯品为白色结晶粉末，熔点 96～97 ℃，蒸气压 $2.8×10^{-3}$ Pa（20 ℃），相对密度 0.62。易溶于丙酮、二甲基甲酰胺、二甲基亚砜、环己烷，可溶于甲醇、乙醇、异丙醇，难溶于芳烃，不溶于卤代烃和水。

【毒性】

中等毒。大鼠急性经口 LD_{50} 为 403～485 mg/kg，大鼠急性经皮 $LD_{50}>$ 500 mg/kg，大鼠急性吸入 $LC_{50}>0.4$ mg/L。对兔眼睛和皮肤刺激性极小，试验动物显示无明显蓄积性，在试验剂量内未发现致突变、致畸、致癌作用。对蜜蜂有害。

【防治对象】

本品为触杀性、速效性杀虫剂，具有胃毒、触杀和熏蒸作用，对昆虫的作用是抑制乙酰胆碱酯酶活性，致使昆虫麻痹死亡。可防治稻飞虱、稻叶蝉等害虫，击倒力强，药效迅速，但持效期短，一般只有 3～5 d，可兼治蓟马和蚂蟥。也可用于防治果树、蔬菜、粮食、烟草、观赏植物上的蚜虫。

【使用方法】

防治稻飞虱、叶蝉，在若虫发生高峰期，每 667 m² 使用 20％异丙威乳油 150～200 mL，对水均匀喷雾处理。

【对天敌和有益生物影响】

异丙威对水稻田拟水狼蛛、黑肩绿盲蝽、稻虱缨小蜂有一定杀伤作用，对稻螟赤眼蜂成蜂羽化有不利影响。对蜜蜂有毒，对甲壳纲有毒，对鱼类低毒。

【注意事项】

（1）本品对薯类作物有药害，不宜在该类作物上使用。

（2）施用本品后 10 d 不可使用敌稗。

【主要制剂和生产企业】

20％乳油，15％、10％烟剂，10％、4％、2％粉剂。

湖南海利化工股份有限公司、江苏常隆化工有限公司、江苏颖泰化学有限公司、山东华阳科技股份有限公司、湖南国发精细化工科技有限公司、湖北沙隆达（荆州）农药化工有限公司、江西省海利贵溪化工农药有限公司等。

速 灭 威

（metolcarb）

【理化性质】

纯品是无色晶体，熔点 76～77 ℃，30 ℃时在水中溶解度为 2.6 g/L，易溶于乙醇、丙酮、氯仿，微溶于苯、甲苯。遇碱分解，受热时也用少量分解，120 ℃时 24 h 分解 4％以上。

【毒性】

中等毒。雄性大鼠急性毒性 LD_{50} 为 580 mg/kg，大鼠急性经皮 LD_{50} 为 6 000 mg/kg，大鼠急性吸入 LC_{50} 为 0.48 mg/L。对大鼠无作用剂量为每天

15 mg/kg。无慢性毒性，在试验条件下，无致癌、致畸、致突变作用。对蜜蜂有毒。

【防治对象】

本品具有良好的触杀和熏蒸作用，击倒力强，持效期 3～4 d，对水稻害虫有速效性防治效果。主要用于防治稻飞虱、稻叶蝉、蓟马及椿象等，对稻纵卷叶螟、柑橘锈壁虱、棉红铃虫、蚜虫等也有一定防效。

【使用方法】

防治稻飞虱、稻叶蝉，每 667 m² 使用 25％速灭威可湿性粉剂 125～200 g，对水均匀喷雾处理。

【对天敌和有益生物影响】

速灭威对水稻田黑肩绿盲蝽、拟水狼蛛等天敌杀伤作用较大。对鱼有毒，对蜜蜂高毒。

【注意事项】

应避免在大田前期和水稻扬花期使用，减少对稻田天敌和蜜蜂的杀伤。

【主要制剂和生产企业】

20％乳油，25％可湿性粉剂。

湖南国发精细化工科技有限公司、山东华阳科技股份有限公司、湖南海利化工股份有限公司、江苏常隆化工有限公司、浙江省杭州大地农药有限公司、上海东风农药厂等。

仲 丁 威

（fenobucarb）

【曾用名】

扑杀威、速丁威、丁苯威、巴沙。

【理化性质】

本品为无色结晶，有芳香气味，相对密度 1.050，熔点 32 ℃，蒸气压 $1.3×10^{-4}$ Pa（20 ℃）。溶解度（g/L，20 ℃）：水 0.42、丙酮 2 000、甲醇 1 000、苯 1 000。在碱性和强酸性介质中不稳定，在弱酸性介质中稳定。受热易分解。

【毒性】

低毒。雄性大鼠急性经口 LD_{50} 为 623 mg/kg，大鼠急性经皮 LD_{50} > 500 mg/kg，大鼠急性吸入 LC_{50} > 0.366 mg/L。对兔皮肤和眼睛有很小的刺激性。在试验条件下，致突变作用为阴性，对大鼠未见繁殖毒性（100 mg/L 以下）。对兔未见致畸作用 [3 mg/（kg·d）]。两年慢性饲喂试验，大鼠无作用剂量为 5 mg/kg·d，狗为 11～12 mg/（kg·d）。对大鼠未见致癌作用（100 mg/L 以下）。鸡未见迟发性神经毒性。鲤鱼 TLm（48 h）为 12.6 mg/L。

【防治对象】

具有较强的触杀作用，兼有胃毒、熏蒸、杀卵作用。主要通过抑制昆虫乙酰胆碱酯酶使害虫中毒死亡，杀虫迅速，但持效期短，一般只能维持 4～5 d。可防治稻飞虱、稻叶蝉，对稻纵卷叶螟也有一定防效。

【使用方法】

（1）防治稻飞虱、稻叶蝉，在发生初盛期，每 667 m² 使用 20% 仲丁威乳油 150～180 mL，对水均匀喷雾处理。

（2）防治稻纵卷叶螟，每 667 m² 使用 20% 仲丁威乳油 150～180 mL，对水均匀喷雾处理。

【注意事项】

（1）不得与碱性农药混合使用。

（2）在稻田施药后的前后 10 d，避免使用敌稗，以免发生药害。

（3）中毒后解毒药为阿托品，严禁使用解磷定和吗啡。

【主要制剂和生产企业】

80%、50%、25%、20% 乳油，20% 水乳剂。

湖南海利化工股份有限公司、山东华阳科技股份有限公司、江苏剑牌农化股份有限公司、湖北沙隆达（荆州）农药化工有限公司、湖南国发精细化工科技有限公司等。

混 灭 威
(XMC + xylylcarb)

【理化性质】

由灭除威和灭杀威两种同分异构体混合而成的氨基甲酸酯类杀虫剂。原药为淡黄色至红棕色油状液体，微臭，熔点 25 ℃，相对密度 1.129，蒸气压 1.92×10^{-2} Pa（25 ℃）。温度低于 10 ℃时，有结晶析出，不溶于水，微溶于汽油、石油醚，易溶于甲醇、乙醇、丙酮、苯和甲苯等有机溶剂，遇碱易分解。

【毒性】

中等毒。大鼠急性经口 LD_{50} 441～1 050 mg/kg（雄），295～626 mg/kg（雌），小鼠急性经皮 $LD_{50} > 400$ mg/kg。对鱼类毒性小，红鲤鱼 TLm（48 h）为 30.2 mg/L。对天敌、蜜蜂高毒。

【防治对象】

本品具有触杀、胃毒、熏蒸作用，可防治稻飞虱、稻叶蝉、稻蓟马等害虫，击倒作用快，一般施药后 1 h 左右，大部分害虫跌落水中。但持效期短，只有 2～3 d。其药效不受温度影响，低温下仍有很好的防效。

【使用方法】

防治稻叶蝉，早稻秧田在害虫迁飞高峰期，晚稻秧田在秧苗现青防治；本田防治，早稻在若虫高峰期，每 667 m² 使用 50%混灭威乳油 50～100 g 对水 60～70 kg 均匀喷雾。

防治稻蓟马，在若虫盛孵期施药。防治指标为：秧田四叶期后每百株有虫 200 头以上；或每百株有卵 300～500 粒或叶尖初卷率达 5%～10%。本田分蘖期每百株有虫 300 头以上或有卵 500～700 粒，或叶尖初卷率达 10%左右。每 667 m² 使用 50%混灭威乳油 50～60 mL，对水 50～60 kg 均匀喷雾。

防治稻飞虱，通常在水稻分蘖期到圆秆拔节期，平均每丛稻有虫 1 头以上或每平方米有虫 60 头以上；在孕穗期、抽穗期，每丛有虫 5 头以上，或每平方米有虫 300 头以上；在灌浆乳熟期，每丛有虫 10 头以上，或每平方米有虫 600 头以上；在蜡熟期，每丛有虫 15 头以上，或每平方米有虫 900 头以上，每 667 m² 使用 50%混灭威乳油 50～100 mL，对水 60～70 kg 均匀喷雾。

【注意事项】

（1）不可与碱性农药混用。

（2）对蜜蜂毒性大，花期禁用。

（3）烟草、玉米、高粱、大豆敏感，严格控制用药量，尤其是烟草，一般不宜用。

【主要制剂和生产企业】

50%乳油。

江苏常隆化工有限公司、江西众和化工有限公司、江苏辉丰农化股份有限公司等。

第1B组　有机磷类

毒 死 蜱
（chlorpyrifos）

【曾用名】

氯吡硫磷、乐斯本、好劳力。

【理化性质】

纯品为白色颗粒状结晶，有硫醇臭味，相对密度 1.398（43.5 ℃），熔点 42.5～43.5 ℃，蒸气压为 2.5×10^{-3} Pa（25 ℃），水中溶解度为 1.2 mg/L，溶于大多数有机溶剂。室温下稳定。

【毒性】

中等毒。大鼠急性经口 LD_{50} 为 163 mg/kg（雄），135 mg/kg（雌），大鼠急性经皮 LD_{50} ＞2 000 mg/kg。对动物眼睛有轻度刺激，对皮肤有明显刺激，多次接触产生灼伤。在试验剂量下未见致畸、致突变、致癌作用。虹鳟鱼 LC_{50}（96 h）为 0.007～0.051 mg/L。对蜜蜂有毒。

【防治对象】

高效、广谱有机磷类杀虫剂，具有触杀、胃毒和熏蒸作用，无内吸作用。在叶片上的残留期不长，但在土壤中的残留期则较长，因此对地下害虫的防治效果较好。作用机理是抑制体内神经中的乙酰胆碱酯酶的活性而破坏正常的神经冲动传导，引起一系列中毒症状，异常兴奋、痉挛、麻痹、死亡。可用于水稻、小麦、棉花等作物，防治稻纵卷叶螟、二化螟、稻飞虱、小麦吸浆虫、棉盲蝽、柑橘潜叶蛾、苹果桃小食心虫、苹果蚜虫等。

【使用方法】

防治稻纵卷叶螟，在卵孵化高峰至二龄幼虫高峰前，每 667 m^2 使用 40% 毒死蜱乳油 80～120 mL，对水均匀喷雾处理。

防治水稻二化螟、三化螟，在卵孵化高峰期喷雾，每 667 m^2 使用 40% 毒死蜱乳油 90～110 mL，对水均匀喷雾处理。

【对天敌和有益生物影响】

毒死蜱对稻田蜘蛛、黑肩绿盲蝽、隐翅虫等捕食性天敌有一定杀伤力，对稻螟赤眼蜂羽化有不利影响。对虾和鱼高毒，对蜜蜂有较高的毒性。

【注意事项】

（1）避免与碱性农药混用。施药时作好防护工作；施药后用肥皂清洗。

（2）应避免水稻前期和扬花期使用，以保护天敌和蜜蜂。

（3）避免药液流入鱼塘、湖、河流；清洗喷药器械或弃置废料勿污染水源，特别是养虾塘附近不要使用。

【主要制剂和生产企业】

48%、40.7%、40%、20%乳油，50%、30%、25%可湿性粉剂，480 g/L、300 g/L 微乳剂，40%、30%水乳剂，30%微囊悬浮剂，15%烟雾剂，14%、10%、5%、3%颗粒剂。

山东华阳科技股份有限公司、江苏省南京红太阳股份有限公司、浙江新农化工股份有限公司、美国陶氏杜邦公司等。

三 唑 磷

（triazophos）

【曾用名】

特力克。

【理化性质】

纯品为浅棕黄色油状物，熔点 0～5 ℃，蒸气压（30 ℃）3.9×10^{-4} Pa，油水分配系数 3.34。溶解度：水 39 mg/L（pH 7，20 ℃），可溶于大多数有机溶剂。对光稳定，在酸碱水溶液中水解。

【毒性】

中等毒。大鼠急性经口 LD_{50} 为 57～68 mg/kg，大鼠急性经皮 $LD_{50} >$ 2 000 mg/kg。鲤鱼 LC_{50}（96 h）5.6 mg/L，虹鳟鱼 0.01 mg/L。山齿鹑急性经口 LD_{50} 为 4.2～27.1 mg/kg。

【防治对象】

广谱性有机磷类杀虫、杀螨剂，兼有一定的杀线虫作用，还具有胃毒和触杀作用，渗透性强，杀虫效果好，杀卵作用明显，渗透性较强，无内吸作用。

可用于防治水稻、二化螟、三化螟、稻飞虱、稻纵卷叶螟、稻蓟马、稻瘿蚊等害虫，也可防治棉花、玉米、果树等的棉铃虫、红铃虫、蚜虫、松毛虫等害虫以及叶螨、线虫。

【使用方法】

防治二化螟、三化螟，在卵孵化高峰期喷雾，每 667 m² 使用 20％三唑磷乳油 100～150 mL，对水均匀喷雾处理。

【对天敌和有益生物影响】

三唑磷对水稻田间四点亮腹蛛、八斑球腹蛛、拟水狼蛛、圆尾蟏蛸蛛、青翅蚁型隐翅虫等天敌有一定杀伤力，对稻螟赤眼蜂成蜂存活有不利影响，降低稻虱缨小蜂羽化率。

【注意事项】

（1）应避免在大田前期和水稻扬花期使用，保护稻田天敌和蜜蜂。

（2）鱼对本品比较敏感，禁止药剂流入池塘、河流，并禁止在池塘河流直接清洗喷雾器械。

（3）禁止在家蚕饲养期间于桑叶毗邻区使用，避免影响家蚕饲养。

（4）使用本品防治水稻螟虫时，稻飞虱会活动猖獗，如需兼治飞虱，宜配合使用吡蚜酮等药剂。

（5）作物收获前 7 d，停止使用本品。

【主要制剂和生产企业】

40％、30％、20％、13.5％、10％乳油，40％、20％、15％、8％微乳剂，20％水乳剂，3％颗粒剂。

浙江新农化工股份有限公司、浙江永农化工有限公司、江苏粮满仓农化有限公司、安徽省池州新赛德化工有限公司、浙江巨化股份有限公司兰溪农药厂、上海农药厂、福建省建瓯福农化工有限公司、湖南海利化工股份有限公司、浙江东风化工有限公司、江苏好收成韦恩农药化工有限公司、湖北沙隆达股份有限公司、浙江一帆化工有限公司、福建三农集团股份有限公司、江苏长青农化股份有限公司等。

丙　溴　磷

（profenofos）

【曾用名】

溴丙磷、多虫磷。

【理化性质】

纯品为浅黄色液体，蒸气压 $1.33×10^{-4}$ Pa（20 ℃），相对密度 1.455（20 ℃），能与多种有机溶剂互溶，20 ℃时在水中溶解度为 20 mg/L。中性和微酸条件下比较稳定，碱性环境中不稳定。

【毒性】

中等毒。大鼠急性经口 LD_{50} 为 358 mg/kg（雄），316 mg/kg（雌），大鼠急性经皮 LD_{50} 约 3 300 mg/kg。对兔皮肤无刺激作用。在试验条件下，无慢性毒性，无致畸、致癌、致突变作用。对鱼、鸟、蜜蜂有毒。LC_{50}（mg/L，96 h）虹鳟鱼 0.08，蓝鳃翻车鱼 0.3。LC_{50}（mg/L，饲料，8 d）日本鹌鹑＞1 000，野鸭 150～612。

【防治对象】

有机磷类杀虫剂，具有触杀和胃毒作用，速效性较好。在植物叶上有较好的渗透性，但无内吸作用。杀虫谱广，因具有三元不对称独特结构，所以对其他有机磷类、氨基甲酸酯类产生抗性害虫仍有效。能防治水稻二化螟、稻纵卷叶螟等害虫。

【使用方法】

防治水稻二化螟，在卵孵化高峰期喷雾，每 667 m^2 使用 720 g/L 丙溴磷乳油 40～50 mL，对水均匀喷雾处理。

防治稻纵卷叶螟，重点防治水稻穗期危害世代，在卵孵化高峰期施药，每 667 m^2 使用 720 g/L 丙溴磷乳油 40～50 mL，对水均匀喷雾处理。

【对天敌和有益生物影响】

丙溴磷对蜘蛛、黑肩绿盲蝽等捕食性天敌有一定杀伤力。

【注意事项】

（1）对苜蓿和高粱有药害，不宜使用。

（2）不宜与碱性农药混用。

（3）果园中不宜使用。

【主要制剂和生产企业】

720 g/L、50％、40％乳油，5％、3％颗粒剂。

江苏宝灵化工有限公司、浙江一帆化工有限公司、山东省烟台科达化工有限公司、江苏连云港立本农药化工有限公司、山东省威海市农药厂、青岛双收农药化工有限公司、瑞士先正达作物保护有限公司等。

稻　丰　散
（phenthoate）

【曾用名】

爱乐散、益尔散。

【理化性质】

纯品为无色具有芳香气味结晶，90%～92%原油为黄褐色油状液。相对密度 1.226（20 ℃），熔点 17～18 ℃，沸点 145～150 ℃（66.7 Pa），蒸气压 $5.33×10^{-3}$ Pa（40 ℃）。易溶于丙酮、苯等多种有机溶剂，在水中溶解度为 $1.1×10^{-2}$ g/L（25 ℃）。在酸性与中性介质中稳定，碱性条件下易水解。

【毒性】

中等毒。大鼠急性经口 LD_{50} 300～400 mg/kg，大鼠急性经皮 LD_{50}＞5 000 mg/kg，大鼠急性吸入 LC_{50}＞0.8 mg/L。对兔眼睛和皮肤无刺激作用。在试验条件下，对动物无致畸、致癌、致突变作用。对蜜蜂有毒。

【防治对象】

高效、广谱性有机磷类杀虫、杀卵、杀螨剂。具有触杀和胃毒作用，无内吸作用。可用于防治水稻上的稻纵卷叶螟、二化螟、三化螟、叶蝉、蓟马等多种害虫。

【使用方法】

防治水稻纵卷叶螟、二化螟、三化螟，在卵孵化高峰期喷雾，每 667 m² 使用 50%稻丰散乳油 100～120 mL，对水均匀喷雾处理。

【注意事项】

（1）对葡萄、桃、无花果和苹果的某些品种有药害，不宜使用。

（2）对鱼和蜜蜂有毒，特别对鲻鱼、鳟鱼影响大，使用时防止毒害。

【主要制剂和生产企业】

60%、50%乳油，40%水乳剂。

江苏腾龙生物药业有限公司、福建省德盛生物工程有限责任公司等。

敌 敌 畏
（dichlorvos）

【曾用名】

DDVP。

【理化性质】

纯品为无色液体，具有芳香气味，工业品带微黄色，相对密度 1.415（25 ℃），沸点 140 ℃（2.7 kPa），蒸气压 1.6 Pa（20 ℃）。能溶于苯、二甲苯等大多数有机溶剂，不溶于石油醚、煤油，在水中溶解度约 18 g/L（25 ℃）。原药热稳定性较好，长期存放不分解，但易水解。对铁、钢有腐蚀性，不锈钢、铝、镍耐腐蚀。

【毒性】

中等毒。大鼠急性经口 LD_{50} 为 50～110 mg/kg，大鼠急性经皮 LD_{50} 75～107 mg/kg，大鼠急性吸入 LC_{50} 为 14.8 mg/L。雄大鼠 90 d 饲喂试验的无作用剂量为 1 mg/(kg·d)。对鱼毒性大，鲤鱼 LC_{50}（36 h）为 4 mg/L、蓝鳃翻车鱼 LC_{50}（24 h）为 1 mg/L。对瓢虫、食蚜蝇等天敌有较大杀伤力。对蜜蜂有毒。

【防治对象】

高效、广谱有机磷类杀虫剂，具有胃毒、触杀和强烈的熏蒸作用，由于蒸气压较高，对咀嚼式口器和刺吸式口器害虫具有很强的击倒力。施用后易分解、持效期短，无残留。适用于防治水稻稻飞虱、黑尾叶蝉，也能防治棉花、果树、蔬菜、甘蔗、烟草、茶、桑等作物上的黏虫、蚜虫、红蜘蛛、食心虫、梨星毛虫、桑螟、桑粉虱、桑尺蠖、茶蚕、茶毛虫、马尾松毛虫、柳青蛾、黄条跳甲、造桥虫、斜纹夜蛾等多种害虫害螨。

【使用方法】

防治稻飞虱，在低龄若虫盛发期，每 667 m² 使用 48％敌敌畏乳油 58.3～62.5 mL，对水均匀喷雾处理。适合水稻后期稻飞虱的应急防治。

【注意事项】

（1）对高粱、月季花等作物、花卉易产生药害，不宜使用。对玉米、豆类、瓜类幼苗及柳树也较敏感，稀释不能低于 800 倍液，最好应先进行试验再使用。蔬菜收获前 7 d 停止用药。小麦上喷雾使用，667 m² 有效成分使用量不超过 40 g，否则可能产生药害。

（2）本品水溶液分解快，应随配随用。不可与碱性药剂混用，以免分解失效。药剂应存放在儿童接触不到的地方。

（3）本品对人、畜毒性大，挥发性强，施药时注意不要污染皮肤。中午高温时不宜施药，以防中毒。

【主要制剂和生产企业】

90％、50％、48％乳油。

广西田园生化股份有限公司、江苏省南通江山农药化工股份有限公司、深圳诺普信农化股份有限公司、天津市华宇农药有限公司、天津市施普乐农药技术发展有限公司等。

乙 酰 甲 胺 磷

（acephate）

【曾用名】

高灭磷。

【理化性质】

纯品为白色结晶，熔点 90～91 ℃，相对密度 1.35（20 ℃），蒸气压 2.26×10^{-4} Pa（24 ℃），易溶于甲醇、乙醇、丙酮、二氯乙烷、二氯甲烷，稍溶于苯、甲苯、二甲苯，在水中溶解度为 790 g/L（20 ℃）。在酸性介质中稳定，在碱性介质中不稳定。

【毒性】

低毒。大鼠急性经口 LD_{50} 为 823 mg/kg，兔急性经皮 $LD_{50} > 2$ g/kg。在试验条件下，无致畸、致癌、致突变作用。对禽、鱼类低毒，对雄野鸭的急性口服 LD_{50} 为 350 mg/kg，对虹鳟鱼的 TLm（96 h）>1 g/L，黑鲈（96 h）1.72 g/L，斑点叉尾鮰 2.23 g/L，食蚊鱼 6.65 g/L，蓝鳃翻车鱼 2 g/L。

【防治对象】

高效、低毒、广谱性有机磷杀虫剂，能被植物内吸输导，具有胃毒、触杀、熏蒸及杀卵作用。对鳞翅目害虫的胃毒作用大于触杀毒力，是缓效型杀虫剂，施药初期效果不明显，2～3 d 后效果显著，后效作用强。其作用机制为抑制昆虫体内的胆碱酯酶。适用于水稻稻纵卷叶螟、二化螟、三化螟，也可防治棉花、小麦、果树、油菜、烟草等作物上的果树食心虫、蚜虫、红铃虫、棉铃虫、棉红蜘蛛、棉蚜等害虫害螨。

【使用方法】

防治稻纵卷叶螟，在水稻分蘖期百蔸 2～3 龄幼虫量 45～50 头，叶被害率 7％～9％时；孕穗抽穗期百蔸 2～3 龄幼虫量 25～35 头，叶被害率 3％～5％时，每 667 m² 使用 30％乙酰甲胺磷乳油 150～200 mL，对水均匀喷雾处理。

防治水稻二化螟、三化螟，在卵孵化高峰期喷雾，每 667 m² 使用 30％乙酰甲胺磷乳油 180～220 mL，对水均匀喷雾处理。

【对天敌和有益生物影响】

乙酰甲胺磷对寄生蜂、拟水狼蛛等天敌有一定的杀伤作用。

【注意事项】

（1）不能与碱性农药混用。

（2）不宜在茶树、桑树上使用。

（3）中毒后为典型的有机磷中毒症状，但病程持续时间较长，胆碱酯酶恢复较慢。用碱水或清水彻底清除毒物，用阿托品或解磷定解毒，注意防止脑水肿。

【主要制剂和生产企业】

40％、30％、20％乳油，25％、20％可湿性粉剂，75％、50％、25％可溶性粉剂。

重庆农药化工（集团）有限公司、南京红太阳股份有限公司、湖北仙隆化工股份有限公司、山东华阳科技股份有限公司、广东省广州市益农生化有限公司、浙江菱化实业股份有限公司、南通维立科化工有限公司等。

喹 硫 磷

（quinalphos）

【曾用名】

喹噁磷、爱卡士。

【理化性质】

纯品为无色无嗅结晶，熔点 31～32 ℃，相对密度 1.235（20 ℃），蒸气压 $3.35×10^{-4}$ Pa（20 ℃）。易溶于苯、甲苯、二甲苯、醇、乙醚、丙酮、乙腈、乙酸乙酯等多种有机溶剂，微溶于石油醚，在水中溶解度为 22 mg/L（常温）。酸性条件易水解，于 120 ℃分解。

【毒性】

中等毒。大鼠急性经口 LD_{50} 为 71 mg/kg（雄），大鼠急性经皮 LD_{50} 为 1 750 mg/kg，大鼠急性吸入 LC_{50} 为 0.71 mg/L。对皮肤和眼睛无刺激性，在动物体内蓄积性很低，无慢性毒性，没有致癌、致畸、致突变作用。对鱼有毒，鲤鱼 LC_{50}（96 h）3.63 mg/L，虹鳟鱼 0.005 mg/L。对蜜蜂高毒，LD_{50} 0.07 μg/只（经口）。LC_{50}（8 d）鹌鹑 66 mg/(kg·d)，野鸭 220 mg/(kg·d)。

【防治对象】

广谱性有机磷杀虫、杀螨剂，具有胃毒和触杀作用，无内吸和熏蒸作用，在植物上有良好的渗透性，有一定杀卵作用，在植物上降解速度快，持效期短。适用于水稻、棉花、果树、蔬菜上多种害虫，防治鳞翅目、鞘翅目、双翅目、半翅目、缨翅目等刺吸式和咀嚼式口器昆虫及叶螨，如稻纵卷叶螟、稻蓟马、二化螟、三化螟、棉蓟马、柑橘潜叶蛾、介壳虫、小绿叶蝉、茶尺蠖等。

【使用方法】

防治水稻二化螟，在卵孵高峰期施药，每 667 m² 使用 25％喹硫磷乳油 120～150 mL，对水均匀喷雾处理。

【注意事项】

（1）不能与碱性物质混合使用。

（2）对鱼、其他水生动物和蜜蜂高毒，不要在鱼塘、河流、养蜂场等处及其周围使用，避免作物开花期使用。

（3）对许多害虫的天敌毒力较大，应避免在大田前期施用以保护天敌。

【主要制剂和生产企业】

25％、10％乳油。

深圳诺普信农化股份有限公司、江西众和化工有限公司、天津市华宇农药有限公司、四川省化学工业研究设计院等。

哒 嗪 硫 磷
（pyridaphenthion）

【曾用名】

杀虫净、达净松。

【理化性质】

纯品为白色结晶,熔点 54.5～56 ℃,相对密度为 1.325(20℃),蒸气压 $1.47×10^{-6}$ Pa(20 ℃)。溶解度:乙醇 1.25%,异丙醇 58%,三氯甲烷 67.4%,乙醚 101%,甲醇 226%,丙酮 377%,难溶于水。对酸、热较稳定,对强碱不稳定。对光较稳定。

【毒性】

低毒。大鼠急性经口 LD_{50} 为 850 mg/kg(雌)、769.4 mg/kg(雄),大鼠急性经皮 LD_{50} 为 2 100 mg/kg(雌)、2 300 mg/kg(雄)。在试验条件下,无致畸、致癌、致突变作用。对鱼有毒,鲤鱼 LD_{50}(48 h)为 10 mg/L。日本鹌鹑经口 LD_{50} 为 68.4 mg/kg,野鸡经口 LD_{50} 为 1.162 mg/kg。

【防治对象】

高效、低毒、广谱性有机磷类杀虫剂。具有触杀和胃毒作用,兼具杀卵作用,无内吸作用。对多种咀嚼式和刺吸式口器害虫有效,可有效防治水稻、棉花、小麦、蔬菜、果树等农作物上的多种害虫,如水稻螟虫及稻苞虫、稻纵卷叶螟、稻飞虱、稻叶蝉、稻蓟马、棉红蜘蛛、棉蚜、红铃虫、棉铃虫等。

【使用方法】

防治二化螟、三化螟,在卵块孵化高峰前 1～3 d,每 667 m^2 使用 20%哒嗪硫磷乳油 200～300 mL,对水均匀喷雾。

防治叶蝉,每 667 m^2 使用 20%哒嗪硫磷乳油 200 mL,对水均匀喷雾处理。

【注意事项】

(1)不可与碱性农药混用。

(2)不能与 2,4 -滴类除草剂同时使用,或两种药使用时间间隔太短,否则易发生药害。

(3)中毒急救措施按有机磷农药解毒方法进行。

【主要制剂和生产企业】

20%乳油。

安徽省池州新赛德化工有限公司。

杀 螟 硫 磷

(fenitrothion)

【理化性质】

纯品为白色结晶，原油为黄褐色油状液体，微有蒜臭味。相对密度 1.322，蒸气压 $1.8×10^{-2}$ Pa（20 ℃），熔点 0.3 ℃，沸点 140～145 ℃（13.3 Pa，分解）。不溶于水，但可溶于大多数有机溶剂中，在脂肪烃中溶解度低。对光稳定，遇高温易分解失效，碱性介质中水解，铁、锡、铝、铜等会引起该药分解，玻璃瓶中可储存较长时间。

【毒性】

低毒。大鼠急性口服 LD_{50} 为 501 mg/kg（雄）、584 mg/kg（雌），大鼠急性经皮 LD_{50} 为 700 mg/kg。对鱼类的毒性属中等，鲤鱼 LC_{50}（48 h）为 8.2 mg/L。对青蛙无毒，对蜜蜂高毒。

【防治对象】

有机磷类杀虫杀螨剂，对害虫有很强的触杀和胃毒作用，并对植物有一定的渗透作用，无内吸和熏蒸作用。持效期中等，杀虫谱广，可防治水稻螟虫、稻纵卷叶螟、稻飞虱、叶蝉。还能防治棉花、蔬菜、果树、茶叶、油料等农作物上的鳞翅目、半翅目、鞘翅目、缨翅目等多种害虫，对棉红蜘蛛也有较好防治效果，但对螨卵药效差。

【使用方法】

防治二化螟、三化螟，在卵孵化高峰期，每 667 m^2 使用 50％杀螟硫磷乳油 50～75 mL，对水均匀喷雾处理。

防治稻纵卷叶螟，在低龄幼虫盛发期，每 667 m^2 使用 50％杀螟硫磷乳油 50～75 mL，对水均匀喷雾处理。

防治稻飞虱、叶蝉，在低龄若虫发生高峰期，每 667 m^2 使用 50％杀螟硫磷乳油 50～75 mL，对水 50 kg 均匀喷雾处理。

【对天敌和有益生物影响】

杀螟硫磷对拟水狼蛛、七星瓢虫、异色瓢虫等天敌具有一定的杀伤作用。对蜜蜂高毒。

【注意事项】

（1）不能与碱性农药混用。

（2）对十字花科蔬菜和高粱较敏感，使用时应注意药害问题。

（3）水果、蔬菜在收获前 10～15 d 停止用药。

（4）对鱼、蜂毒性大，应注意避免对水体的污染和水稻扬花期用药。

【主要制剂和生产企业】

50％、45％乳油。

海利尔药业集团股份有限公司、山东省金农生物化工有限责任公司、浙江嘉化集团股份有限公司、陕西上格之路生物科学有限公司、湖南省金穗农药有限公司等。

第3组　钠离子通道调节剂

醚　菊　酯
（etofenprox）

【曾用名】

多来宝。

【理化性质】

纯品为白色结晶粉末，熔点 36.4～38.0 ℃，相对密度 1.157 （23 ℃），沸点 200 ℃ （24 Pa），蒸气压 8.0×10^{-3} Pa （25 ℃）。溶解度 （g/L，25 ℃）：水<1×10^{-6}、氯仿 858、丙酮 908、乙酸乙酯 875、乙醇 150、甲醇 76.6、二甲苯 84.8。稳定性：在酸、碱性介质中稳定，在 80 ℃时可稳定 90 d 以上，对光稳定。

【毒性】

低毒。大鼠急性经口 LD_{50}＞4 000 mg/kg，大鼠急性经皮 LD_{50}＞1 072 mg/kg（雄），＞2 140 mg/kg （雌），大鼠急性吸入 LC_{50} （4 h）＞5.9 mg/L。对兔皮肤、眼睛无刺激作用。2 年饲喂试验无作用剂量为：大鼠 3.7～4.8 mg/(kg·d)，小鼠 3.1～3.6 mg/(kg·d)。在试验条件下，未发现致畸、致癌、致突变作用。鲤鱼 LC_{50} （48 h）为 5 mg/L，野鸭急性经口 LD_{50}＞2 000 mg/kg，对蜜蜂、家蚕有毒。

【防治对象】

本品具有杀虫谱广、杀虫活性高、击倒速度快、持效期长、对作物安全等特点。具有触杀、胃毒和内吸作用。用于防治鳞翅目、半翅目、鞘翅目、双翅目、直翅目和等翅目害虫，如白背飞虱、稻水象甲、甜菜夜蛾、小菜蛾、菜青虫、茶毛虫、茶尺蠖、茶刺蛾、桃小食心虫、梨小食心虫、柑橘潜叶蛾、烟草夜蛾、玉米螟、大豆食心虫等。对螨无效。

【防治对象】

防治水稻白背飞虱，在低龄若虫盛发初期施药，每 667 m^2 使用 10%醚菊酯悬浮剂 80～100 mL 对水均匀喷雾。

防治稻水象甲，在害虫盛发期施药，每 667 m^2 使用 10%醚菊酯悬浮剂

80～100 mL，对水均匀喷雾处理。

【对天敌和有益生物影响】

醚菊酯对狼蛛、微蛛等天敌有一定的杀伤作用。对鱼类和鸟类低毒，对蜜蜂和蚕毒性较高。

【注意事项】

（1）不宜与强碱性农药混用。存放于阴凉干燥处。

（2）本品无内吸杀虫作用，施药应均匀周到。

（3）悬浮剂放置时间较长出现分层时，应先摇匀再使用。

（4）应避免在水稻扬花期使用，蚕桑区应避免在桑叶采摘期使用，保护蜜蜂和避免家蚕中毒；还应避免在大田前期施用，保护稻田天敌的重建。

【主要制剂和生产企业】

10％悬浮剂、20％乳油、4％油剂。

江苏百灵农化有限公司、浙江威尔达化学有限公司、江苏辉丰农化股份有限公司、山西绿海农药科技有限公司、江苏七州绿色化工股份有限公司等。

第 4 组　烟碱乙酰胆碱受体促进剂

稻田登记的有新烟碱类（4A）、氟啶虫胺腈（4C）和三氟苯嘧啶（4E）。

第 4A 组　新烟碱类

吡　虫　啉
（imidacloprid）

化学结构式、理化性质、毒性、防治对象等参见第三章"吡虫啉"。

【曾用名】

咪蚜胺、蚜虱净、扑虱蚜。

【使用方法】

防治水稻白背飞虱，在低龄若虫高峰期，每 667 m^2 使用 70％吡虫啉水分散粒剂 2～3 g，对水均匀喷雾处理。

【对天敌和有益生物影响】

吡虫啉对黑肩绿盲蝽、龟纹瓢虫具有一定的杀伤作用。

【注意事项】

（1）不可与强碱性物质混用，以免分解失效。

（2）对家蚕有毒，养蚕季节严防污染桑叶。

（3）在温度较低时，防治小麦蚜虫效果会受一定影响。

（4）水稻褐飞虱对吡虫啉已产生高水平抗药性，不宜用吡虫啉防治褐飞虱。

【主要制剂和生产企业】

70％水分散粒剂，70％、50％、30％、25％、20％、12％、10％、7％可湿性粉剂，600 g/L、48％、35％、30％、10％悬浮剂，45％、30％、20％、5％微乳剂，20％浓可溶剂，200 g/L、125 g/L可溶液剂，20％、15％、5％泡腾片剂，10％、5％、2.5％乳油。

江苏克胜集团股份有限公司、江苏红太阳集团股份有限公司、安徽华星化工股份有限公司、拜耳作物科学（中国）有限公司等。

烯 啶 虫 胺

（nitenpyram）

【理化性质】

纯品为浅黄色结晶体，熔点83～84 ℃，相对密度1.40（26 ℃），蒸气压1.1×10^{-9} Pa（20 ℃）。溶解度（g/L，20 ℃）：水（pH 7）840、氯仿700、丙酮290、二甲苯4.5。

【毒性】

低毒。大鼠急性经口LD_{50}为1 680 mg/kg（雄）、1 575 mg/kg（雌），大鼠急性经皮$LD_{50}>2 000$ mg/kg，大鼠急性吸入LC_{50}（4 h）>5.8 g/m³。对兔皮肤无刺激性，对兔眼睛有轻微刺激。在试验条件下，无致畸、致突变、致癌作用。对鸟类及水生动物均低毒，山齿鹑$LD_{50}>2 250$ mg/kg，鲤鱼LC_{50}（96 h）$>1 000$ mg/L，水蚤LC_{50}（24 h）$>10 000$ mg/L。

【防治对象】

本品为新烟碱类杀虫剂，主要作用于昆虫神经系统，对害虫的突触受体具有神经阻断作用，在自发放电后扩大隔膜位差，并最后使突触隔膜刺激下降，结果导致神经的轴突触隔膜电位通道刺激消失，致使害虫麻痹死亡。具有卓越的内吸和渗透作用，用量少，毒性低，持效期长，对作物安全无药害等优点，可广泛应用于水稻、小麦、棉花、黄瓜、茄子、萝卜、番茄、马铃薯、甜瓜、西瓜、桃、苹果、梨、柑橘、葡萄、茶上防治稻飞虱、蚜虫、蓟马、白粉虱、烟粉虱、叶蝉等。

【使用方法】

防治稻飞虱，在低龄若虫高峰期施药，每 667 m² 使用 50％烯啶虫胺可溶粒剂 6～8 g，对水均匀喷雾，喷雾时重点喷水稻的中下部。

【主要制剂和生产企业】

50％可溶粒剂，60％、25％可湿性粉剂。

江苏南通江山农药化工股份有限公司、江苏连云港立本农药化工有限公司、南京红太阳股份有限公司等。

噻 虫 啉
（thiacloprid）

【理化性质】

微黄色粉末，熔点 128～129 ℃，蒸气压 3×10^{-10} Pa（20 ℃），20 ℃时在水中的溶解度为 185 mg/L。土壤中半衰期为 1～3 周。

【毒性】

低毒。大鼠急性经口 LD_{50} 为 836 mg/kg（雄），444 mg/kg（雌），大鼠急性吸入 LC_{50}（4 h）>2.54 g/m³（雄），约 1.22 g/m³（雌）。对兔眼睛和皮肤无刺激作用，对豚鼠皮肤无致敏性。在试验条件下，无致畸、致癌、致突变作用。山齿鹑急性经口 LD_{50} 为 2716 mg/kg。虹鳟鱼 LC_{50}（96 h）为 30.5 mg/L。

【防治对象】

新型氯代烟碱类杀虫剂，高效、广谱，具有较强的触杀、胃毒和内吸作用，对刺吸式和咀嚼式口器害虫有特效。主要作用于昆虫神经接合后膜，通过与烟碱乙酰胆碱受体结合，干扰昆虫神经系统正常传导，引起神经通道的阻塞，造成乙酰胆碱的大量积累，从而使昆虫异常兴奋、全身痉挛、麻痹而死。对水稻、棉花、蔬菜、马铃薯和梨果类水果上的重要害虫有优异的防效，除了对蚜虫和粉虱有效外，还对各种甲虫（如马铃薯甲虫、苹果象甲、稻象甲）和鳞翅目害虫（如苹果树上潜叶蛾和苹果蠹蛾）也有效。

【使用方法】

防治稻飞虱，在低龄若虫高峰期施药，每 667 m² 使用 40％噻虫啉悬浮剂

12～16.8 mL，对水均匀喷雾处理。

【主要制剂和生产企业】

2%、1%微囊悬浮剂，48%、40%悬浮剂，50%水分散粒剂。

江苏中旗化工有限公司、江西天人生态股份有限公司、利民化工股份有限公司、陕西韦尔奇作物保护有限公司、湖南比德生化科技有限公司、山东省联合农药工业有限公司等。

噻 虫 嗪
（thiamethoxam）

化学结构式、理化性质、毒性、防治对象等参见第三章"噻虫嗪"。

【曾用名】

阿克泰。

【使用方法】

防治水稻白背飞虱，在低龄若虫高峰期，每 667 m^2 使用 25%噻虫嗪水分散粒剂 3.2～4.8 g，对水均匀喷雾处理。

【对天敌和有益生物影响】

噻虫嗪对捕食性天敌黑肩绿盲蝽影响较大，对寄生性天敌稻螟赤眼蜂、稻虱缨小蜂有一定杀伤力。

【注意事项】

（1）避免与强碱性物质混用，以免降低药效．

（2）在开花植物开花期、蚕室、赤眼蜂等天敌放飞区、桑园以及水塘附近禁止使用，避免造成损失。

（3）水稻褐飞虱对噻虫嗪已产生高水平抗药性，不宜用于防治褐飞虱。

【主要制剂和生产企业】

25%水分散颗粒剂、30%悬浮剂。

先正达（苏州）作物保护有限公司、山东省青岛奥迪斯生物科技有限公司、东莞市瑞德丰生物科技有限公司、陕西上格之路生物科学有限公司、山东省联合农药工业有限公司等。

噻 虫 胺
（clothianidin）

化学结构式、理化性质、毒性、防治对象等参见第三章"噻虫胺"。

【使用方法】

防治稻飞虱，在低龄若虫高峰期施药，每 667 m^2 使用 20%噻虫胺悬浮剂

30～50 mL，对水均匀喷雾，喷雾时重点喷水稻的中下部。

【注意事项】

（1）蜜源作物花期禁用，施药期间密切关注对附近蜂群的影响。

（2）禁止在河塘等水域中清洗施药器具；蚕室及桑园附近禁用。

【主要制剂和生产企业】

48％、30％、20％悬浮剂，50％水分散粒剂，0.5％颗粒剂。

江苏中旗作物保护股份有限公司、河北博嘉农业有限公司、陕西美邦农药有限公司、河北威远生化农药有限公司、北京华戎生物激素厂等。

呋 虫 胺

（dinotefuran）

【曾用名】

呋啶胺、护瑞。

【理化性质】

纯品为白色结晶，无刺激性气味。熔点 104～106 ℃，相对密度 1.33，蒸气压 $< 1.7 \times 10^{-6}$ Pa。溶解度（g/L，20 ℃）：水 39.83、正己烷 9.0×10^{-6}、二甲苯 73×10^{-3}、甲醇 57。

【毒性】

低毒。大鼠急性经口 $LD_{50} > 2\,000$ mg/kg，大鼠急性经皮 $LD_{50} > 5\,000$ mg/kg。其对皮肤有轻微刺激。在试验条件下，无致畸、致癌、致突变作用。对鸟类毒性很低，鹌鹑急性经口 $LD_{50} > 1\,000$ mg/kg。对鱼毒性低，鲤鱼 LC_{50}（48 h）$> 1\,000$ mg/L。对蜜蜂和蚕高毒。

【防治对象】

本品为日本三井化学公司开发的第三代新烟碱类杀虫剂。其与现有的新烟碱类杀虫剂的化学结构可谓大相径庭，它以四氢呋喃基取代了以前的氯代吡啶基、氯代噻唑基，且不含卤族元素。具有触杀、胃毒作用，内吸性强、用量少、速效好、活性高、持效期长，相比第一、二代杀虫剂，杀虫谱更广。主要作用于昆虫神经结合部后膜，通过与乙酰胆碱受体结合使昆虫异常兴奋，全身痉挛、麻痹而死。可用在水稻、小麦、蔬菜、棉花、果树、花卉上防治半翅目、双翅目和鞘翅目害虫，如稻飞虱、潜叶蝇、蓟马、蚜虫、跳甲、粉蚧等。

【使用方法】

防治稻飞虱，在低龄若虫高峰期施药，每 667 m² 使用 20％呋虫胺可溶粒剂 30～40 g，对水均匀喷雾。

【注意事项】

（1）本品对蜜蜂和虾等水生生物有毒。施药期间应避免对周围蜂群的影响，开花植物花期及花期前 7 d 禁用。远离水产养殖区、河塘等水体附近施药，禁止在河塘等水体中清洗施药器具。

（2）本品对家蚕有毒，蚕室和桑园附近禁用，赤眼蜂等天敌放飞区禁用；虾蟹套养稻田禁用，施药后的田水不得直接排入水体。

（3）本品不可与其他烟碱类杀虫剂混合使用。

【主要制剂和生产企业】

30％、20％悬浮剂，20％可溶粒剂，70％、50％水分散粒剂。

河北威远生化农药有限公司、山东省联合农药工业有限公司、陕西美邦农药有限公司、江苏剑牌农化股份有限公司、江西众和化工有限公司、中农立华（天津）农用化学品有限公司、海利尔药业集团股份有限公司等。

第 4C 组　氟啶虫胺腈

氟 啶 虫 胺 腈
（sulfoxaflor）

【曾用名】

特福力、可立施。

【理化性质】

相对密度 1.537 8，熔点 112.9 ℃，蒸气压 1.4×10^{-6} Pa（20 ℃）。水中溶解度（20 ℃）：1 380 mg/L（pH 5）、570 mg/L（pH 7）、550 mg/L（pH 9）。有机溶剂中溶解度（g/L，20 ℃）：甲醇 93.1、丙酮 217、对二甲苯 0.743、1，2-二氯乙烷 39、乙酸乙酯 95.2、正庚烷 0.000 242、正辛醇 1.66。

【毒性】

低毒。大鼠急性经口 LD_{50} 为 1 405 mg/kg（雄）、1 000 mg/kg（雌），大鼠急

性经皮 LD$_{50}$＞5 000 mg/kg。对鸟、鱼、虾、其他水生生物低毒，但对蜜蜂有毒。

【防治对象】

磺酰亚胺类杀虫剂，作用于昆虫的神经系统，通过激活烟碱型乙酰胆碱受体内独特的结合位点而发挥其杀虫功能。具有高效、广谱、安全、快速、持效期长等特点，可经叶、茎、根吸收而进入植物体内，且与其他化学类别的杀虫剂无交互抗性，被杀虫剂抗性行动委员会认定为唯一的第 4C 类有效成分。用于水稻、棉花、油菜、果树、大豆、其他小粒谷物、蔬菜、草坪和观赏植物上，防治稻飞虱、蚜虫、粉虱，棉盲蝽和介壳虫等刺吸式害虫。

【使用方法】

防治稻飞虱，在低龄若虫高峰期施药，每 667 m^2 使用 22％氟啶虫胺腈悬浮剂 15～20 mL，对水均匀喷雾处理。

【注意事项】

（1）本品对蜜蜂、家蚕等有毒。施药期间应避免影响周围蜂群，禁止在蜜源植物花期、蚕室和桑园附近使用，施药期间应密切关注对附近蜂群的影响。赤眼蜂等天敌放飞区域禁用。

（2）本品在水稻作物上使用的安全间隔期为 14 d，每个生长季最多使用次数为 1 次。

【主要制剂和生产企业】

22％悬浮剂，50％水分散粒剂。

美国陶氏杜邦公司。

第 4E 组　三氟苯嘧啶

三 氟 苯 嘧 啶

（triflumezopyrim）

【理化性质】

纯品为黄色固体，无特殊气味，熔点 189.4 ℃。溶解度（20 ℃，g/L）：水 0.23、甲醇 7.65、正己烷 0.002。在 pH 4、7、9 时，该产品稳定。

【毒性】

微毒。大鼠急性经口 LD_{50}＞5 000 mg/kg，大鼠急性经皮 LD_{50}＞5 000 mg/kg。对大多数非靶标生物，如节肢动物（包括蜜蜂）、鸟类和鱼类安全。在田间条件下，主要保留在浅表土层中，其在土壤中的生物积累或生物放大风险很低。

【防治对象】

新型介离子型杀虫剂，具有良好的内吸传导特性，持效期长，见效快，可用于防治稻飞虱。其对天敌相对安全，在水稻生长前期使用可以有效保护蜘蛛等天敌，从而减少后期其他药剂的使用。

【使用方法】

防治稻飞虱，在水稻分蘖期至幼穗分化期前，当稻飞虱田间虫量达到 5～10 头/丛时开始施药，每 667 m^2 使用 10％三氟苯嘧啶悬浮剂 16 mL，使用足够水量 20～30 L，对作物茎叶均匀喷雾。

【注意事项】

为延缓害虫抗性发生，针对连续世代的害虫请勿使用相同产品或具有相同作用机理的产品。在害虫发生初期使用本品一次，然后使用具有不同作用机理的其他产品。

【主要制剂和生产企业】

10％悬浮剂。

美国陶氏杜邦公司。

第 5 组　烟碱乙酰胆碱受体的变构拮抗剂

乙基多杀菌素

（spinetoram）

乙基多杀菌-J

乙基多杀菌-L

【曾用名】

艾绿士。

【理化性质】

乙基多杀菌素是从放线菌刺糖多孢菌（*Saccharopolyspora spinosa*）发酵产生多杀菌素（spinosad）的换代产品。其原药的有效成分是乙基多杀菌素-J和乙基多杀菌素-L混合物（比值为3∶1）。J体外观为白色粉末，L体外观为白色至黄色晶体，带苦杏仁气味。密度：J体1.1495 g/cm³、L体1.1807 g/cm³。熔点：J体143.4 ℃、L体70.8 ℃。溶解度（20～25 ℃）水：10.0 mg/L（J体）、31.9 mg/L（L体）；在甲醇、丙酮、乙酸乙酯、1，2-二氯乙烷、二甲苯中＞250 mg/L。在pH 5、7缓冲液中J体和L体都是稳定的，但在pH 9的缓冲溶液中L体的半衰期为154 d，降解为N-脱甲基乙基多杀菌素-L。

【毒性】

低毒。大鼠急性经口LD₅₀＞5 000 mg/kg，大鼠急性经皮LD₅₀＞5 000 mg/kg，大鼠急性吸入LC₅₀＞5.5 mg/L。对兔眼睛有刺激性，对皮肤无刺激性，无致敏性。大鼠3个月亚慢性喂养毒性试验最大无作用剂量：雄性大鼠为34.7 mg/(kg·d)，雌性大鼠为10.1 mg/(kg·d)；致突变试验：Ames试验、小鼠骨髓细胞微核试验、体外哺乳动物细胞基因突变试验、体外哺乳动物细胞染色体畸变试验均为阴性，未见致突变性。

【防治对象】

该药作用机理是作用于昆虫神经中烟碱型乙酰胆碱受体和*r*-氨基丁酸受体，致使虫体对兴奋性或抑制性的信号传递反应不敏感，影响正常的神经活动，直至死亡。具有胃毒和触杀作用，主要用于防治鳞翅目幼虫、蓟马和潜叶蝇等，对小菜蛾、甜菜夜蛾、潜叶蝇、蓟马、斜纹夜蛾、豆荚螟有较好的防治效果。

【使用方法】

防治稻纵卷叶螟，于卵孵盛期至低龄幼虫高发期，每 667 m² 使用 60 g/L 乙基多杀菌素悬浮剂 20～30 mL，对水 30～45 L 均匀喷雾处理。

【注意事项】

（1）本品对蜜蜂、家蚕等有毒。施药期间应避免影响周围蜂群，禁止在开花植物花期、蚕室和桑园附近使用，施药期间应密切关注对附近蜂群的影响。

（2）禁止在河塘等水域内清洗施药器具，不可污染水体，远离水产养殖区、河塘等水体施药。鱼或虾蟹套养稻田禁用，施药后的田水不得直接排入水体。

（3）建议与其他不同作用机制的杀虫剂轮换使用，以延缓抗性产生。

【主要制剂和生产企业】

60 g/L 悬浮剂。

美国陶氏杜邦公司。

第 6 组　氯离子通道激活剂

阿　维　菌　素
（abamectin）

【曾用名】

齐墩霉素、齐螨素、螨虫素、除虫菌素、爱福丁、虫螨光。

【理化性质】

本品为白色或黄白色结晶粉末，原药有效成分含量 75%～80%，无嗅。相对密度 1.16，熔点 155～157 ℃，蒸气压 2×10⁻⁷ Pa。溶解度（g/L，21 ℃）：水 7.8×10⁻⁶、丙酮 100、乙醇 20、甲醇 19.5、氯仿 25、环己烷 6、异丙醇 70、煤油 0.5、甲苯 350。常温下不易分解，在 25 ℃时，pH6～9 的溶液中无分解现象。

【毒性】

原药高毒。原药大鼠急性经口 LD_{50} 为 10 mg/kg，大鼠急性经皮 LD_{50} > 380 mg/kg，大鼠急性吸入 LC_{50} 为 5.76 mg/L。对兔皮肤无刺激作用，对眼睛有轻微刺激作用。在试验剂量内对动物无致畸、致癌、致突变作用。对水生生物高毒，LC_{50}（96 h）虹鳟鱼 3.6 μg/L，蓝鳃翻车鱼 9.6 μg/L。对蜜蜂高毒，经口 LD_{50} 为 0.009 μg/只，接触 LD_{50} 为 0.002 μg/只。对鸟类低毒，山齿鹑急性经口 LD_{50} > 2 000 mg/kg，野鸭急性经口 LD_{50} 为 86.4 mg/kg。

制剂低毒。大鼠急性经口 LD_{50} 为 650 mg/kg，兔急性经皮 LD_{50} > 2 000 mg/kg，大鼠急性吸入 LC_{50} 为 1.1 mg/L。

【防治对象】

本品属十六元大环内酯化合物，由链霉菌中灰色链霉菌（*Streptomyces avermitilis*）发酵产生。天然阿维菌素中含有 8 个组分，主要有 4 种即 A1a、A2a、B1a 和 B2a，其总含量≥80%；对应的 4 个比例较小的同系物是 A1b、A2b、B1b 和 B2b，其总含量≤20%。目前市售阿维菌素农药是以 abamectin 为主要杀虫成分（Avermectin B1a＋B1b，其中 B1a 不低于 90%、B1b 不超过 5%），以 B1a 的含量来标定。具有触杀和胃毒作用，并有微弱的熏蒸作用，无内吸作用，对叶片有较强的渗透作用，可杀死表皮下的害虫。作用机制是作用于昆虫神经元突触或神经肌肉突触的 GABA 受体，干扰昆虫体内神经末梢的信息传递，即激发神经末梢放出神经传递抑制剂 γ-氨基丁酸（GABA），促使 GABA 门控的氯离子通道延长开放，对氯离子通道具有激活作用，大量氯离子涌入造成神经膜电位超级化，致使神经膜处于抑制状态，从而阻断神经末梢与肌肉的联系，使昆虫麻痹、拒食、死亡。螨类成螨、若螨和昆虫幼虫与阿维菌素接触后即出现麻痹症状，不活动、不取食，2~4 d 后死亡。因不引起昆虫迅速脱水，所以阿维菌素致死作用较缓慢。适用于防治水稻、棉花、果树的半翅目、鳞翅目、双翅目、鞘翅目害虫和螨类，对害虫持效期 8~10 d，对螨类可达 30 d 左右。

【使用方法】

防治稻纵卷叶螟，最好在卵孵化盛期施药，每 667 m² 使用 5% 阿维菌素乳油 8~12 mL，对水均匀喷雾处理。

防治水稻二化螟，在卵孵化高峰期，每 667 m² 使用 5% 阿维菌素乳油 12.7~18 mL，对水均匀喷雾处理。

【对天敌和有益生物影响】

阿维菌素对稻田蜘蛛、黑肩绿盲蝽等捕食性天敌有较大的杀伤力，有直接的触杀作用。对鱼类有毒，对蜜蜂高毒，对鸟类低毒。

【注意事项】

（1）本品不能与碱性物质混合使用。

（2）本品对蜜蜂、家蚕、鱼有毒，开花植物花期、鱼塘及桑园附近禁用。蚕室、赤眼蜂等天敌放飞区域禁用。远离水产养殖区、河塘等水体施药，禁止在河塘等水体清洗施药器具。

（3）对害虫天敌的杀伤作用较大，避免在水稻前期施用以保护天敌。

（4）配好的药液应当日使用。该药对光照较敏感，不要在强阳光下施药。

【主要制剂和生产企业】

5％、2％、1.8％、1％、0.9％、0.5％乳油；1％、0.5％可湿性粉剂；2％微乳剂；1.8％水乳剂；1.2％微囊悬浮剂。

河北威远生物化工股份有限公司、广西桂林集琦生化有限公司、浙江钱江生化股份有限公司、深圳诺普信农化股份有限公司、浙江海正药业股份有限公司等。

甲氨基阿维菌素苯甲酸盐
（emamectin benzoate）

emamectin B$_{1a}$ benzoate

emamectin B$_{1b}$ benzoate

【曾用名】

威克达、禾悦。

【理化性质】

本品为白色或淡黄色结晶粉末,熔点 141～146 ℃。溶于丙酮和甲醇,微溶于水,不溶于己烷。稳定性:在通常储存的条件下稳定。

【毒性】

中等毒。大鼠急性经口 LD_{50} 为 126 mg/kg(雄)、92 mg/kg(雌),兔急性经皮 LD_{50} >2 000 mg/kg。对家兔皮肤无刺激性,对家兔眼黏膜有中等刺激作用。

【防治对象】

该药是一种微生物源低毒杀虫、杀螨剂,是在阿维菌素的基础上合成的高效生物药剂,具有活性高、杀虫谱广、持效期长、使用安全等特点,作用方式以胃毒为主,兼有触杀作用,对作物无内吸性能,但能有效渗入施用作物表皮组织,因而具有较长持效期。其杀虫机制是通过阻碍害虫运动神经信息传递而使其身体麻痹死亡。可用在水稻、蔬菜、棉花、果树、烟草等作物上,防治稻纵卷叶螟、二化螟、小菜蛾、甜菜叶蛾、棉铃虫、烟草天蛾、旱地贪夜蛾、粉纹夜蛾、菜粉螟、马铃薯甲虫等害虫。

【使用方法】

防治稻纵卷叶螟,在卵孵高峰至低龄幼虫高峰期施药,每 667 m^2 使用 5%甲氨基阿维菌素苯甲酸盐水分散粒剂 12～15 g,对水均匀喷雾处理。

【对天敌和有益生物影响】

甲氨基阿维菌素苯甲酸盐对草间钻头蛛、八斑球蛛、拟水狼蛛等捕食性天敌有一定杀伤力。

【注意事项】

(1)本品对蜜蜂、家蚕剧毒,对鱼类高毒,藻类中等毒,对鸟类中等毒,对蚯蚓低毒,对赤眼蜂有极高风险性。施药时应避免对周围蜂群的影响,开花植物花期、蚕室和桑园,赤眼蜂等天敌放飞区域、鸟类保护区附近禁用,远离水产养殖区施药,应避免药液流入河塘等水体中,清洗喷药器械时切忌污染水源。

(2)本品不能与碱性农药混用。

(3)本品为半合成抗生素生物源类杀虫剂,建议与其他作用机制不同的杀虫剂轮换使用。

【主要制剂和生产厂家】

5%水分散粒剂,5%乳油,3%微乳剂,3%、5%悬浮剂。

河北威远生物化工股份有限公司、浙江钱江生物化学股份有限公司、浙江升华拜克生物股份有限公司、浙江海正化工股份有限公司、山东京博农化有限公司、浙江世佳科技有限公司、广西桂林集琦生化有限公司等。

第 9 组　同翅目选择性取食阻滞剂

吡　蚜　酮
（pymetrozine）

【曾用名】

吡嗪酮、飞电。

【理化性质】

纯品为白色结晶粉末。熔点 217 ℃，蒸气压（20 ℃）$< 9.75 \times 10^{-8}$ Pa。溶解度（g/L，20 ℃）：水 0.27，乙醇 2.25，正己烷<0.001。对光、热稳定，弱酸弱碱条件下稳定。

【毒性】

低毒。大鼠急性经口 LD_{50} 为 5 820 mg/kg，大鼠急性经皮 LD_{50}＞2 000 mg/kg。对大多数非靶标生物，如节肢动物、鸟类和鱼类安全。在环境中可迅速降解，在土壤中的半衰期仅为 2～29 d，且其主要代谢产物在土壤淋溶性很低，使用后仅停留在浅表土层中，在正常使用情况下，对地下水没有污染。

【防治对象】

属于吡啶类或三嗪酮类杀虫剂。害虫一旦接触该药剂，立即停止取食，产生"口针穿刺阻塞"效果，且该过程为不可逆的物理作用。通过触杀、植物内吸方式都会立即产生"口针阻塞作用"，丧失对植物的危害能力，并最终饥饿致死。吡蚜酮在植物体内具有内吸传导性，穿过植物的薄壁组织进入植物体内，植物韧皮部和木质部内进行向顶端和向根的双向传导。由于其良好的输导特性，在茎叶喷雾后新长出的枝叶也可以得到有效保护。适用于水稻、蔬菜、棉花、果树及其他多种大田作物上防治大部分同翅目害虫，尤其是叶蝉科、飞虱科、蚜科及粉虱科害虫。

【使用方法】

防治稻飞虱，在低龄若虫始盛期，每 667 m² 使用 25％吡蚜酮可湿性粉剂 24～32 g，对水均匀喷雾处理。

【注意事项】

（1）防治水稻褐飞虱，施药时田间应保持 3～4 cm 水层，施药后保水 3～

5 d。喷雾时要均匀周到，将药液喷到目标害虫的危害部位。

（2）开花植物花期、蚕室及桑园附近慎用，远离水产养殖区施药，禁止在河塘等水体中清洗施药器具，赤眼蜂等天敌放飞区域禁用。

（3）不能与碱性农药混用。

【主要制剂和生产企业】

50％、25％可湿性粉剂，25％悬浮剂，75％、50％水分散粒剂。

江苏安邦电化有限公司、江苏克胜集团股份有限公司、陕西上格之路生物科学有限公司、广西田园生化股份有限公司、上海农乐生物制品股份有限公司等。

第 11 组 昆虫中肠膜微生物干扰剂

苏 云 金 杆 菌

（*Bacillus thuringiensis*）

【曾用名】

敌宝、快来顺、康多惠。

【理化性质】

原药为黄色固体，是一种细菌杀虫剂，属好气性蜡状芽孢杆菌，在芽孢内产生杀虫蛋白晶体，已报道有 71 个血清型，83 个变种，即使在同一个血清型或亚种中，不同菌株的特性会有很大的差异。

【毒性】

低毒。大鼠急性经口 $LD_{50} > 4\ 640$ mg/kg，大鼠急性经皮 $LD_{50} > 2\ 150$ mg/kg。对兔皮肤无刺激作用，对眼睛无刺激作用。

【防治对象】

苏云金杆菌是一类革兰氏阳性土壤芽孢杆菌，可产生两大类毒素：内毒素（即伴孢晶体）和外毒素。内毒素进入昆虫中肠，在中肠碱性条件下降解为具有杀虫活性的毒素，破坏肠道内膜，引起肠道穿孔，使昆虫停止取食，最后因饥饿和败血症而死亡。外毒素作用缓慢，在蜕皮和变态时作用明显，抑制依赖于 DNA 的 RNA 聚合酶。据统计，目前在各种苏云金杆菌变种中已发现 130 多种可编码杀虫蛋白的基因，由于不同变种中所含编码基因的种类及表达效率的差异，使不同变种在杀虫谱上存在较大差异，现已开发出可有效防治直翅目、鞘翅目、双翅目、膜翅目，特别是鳞翅目的苏云金杆菌生物农药制剂。水稻上可用于稻纵卷叶螟、二化螟、稻苞虫等鳞翅目害虫的防治。

【使用方法】

防治稻纵卷叶螟，在卵孵高峰至低龄幼虫高峰期施药，每 667 m^2 使用

16 000IU/mg 苏云金杆菌可湿性粉剂 100～150 g，对水均匀喷雾处理。

防治稻苞虫，每 667 m² 使用16 000IU/mg 苏云金杆菌可湿性粉剂 100～150 g，对水均匀喷雾处理。

【注意事项】

（1）主要用于防治鳞翅目害虫幼虫，使用时应掌握适宜施药时期，一般对低龄幼虫具有良好杀虫效果，随虫龄增大，效果将显著降低。因此一般在害虫卵孵盛期用药，比化学农药用药期提前 2～3 d，充分发挥其对低龄幼虫的良好杀虫作用。

（2）不能与内吸性有机磷杀虫剂或杀菌剂混用。

（3）本品对蚕毒力很强，养蚕区禁用，养蚕区与施药区要保持一定距离。

【主要制剂和生产企业】

32 000IU/mg、16 000IU/mg、8 000IU/mg 可湿性粉剂，4 000IU/mL、2 000IU/mL 悬浮剂，0.2％颗粒剂。

湖北省武汉科诺生物农药厂、福建蒲城绿安生物农药有限公司、山东省乳山韩威生物科技有限公司、湖北康欣农用药业有限公司、上海威敌生化（南昌）有限公司等。

第 14 组　烟碱乙酰胆碱通道阻断剂

杀　虫　单

（monosultap）

【理化性质】

纯品为白色结晶，熔点 142～143 ℃，相对密度 1.30～1.35（20 ℃）。具有吸湿性。易溶于水，微溶于甲醇、二甲基甲酰胺、二甲基亚砜，不溶于丙酮、乙醚、氯仿、乙酸乙酯及苯。在酸性和中性溶液中稳定，在碱性溶液中易分解。

【毒性】

中等毒。大鼠急性经口 LD_{50} 为 451 mg/kg，大鼠急性经皮 LD_{50} >10 000 mg/kg。

【防治对象】

沙蚕毒素类杀虫剂，具有较强的触杀、胃毒、内吸作用，兼有杀卵作用。药剂进入昆虫体内迅速转化为沙蚕毒素或二氢沙蚕毒素，通过对害虫神经传导阻断，使虫体逐渐软化、瘫痪致死。药剂被植物叶片和根部迅速吸收传导到植物各部位，对鳞翅目等咀嚼式口器昆虫具有毒杀作用，杀虫谱广。适用作物为水稻、甘蔗、蔬菜、果树、玉米等。本品防治对象为二化螟、三化螟、稻纵卷叶螟、菜青虫、甘蔗螟、玉米螟等。

【使用方法】

防治水稻二化螟，在卵孵化高峰期，每 667 m² 使用 90％杀虫单可溶粉剂 60～80 g，对水均匀喷雾处理。

防治稻纵卷叶螟，在螟卵孵化高峰期，每 667 m² 使用 80％杀虫单可溶粉剂 37.5～62.5 g，对水均匀喷雾处理。

【注意事项】

（1）本品对蚕有毒，在蚕区或种桑地使用应谨慎。赤眼蜂等天敌放飞区域禁用。

（2）本品对棉花、烟草易产生药害，大豆、菜豆、马铃薯也较敏感，使用时应注意，避免药液飘移到上述作物上。

（3）远离水产养殖区、河塘等水体施药，虾蟹套养稻田禁用，施药后的田水不得直接排入水体。剩余药液及洗涤器械的水不可污染池塘、水渠等水源，用后药袋应妥善处理，不可作他用，也不可随意丢弃。

【主要制剂和生产企业】

50％泡腾粒剂，95％、92％、90％、80％、50％、36％可溶粉剂，3.6％颗粒剂。

四川华丰药业有限公司、湖北仙隆化工股份有限公司、浙江博仕达作物科技有限公司、江苏丰登农药有限公司、北京中农科美化工有限公司、江苏省溧阳市新球农药化工有限公司、湖南海利常德农药化工有限公司、浙江省宁波舜宏化工有限公司、湖南大方农化有限公司等。

杀 虫 双

（bisultap）

$$\begin{array}{c} H_3C \qquad\qquad CH_2SSO_3Na \\ N{-}CH \\ H_3C \qquad\qquad CH_2SSO_3Na \end{array}$$

【理化性质】

纯品为白色结晶，有特殊臭味，易吸潮。熔点 169～171 ℃，相对密度 1.30～1.35。易溶于水，微溶于甲醇、二甲基甲酰胺、二甲基亚砜，不溶于丙酮、乙醚、氯仿、乙酸乙酯及苯。在酸性和中性溶液中稳定，在碱性溶液中易分解。

【毒性】

中等毒。大鼠急性经口 LD_{50} 为 451 mg/kg，小鼠急性经皮 LD_{50} 为 2062 mg/kg（雌）。对大鼠皮肤和眼黏膜无刺激作用。在试验条件下，未见致畸、致癌、致突变作用。对鱼毒性较低。

【防治对象】

沙蚕毒素类杀虫剂，属神经毒剂，具有较强的触杀、胃毒作用并兼有内吸传导和一定的杀卵、熏蒸作用。它是一种神经毒剂，能使昆虫的神经对于外来的刺激不产生反应。因而昆虫中毒后不发生兴奋现象，只表现瘫痪麻痹状态。据观察，昆虫接触和取食药剂后，最初并无任何反应，但表现出迟钝、行动缓慢、失去侵害作物的能力、停止发育、虫体软化、瘫痪，直至死亡。有很强的内吸作用，能被作物的叶、根吸收和传导，且通过根部吸收的能力比叶片吸收要大得多。主要用于防治水稻二化螟、三化螟、稻纵卷叶螟、柑橘潜叶蛾、小菜蛾、菜青虫等害虫。

【使用方法】

防治稻纵卷叶螟，在卵孵化高峰期，每 667 m² 使用 25％杀虫双水剂 144～180 mL，对水均匀喷雾处理；或每 667 m² 使用 3％杀虫双颗粒剂 1.8～2 kg 直接撒施，都有很好效果，可根据当地习惯选用。

防治水稻二化螟、三化螟，在螟卵孵化高峰期，每 667 m² 使用 25％杀虫双水剂 150～250 mL，对水均匀喷雾处理；或每 667 m² 使用 3.6％杀虫双颗粒剂 1～1.4 kg 直接撒施，减少药剂对桑叶的污染和家蚕的毒害，持效期可达30～40 d。

【注意事项】

（1）对蚕有很强的触杀、胃毒作用，药效期可达 2 个月，也具有一定熏蒸毒力。因此，在蚕区最好使用杀虫双颗粒剂。使用颗粒剂的水田水深以 4～6 cm 为宜，施药后要保持田水 10 d 左右。漏水田和无水田不宜使用颗粒剂，也不宜使用毒土和泼浇法施药。

（2）在防治水稻螟虫时，施药时应确保田间有 3～5 cm 水层 3～5 d，以提高防治效果，切忌干田用药，以免影响药效。

（3）本品对蜜蜂、鱼类等水生生物、家蚕有毒，施药期间应避免对周围蜂群的影响，开花植物花期、蚕室和桑园附近禁用。远离水产养殖区施药，禁止在河塘等水体中清洗施药器具。

（4）豆类、棉花及白菜、甘蓝等十字花科蔬菜，对杀虫双较为敏感，尤以夏天易产生药害，因此应按登记作物和规定使用量操作。

【主要制剂和生产企业】

45％可溶粉剂，25％、18％水剂，3.6％、3％颗粒剂。

江西省宜春信友化工有限公司、安徽华星化工股份有限公司、江苏安邦电化有限公司、湖南省永州广丰农化有限公司、四川省川东农药化工有限公司、四川省隆昌农药有限公司、广西田园生化股份有限公司、江西华兴化工有限公司、湖南大方农化有限公司等。

杀 螟 丹
（cartap）

【曾用名】

巴丹、派丹。

【理化性质】

纯品是白色无嗅晶体，原药为白色结晶粉末，有轻微特殊臭味。熔点179～181℃。溶于水，微溶于甲醇和乙醇，不溶于丙酮、乙醚、乙酸乙酯、氯仿、苯和正己烷。常温及酸性条件下稳定，碱性条件下不稳定。对铁等金属有腐蚀性。

【毒性】

中等毒。大鼠急性经口 LD_{50} 为 345（雄）、325 mg/kg（雌），大鼠急性经皮 LD_{50} ＞1 000 mg/kg。对兔无皮肤和眼睛过敏反应。在试验条件下，无致畸、致癌、致突变作用。对家蚕有毒，对鸟低毒，对蜘蛛等天敌安全。

【防治对象】

胃毒作用强，同时具有触杀和一定的拒食、杀卵等作用，对害虫击倒较快（但常有复苏现象，使用时应注意），有较长的持效期。杀虫谱广，能用于防治水稻、茶树、柑橘、甘蔗、蔬菜、玉米、马铃薯等作物上的鳞翅目、鞘翅目、半翅目、双翅目等多种害虫和线虫，如二化螟、三化螟、稻纵卷叶螟、蝗虫、潜叶蛾、茶小绿叶蝉、叶蝉、小菜蛾、菜青虫、跳甲、玉米螟、马铃薯块茎蛾等。

【使用方法】

防治二化螟、三化螟，在卵孵化高峰期前 1～2 d 施药，每 667 m² 使用 50％杀螟丹可溶粉剂 80～100 g，对水均匀喷雾处理。

防治稻纵卷叶螟，防治重点在水稻穗期，在卵孵化高峰至低龄幼虫期施药，每 667 m² 使用 50％杀螟丹可溶粉剂 80～100 g，对水均匀喷雾处理；或每 667 m² 使用 4％杀螟丹颗粒剂 2.25～3 kg 直接撒施，都有很好效果。

【对天敌和有益生物影响】

杀螟丹对稻田捕食性天敌泽蛙的蝌蚪有一定杀伤力。对鸟低毒，对蜜蜂和家蚕有毒。

【注意事项】

（1）本品对蜜蜂、鱼类等水生生物、家蚕有毒，施药期间应避免对周围蜂群的影响、蜜源作物花期、蚕室和桑园附近禁用。远离水产养殖区施药，禁止在河塘等水体中清洗施药器具。

（2）本品勿与碱性物质混合使用，以免影响效果。

（3）该药对黄瓜、菜豆、甜菜敏感，使用时应避免飘移产生药害。

【主要制剂和生产企业】

98％、50％可溶粉剂，6％水剂，4％颗粒剂。

安徽华星化工股份有限公司、浙江省宁波市镇海恒达农化有限公司、江苏天容集团股份有限公司、江苏中意化学有限公司、湖南昊华化工有限责任公司、湖南岳阳安达化工有限公司、湖南国发精细化工科技有限公司、江苏安邦电化有限公司、江苏常隆化工有限公司等。

杀 虫 环

（thiocyclam）

【曾用名】

易卫杀。

【理化性质】

草酸盐纯品为白色结晶，熔点 125～128 ℃（分解），蒸气压 5.3×10^{-4} Pa（20 ℃）。溶解度（g/L，23 ℃）：水 84（pH<3.3）、二甲基亚砜 92、甲醇 17、乙醇 1.9、乙腈 1.2、丙酮 0.545、乙酸乙酯 0.225、氯仿 0.046、甲苯<0.01，不溶于乙醚、二甲苯、煤油。在酸性或避光条件下稳定。

【毒性】

中等毒。大鼠急性经口 LD_{50} 为 310 mg/kg，大鼠急性经皮 LD_{50} 为 1 000 mg/kg（雄）、880 mg/kg（雌）。对兔皮肤和眼睛有轻度刺激作用。在动物体内代谢和排除较快，无明显蓄积作用。在试验条件下，未见致畸、致癌、致突变作用。

【防治对象】

沙蚕毒素类杀虫剂，具有触杀、胃毒作用，有一定内吸传导作用，能向顶传导，且能杀卵。本品对害虫毒效缓慢，中毒轻者能复苏。在植物体中消失较快，持效期较短。可用于防治水稻、玉米、甜菜、果树、蔬菜上的稻纵卷叶螟、二化螟、三化螟、叶蝉、桃蚜、苹果蚜、苹果红蜘蛛、梨星毛虫、柑橘潜叶蛾等多种害虫，也可防治寄生线虫。

【使用方法】

防治水稻二化螟、三化螟，在卵孵化盛期施药，每 667 m² 使用 50％杀虫环可溶粉剂 70～100 g，对水均匀喷雾处理。施药时要先灌水，保持 3 cm 左右水层。

防治稻纵卷叶螟，在低龄幼虫盛发期，每 667 m² 使用 50％杀虫环可溶粉剂 70～100 g，对水均匀喷雾处理。施药时，田间应保持 3 cm 左右的水层。

【对天敌和有益生物影响】

杀虫环对稻田捕食性天敌泽蛙的蝌蚪有一定杀伤力。对蚕的毒性大。

【注意事项】

（1）本品对蜜蜂、鱼类等水生生物、家蚕有毒，施药期间应避免对周围蜂群的影响，开花植物花期、蚕室和桑园附近禁用。远离水产养殖区施药，禁止在河塘等水体中清洗施药器具。

（2）豆类、棉花、果树对杀虫环敏感，不宜使用。

（3）毒效较迟缓，可与速效农药混合使用，提高击倒力。

【主要制剂和生产企业】

50％可溶粉剂。

江苏天容集团股份有限公司、上海绿泽生物科技有限责任公司等。

第 16 组　几丁质合成抑制剂

噻　嗪　酮
（buprofezin）

【曾用名】

扑虱灵，优乐得、稻虱净。

【理化性质】

纯品为白色结晶，工业品为白色至浅黄色晶状粉末。熔点 104.5～105.5 ℃，

蒸气压 1.25×10^{-3} Pa（25 ℃），相对密度 1.18（20 ℃）。溶解度（g/L，25 ℃）：氯仿 520、苯 370、甲苯 320、丙酮 240、乙醇 80、己烷 20 g/L，难溶于水。对酸，碱，光，热稳定。

【毒性】

低毒。大鼠急性经口 LD_{50} 为 2 198 mg/kg（雄），2 355 mg/kg（雌），大鼠急性经皮 LD_{50} ＞5 000 mg/kg，大鼠急性吸入 LC_{50}（4 h）＞4.57 mg/L。对兔眼睛、皮肤的刺激轻微。大鼠 2 年喂养试验无作用剂量为每天 0.9～1.12 mg/kg。Ames 试验结果阴性。在试验条件下，未发现致畸、致癌、致突变现象。对鱼类、鸟类毒性低，鹌鹑 LD_{50} ＞15 000 mg/kg，鲤鱼 LC_{50} 为 2.7 mg/L，水蚤 LC_{50} ＞50.6 mg/L。对家蚕和天敌安全。

【防治对象】

本品为抑制昆虫生长发育的杀虫剂，触杀作用强，也有胃毒作用。作用机制为抑制昆虫几丁质合成和干扰新陈代谢，致使若虫蜕皮后畸形或成虫翅畸形而缓慢死亡。一般施药后 3～7 d 才能显效，对成虫没有直接杀伤力，但可缩短寿命，减少产卵量，并阻碍卵孵化和缩短其寿命。该药剂选择性强，对同翅目的飞虱、叶蝉、粉虱及介壳虫类害虫有良好防效，对某些鞘翅目害虫和害螨也具有持久的杀幼虫、若螨活性。有效防治水稻上的飞虱和叶蝉，还可防治茶、马铃薯、柑橘、蔬菜上的叶蝉、粉虱、盾蚧和粉蚧。

【使用方法】

防治水稻白背飞虱，在低龄若虫始盛期，每 667 m² 使用 25% 噻嗪酮可湿性粉剂 30～50 g，对水均匀喷雾，重点喷植株中下部。

【注意事项】

（1）该药剂作用速度缓慢，用药 3～5 d 后若虫才大量死亡，所以必须在低龄若虫为主时施药。如需兼治其他害虫，亦可与其他药剂混配使用。

（2）本品是昆虫蜕皮抑制剂类农药的杀虫剂，建议与其他作用机制不同的杀虫剂轮换使用。

（3）禁止在河塘等水体中清洗施药器具，避免污染水源。开花植物花期、蚕室和桑园附近禁用。

（4）水稻褐飞虱对该药已产生高水平抗药性，不宜用于防治褐飞虱。

【主要制剂和生产企业】

65%、25%、20% 可湿性粉剂，25% 悬浮剂，8% 展膜油剂。

江苏安邦电化有限公司、深圳诺普信农化股份有限公司、江苏龙灯化学有限公司、湖北沙隆达蕲春有限公司、江苏快达农化股份有限公司、江苏东宝农药化工有限公司、江苏省镇江农药厂有限公司、日本农药株式会社等。

第18组　蜕皮激素激动剂

甲氧虫酰肼
(methoxyfenozide)

【曾用名】

雷通。

【理化性质】

纯品为白色粉末，熔点 202～205 ℃，蒸气压＜$5.3×10^{-5}$ Pa（25 ℃）。溶解度（g/L）：水 3.3、二甲基亚砜 110、环己酮 99、丙酮 90。在 25 ℃下储存稳定。

【毒性】

低毒。大鼠急性经口 LD_{50}＞5 000 mg/kg，大鼠急性经皮 LD_{50}（24 h）＞2 000 mg/kg，大鼠吸入 LC_{50}＞4.3 mg/L。对皮肤、眼睛无刺激性，无致敏性。大鼠 90 d 亚慢性喂饲最大无作用剂量为 1 000 mg/(kg·d)。致突变试验：ames 试验、小鼠微核试验、染色体畸变试验均为阴性。在试验条件下，无致畸、致癌、致突变作用。对鱼有毒，蓝鳃翻车鱼 LC_{50}（96 h）＞4.3 mg/L，虹鳟鱼 LC_{50}＞4.2 mg/L。对鸟类、蜜蜂低毒，山齿鹑 LD_{50}＞2 250 mg/kg，蜜蜂 LD_{50}＞100 μg/只。

【防治对象】

蜕皮激素激动剂，对鳞翅目害虫具有高度选择杀虫活性，没有渗透作用及韧皮部内吸活性，主要通过胃毒作用发挥药效，同时也具有一定的触杀及杀卵活性。能够模拟鳞翅目幼虫蜕皮激素功能，促进其提前蜕皮、成熟，发育不完全，几天后死亡。中毒幼虫几小时后即停止取食，处于昏迷状态，体节间出现浅色区或条带。该药剂对鳞翅目以外的昆虫几乎无效，因此是综合防治中较为理想的选择性杀虫剂。主要用于水稻、蔬菜、棉花、瓜类、苹果、桃、林木等作物上防治鳞翅目害虫的幼虫，如水稻螟虫、稻纵卷叶螟、甜菜夜蛾、甘蓝夜蛾、斜纹夜蛾、菜青虫、棉铃虫、金纹细蛾、美国白蛾、松毛虫等。

【使用方法】

防治水稻二化螟，在螟卵孵化高峰前 2～3 d 施药，每 667 m^2 使用 240 g/L 甲氧虫酰肼悬浮剂 20～28 mL，对水均匀喷雾。

【注意事项】

（1）对蚕高毒，在蚕、桑地区禁用。对鱼和其他水生脊椎动物有毒，不要直接喷洒在水面，废液不要污染水源。

（2）本品不适宜灌根等任何浇灌方法。

【主要制剂和生产企业】

240 g/L悬浮剂。

美国陶氏杜邦公司。

环 虫 酰 肼

（chromafenozide）

【理化性质】

纯品为白色晶体，熔点186.4 ℃，相对密度1.173（20 ℃），沸点205～207 ℃（66.7 Pa），蒸气压≤$4×10^{-9}$ Pa（25 ℃）。溶解度：水中溶解度1.12 mg/L（20 ℃），极性溶剂中溶解度适中。稳定性：在150 ℃以下稳定。

【毒性】

低毒。大鼠急性经口LD_{50}＞5 000 mg/kg，大鼠急性经皮LD_{50}＞2 000 mg/kg，大鼠急性吸入LC_{50}（4 h）＞4.68 mg/L。对兔眼睛轻度刺激，对皮肤无刺激。在喂养试验中，对大鼠两年无作用剂量为44.0 mg/（kg·d）。在试验条件下，未发现致畸、致癌、致突变现象。对鸟类、鱼低毒，山齿鹑急性经口LD_{50}＞2 000 mg/kg，虹鳟鱼LC_{50}（96 h）＞20 mg/L。蜜蜂LD_{50}（48 h）＞$100\mu g$/只（接触）、＞$133.2\mu g$/只（经口）。

【防治对象】

蜕皮激素激动剂，能阻止昆虫蜕皮激素蛋白的结合位点，使其不能蜕皮而死亡。由于抑制蜕皮作用，施药后导致幼虫立即停止进食。当害虫摄入本品后，几小时内即对幼虫具有抑食作用，继而引起早熟性的致命蜕变。这些作用与二苯肼类杀虫剂导致的症状相仿。主要用于防治水稻、果树、蔬菜、茶树、棉花、豆类和林业上的鳞翅目幼虫。

【使用方法】

防治水稻二化螟，在卵孵化高峰期喷施，每667 m²使用5%环虫酰肼悬浮剂70～110 mL，对水均匀喷雾处理。

防治稻纵卷叶螟，在卵孵化高峰至低龄幼虫盛发期，每 667 m² 使用 5％环虫酰肼悬浮剂 70～110 mL，对水均匀喷雾处理。

【注意事项】

对有机磷类、拟除虫菊酯类等具有抗药性的害虫，特别是对鳞翅目害虫，如斜纹夜蛾、稻纵卷叶螟、茶小卷叶蛾等具有高效杀虫活性。

【主要制剂和生产企业】

5％悬浮剂。

日本化药株式会社。

抑 食 肼
（RH－5849）

【理化性质】

纯品为白色或无色晶体，无嗅，熔点 174～176 ℃，蒸气压 2.4×10⁻⁴ Pa（25 ℃）。溶解度（g/L，25 ℃）：水 0.05、环己酮 50、异亚丙基丙酮 150。常温下储存稳定，在土壤中半衰期为 27 d（23 ℃）。

【毒性】

低毒。大鼠急性经口 LD_{50} 为 435 mg/kg，大鼠急性经皮 LD_{50} ＞5 000 mg/kg。对家兔眼睛有轻微刺激作用，对皮肤无刺激作用。在试验条件下，未发现致畸、致癌、致突变现象。

【防治对象】

具有蜕皮激素活性的昆虫生长调节剂，对鳞翅目、鞘翅目、双翅目幼虫具有抑制进食、加速蜕皮和减少产卵作用。对害虫以胃毒作用为主，还具有较强的内吸性，作用迅速，持效期长，无残留。对水稻、棉花、蔬菜、茶叶、果树的多种害虫，如稻纵卷叶螟、黏虫、舞毒蛾、卷叶蛾、苹果蠹蛾有良好防治效果。

【使用方法】

防治稻纵卷叶螟，在低龄幼虫高峰期施药，每 667 m² 使用 25％可湿性粉剂 50～100 g，对水均匀喷雾处理。

防治稻黏虫，在低龄幼虫期，每 667 m² 使用 20％可湿性粉剂 50～100 g，对水均匀喷雾处理。

【注意事项】

（1）速效性差，施药后 2～3 d 见效。为保证防效，应在害虫初发生期使用，以收到更好的防效，且最好不要在雨天施药。

（2）对蜜蜂高毒，蜜源作物花期慎用。避免在蚕桑田使用。

（3）不可与碱性农药混用。

【主要制剂和生产企业】

25％、20％可湿性粉剂。

台州市大鹏药业有限公司、广西田园生化股份有限公司、江苏好收成韦恩农化股份有限公司等。

第 22 组　电压依赖型钠离子通道阻滞剂

包括茚虫威（22A）和氰氟虫腙（22B）两类。

第 22A 组　茚虫威

茚　虫　威
（indoxacarb）

【曾用名】

安打。

【理化性质】

纯品为白色粉末状固体，熔点 139～141 ℃，相对密度 1.53，蒸气压 9.8×10^{-9} Pa（20 ℃）。在 20 ℃时水中溶解度＜0.5 mg/L，其他溶剂中溶解度（g/L）：甲醇 103、乙腈 76、丙酮 140。水溶液稳定性 DT_{50}：＞30 d（pH5）、38 d（pH7）、1 d（pH9）。

【毒性】

微毒。大鼠急性经口 LD_{50} 为 1 867 mg/kg（雄）、687 mg/kg（雌），大鼠

急性经皮 $LD_{50}>5\,000$ mg/kg。对兔眼睛和皮肤无刺激。在试验条件下，无致畸、致癌、致突变作用。对鸟类及水生生物和非靶标物也十分安全。鹌鹑、野鸭急性经口 $LD_{50}>2\,250$ mg/kg。虹鳟鱼 LC_{50}（96 h）>0.5 mg/L。

【防治对象】

本品是钠离子通道阻碍剂，具有触杀和胃毒作用，杀虫作用机理独特，作用于昆虫神经细胞失活态电压门控钠离子通道，不可逆阻断昆虫体内的神经冲动传递，导致害虫运动失调、不能进食、麻痹并最终死亡。可用于水稻、蔬菜、果树、棉花、马铃薯等作物上的稻纵卷叶螟、甜菜夜蛾、小菜蛾、菜青虫、斜纹夜蛾、甘蓝夜蛾、棉铃虫、烟青虫、银纹夜蛾、粉纹夜蛾、卷叶蛾类、苹果蠹蛾、食心虫、马铃薯块茎蛾、马铃薯甲虫等害虫防治。

【使用方法】

防治稻纵卷叶螟，在低龄幼虫高峰期施药，每 667 m² 使用 30%茚虫威悬浮剂 6～8 mL，对水匀喷雾处理。

【注意事项】

（1）采桑期间，蚕室、桑园附近禁用。水产养殖区附近，河塘等水体附近禁用。开花植物花期禁用。

（2）为延缓产生抗性，建议与其他作用机制的杀虫剂交替使用。

（3）鱼或虾蟹套养稻田禁用，施药后的田水不得直接排入水体。赤眼蜂等天敌放飞区域禁用。

【主要制剂和生产企业】

30%水分散粒剂，30%、15%悬浮剂。

江苏克胜集团股份有限公司、南京南农农药科技发展有限公司、美国杜邦公司、浙江新农化工股份有限公司、江苏剑牌农化股份有限公司、江苏龙灯化学有限公司、陕西上格之路生物科学有限公司等。

第 22B 组　氰氟虫腙

氰　氟　虫　腙
（metaflumizone）

【曾用名】

艾法迪。

【理化性质】

纯品白色晶体粉末，熔点为 190 ℃，蒸气压为 $1.33 \times 10^{-9} Pa$（25 ℃），水中溶解度小于 0.5 mg/L，油水分配系数 4.7～5.4（亲脂），水解 DT_{50} 为 10 d（pH7）。在有空气时光解迅速，$DT_{50} < 1 d$。在有光照时水中沉淀物的 DT_{50} 为 3～7 d。

【毒性】

微毒。大鼠急性经口 $LD_{50} > 5\ 000$ mg/kg，大鼠急性经皮 $LD_{50} > 5\ 000$ mg/kg，大鼠急性吸入 $LC_{50} > 5.2$ mg/L。对兔眼睛、皮肤无刺激性。对哺乳动物无神经毒性、Ames 试验呈阴性。对鸟急性毒性低，鹌鹑经口 $LD_{50} > 2\ 000$ mg/kg。对蜜蜂低危险，蜜蜂局部施药 LD_{50}（48 h）> 106 μg/只。由于在水中能迅速地水解和光解，对水生生物无实际危害。

【防治对象】

本品是钠离子通道阻滞剂，具有胃毒作用，触杀作用较小，无内吸作用。作用机制独特，取食后进入虫体，阻断害虫神经元轴突膜上的钠离子通道，使钠离子不能通过轴突膜，进而抑制神经冲动使虫体过度的放松，麻痹，停止取食，1～3 d 内死亡。可用于水稻、蔬菜、棉花、大麦、苹果、葡萄、柑橘等作物上防治咀嚼、咬食的鳞翅目和鞘翅目害虫，如稻纵卷叶螟、甜菜夜蛾、棉铃虫、棉红铃虫、菜粉蝶、甘蓝夜蛾、小菜蛾、菜心野螟、小地老虎等。对鳞翅目和鞘翅目的卵及鳞翅目的成虫无效。

【使用方法】

防治稻纵卷叶螟，在低龄幼虫始盛期，每 667 m^2 使用 24% 氰氟虫腙悬浮剂 33～54.5 mL，对水均匀喷雾处理，重点保护水稻上三叶。

【注意事项】

（1）本品对鱼类等水生生物、蚕蜂高毒，施药时避免对周围蜂群产生影响，开花植物花期、桑园、蚕室附近禁用，赤眼蜂等天敌放飞区域禁用。

（2）防治稻纵卷叶螟时，建议施药前田间灌浅层水，保水 7 d 左右。

（3）远离水产养殖区、河塘等水域施药。用过的容器应妥善处理，不可作他用，也不可随意丢弃。

【主要制剂和生产企业】

33%、24%悬浮剂。

德国巴斯夫公司、江苏龙灯化学有限公司、山东省联合农药工业有限公司等。

第28组　鱼尼丁受体调节剂

氯虫苯甲酰胺
（chlorantraniliprole）

【曾用名】

康宽。

【理化性质】

纯品外观为白色结晶，无嗅。熔点208～210 ℃，相对密度1.52，蒸气压 $6.3×10^{-12}$ Pa（20 ℃）。溶解度（g/L，20 ℃）：水0.001、丙酮3.446、乙腈0.711、二氯甲烷2.476、乙酸乙酯1.144、二甲基甲酰胺124、甲醇1.714。

【毒性】

微毒。大鼠急性经口 LD_{50} ＞5 000 mg/kg，大鼠急性经皮 LD_{50}（4 h）＞5 000 mg/kg，大鼠急性吸入 LC_{50}（4 h）＞5.1 mg/L。对皮肤和眼睛无刺激，无致敏作用。对非靶标生物例如鸟、鱼、哺乳动物、蚯蚓、微生物、藻类以及其他植物，还有许多非靶标节肢动物影响非常小。对重要的寄生性天敌、捕食性天敌和传粉昆虫的不良影响几乎可以忽略。对家蚕剧毒。

【防治对象】

双酰胺类杀虫剂，高效广谱，持效性好。作用机理独特，能高效激活昆虫鱼尼丁（肌肉）受体，释放平滑肌和横纹肌细胞内储存的钙，引起肌肉调节衰弱、麻痹，直至害虫死亡。作用方式为胃毒和触杀，以胃毒为主。该药可经茎、叶表面渗透植物体内，还可通过根部吸收和在木质部移动。对水稻、蔬菜、果树等作物上鳞翅目的夜蛾科、螟蛾科、蛀果蛾科、卷叶蛾科、粉蛾科、菜蛾科、麦蛾科、细蛾科等均有很好的控制效果，还能控制鞘翅目象甲科、叶甲科、双翅目潜蝇科、烟粉虱等多种非鳞翅目害虫，能够用于防治稻纵卷叶螟、二化螟、三化螟、小菜蛾、斜纹夜蛾、甜菜夜蛾、菜青虫、豆荚螟、玉米螟、棉铃虫、烟青虫、食心虫类等主要鳞翅目害虫，以及稻水象甲、潜叶蝇等害虫。

【使用方法】

防治稻纵卷叶螟、二化螟、三化螟，在卵孵化高峰期，每 667 m² 使用 200 g/L 氯虫苯甲酰胺悬浮剂 10～20 mL，对水均匀喷雾处理。

防治稻水象甲，每 667 m² 使用 200 g/L 氯虫苯甲酰胺悬浮剂 10～15 mL，对水均匀喷雾处理。

【注意事项】

（1）本品对家蚕和水蚤高毒，施药期间应避免对周围蜂群的影响，蚕室和桑园附近禁用，禁止在河塘等水域内清洗施药用具。

（2）本品不可与强酸、强碱性物质混用。

（3）赤眼蜂等天敌放飞区域禁用。

【主要制剂和生产企业】

35％水分散粒剂，200 g/L 悬浮剂，0.4％颗粒剂。

美国杜邦公司、瑞士先正达作物保护有限公司等。

溴 氰 虫 酰 胺

（cyantraniliprole）

【曾用名】

倍内威、维瑞玛。

【理化性质】

白色粉末，熔点 168～173 ℃，相对密度 1.387，不易挥发。溶解度（g/L，20 ℃）：水 2×10^{-2}、甲醇 2.383、丙酮 5.965、甲苯 0.576、二氯甲烷 5.338。

【毒性】

微毒。大鼠急性经口 LD_{50} >5 000 mg/kg，大鼠急性经皮 LD_{50} >5 000 mg/kg。对皮肤和眼睛无刺激，无致敏性，不致突变。对鸟、鱼和哺乳动物高度安全，但对其他水生生物和蜜蜂毒性较高。其对大型溞的 EC_{50}（48 h）为 0.020 4 mg/L，对蜜蜂的 LD_{50} >0.105 5 μg/只（经口）。

【防治对象】

鱼尼丁受体调节剂，该药与氯虫苯甲酰胺一样，通过刺激昆虫细胞内钙离子析出，引起肌肉麻痹，削弱肌肉功能，影响昆虫行为，使害虫快速停止取食，进而死亡。具有内吸性，可分布于整个植株。被处理的作物长势健壮、叶片光亮，同时可降低虫传病害的发生，提高作物产量。可用于水稻、玉米、甘蔗、棉花、其他谷物、果树和蔬菜等作物上防治鳞翅目、半翅目、鞘翅目和双翅目害虫，如稻纵卷叶螟、二化螟、三化螟、粉虱、蓟马、蚜虫、椿象、美洲斑潜蝇、甜菜夜蛾、果蝇和甲虫等。

【使用方法】

防治稻纵卷叶螟，二化螟、三化螟，在卵孵化高峰期，每 667 m² 使用 10％溴氰虫酰胺可分散油悬浮剂 20～26 mL，对水均匀喷雾处理。

【注意事项】

（1）禁止在河塘等水体内清洗施药用具；蚕室和桑园附近禁用。

（2）本品直接施用于开花作物或杂草时对蜜蜂有毒。在作物花期或作物附近有开花杂草时，施药请避开蜜蜂活动，或者在蜜蜂日常活动后使用。避免喷雾液滴飘移到大田外的蜜蜂栖息地。

（3）防治靶标害虫危害的当代，只使用本品或其他双酰胺类杀虫剂。在防治同一靶标害虫的下一代时，建议与其他不同作用机理的杀虫剂（非双酰胺类杀虫剂）轮换使用。

【主要制剂和生产企业】

10％可分散油悬浮剂。

美国富美实公司、上海绿泽生物科技有限责任公司等。

四 氯 虫 酰 胺

【曾用名】

9080。

【理化性质】

白色至灰白色固体。熔点189～191℃，易溶于N,N-二甲基甲酰胺、二甲基亚砜，可溶于二氧六环、四氢呋喃、丙酮。光照下稳定。

【毒性】

低毒。大鼠急性经口$LD_{50}>5\,000$ mg/kg，大鼠急性经皮$LD_{50}>2\,000$ mg/kg。对家兔眼睛、皮肤均无刺激性，豚鼠皮肤变态反应试验为阴性。Ames试验、小鼠骨髓细胞微核试验、小鼠睾丸细胞染色体畸变试验均为阴性。

【防治对象】

双酰胺类杀虫剂。具有内吸传导性，杀虫谱广，杀虫快速、高效，施药后能迅速渗入叶片并向植株木质部传导，数分钟内使害虫停止取食，害虫虫体逐渐收缩，最终导致死亡。可用在水稻、玉米、甘蔗、蔬菜等作物上防治鳞翅目夜蛾科、卷蛾科、螟蛾科、菜蛾科、小卷叶蛾科、粉蝶科、果蛀蛾科、卷蛾科等多种害虫，如稻纵卷叶螟、甜菜夜蛾、玉米螟、甘蔗螟等。

【使用方法】

防治稻纵卷叶螟，在卵孵化盛期施药，每667 m²使用10％四氯虫酰胺悬浮剂10～20 mL，对水均匀喷雾处理。

【对天敌和有益生物影响】

对蜜蜂、鹌鹑、绿藻等有益生物低毒。

【注意事项】

最好在害虫发生早期用药，为避免抗药性的产生，建议一季作物或一种害虫连续使用不超过2次。

【主要制剂和生产企业】

10％悬浮剂。

沈阳科创化学品有限公司。

参考文献

李斌，杨辉斌，王军锋，等，2014. 四氯虫酰胺的合成及其杀虫活性［J］. 现代农药，13（3）：17-21.

倪珏萍，马亚芳，施娟娟，等，2015. 杀虫剂呋虫胺的杀虫活性和应用技术研发［J］. 世界农药，37（1）：41-44.

彭荣，刘安昌，陈涣友，等，2011. 环虫酰肼的合成［J］. 现代农药，10（6）：24-26.

邵敬华，刘伟，马绍田，等，2003. 甲氧虫酰肼的合成［J］. 现代农药，2（2）：13-14.

邵振润，张帅，高希武，2014. 杀虫剂科学使用指南 [M]. 北京：中国农业出版社.

王胜得，曾文平，段湘生，等，2007. 高效杀虫剂吡蚜酮的合成研究及应用 [J]. 农药研究与应用，11 (6)：23 - 24.

徐尚成，俞幼芬，王晓军，等，2008. 新杀虫剂氯虫苯甲酰胺及其研究开发进展 [J]. 现代农药，7 (5)：8 - 11.

杨桂秋，黄琦，陈霖，等，2012. 新型杀虫剂溴氰虫酰胺研究概述 [J]. 世界农药，34 (6)：19 - 21.

英君伍，雷光月，宋玉泉，等，2017. 三氟苯嘧啶的合成与杀虫活性研究 [J]. 现代农药，16 (2)：14 - 17.

于福强，黄耀师，苏州，等，2013. 新颖杀虫剂氟啶虫胺腈 [J]. 农药，52 (10)：753 -755.

张帅，邵振润，2014. 双酰胺类和新烟碱类杀虫剂科学使用指南 [M]. 北京：中国农业出版社.

主艳飞，左文静，庄占兴，等，2017. 噻虫胺研究开发进展综述 [J]. 世界农药，39 (2)：28 - 33.

附　国际杀虫剂抗性行动委员会杀虫剂作用机理分类表

作用机理编码及作用靶标	化学结构亚组	举　例
1 乙酰胆碱酯酶抑制剂	1A 氨基甲酸酯类	抗蚜威、丁硫克百威、异丙威
	1B 有机磷类	毒死蜱、辛硫磷、敌敌畏
2 GABA -门控氯离子通道拮抗剂	2A 环戊二烯类 有机氯类	硫丹 林丹
	2B 氟虫腈	氟虫腈
3 钠离子通道调节剂	3A 拟除虫菊酯类 天然除虫菊酯	氯氰菊酯、溴氰菊酯 除虫菊素（除虫菊）
	3B 滴滴涕 甲氧滴滴涕	滴滴涕 甲氧滴滴涕

作用机理编码及作用靶标	化学结构亚组	举 例
4 烟碱乙酰胆碱受体促进剂	4A 新烟碱类	吡虫啉、噻虫嗪、烯啶虫胺
	4B 尼古丁	尼古丁
	4C 亚磺酰亚胺	氟啶虫胺腈
	4D 丁烯羟酸内酯	氟吡呋喃酮
	4E 介离子	三氟苯嘧啶
5 烟碱乙酰胆碱受体的变构 拮抗剂	多杀菌素类	多杀菌素、乙基多杀菌素
6 氯离子通道激活剂	阿维菌素类	阿维菌素、甲氨基阿维菌素苯甲 酸盐
7 模拟保幼激素生长调节剂	7A 保幼激素类似物	烯虫乙酯、烯虫炔酯
	7B 苯氧威	苯氧威
	7C 吡丙醚	吡丙醚
8 其他非特定的（多点）抑 制剂	8A 烷基卤化物	甲基溴
	8B 氯化苦	氯化苦
	8C 硫酰氟	硫酰氟
	8D 硼砂	硼砂
	8E 吐酒石	吐酒石

（续）

作用机理编码及作用靶标	化学结构亚组	举　例
9 同翅目选择性取食阻滞剂	9B 吡蚜酮	吡蚜酮
10 螨类生长抑制剂	10A 四嗪类	四螨嗪、噻螨酮
	10B 乙螨唑	乙螨唑
11 昆虫中肠膜微生物干扰剂	苏云金杆菌或球形芽孢杆菌和它们产生的杀虫蛋白	苏云金杆菌、转 *Bt* 基因作物的蛋白质：Cry1Ab、Cry1Ac、Cry2Ab
12 氧化磷酸化抑制剂（线粒体 ATP 合成酶抑制剂）	12A 丁醚脲	丁醚脲
	12B 有机锡类	三唑锡、苯丁锡
	12C 炔螨特	炔螨特
	12D 四氯杀螨砜	四氯杀螨砜
13 氧化磷酸化解偶联剂	虫螨腈 DNOC 氟虫胺	虫螨腈 DNOC 氟虫胺
14 烟碱乙酰胆碱通道阻断剂	沙蚕毒素类似物	杀虫单、杀螟丹
15 几丁质合成抑制剂，0 类型，鳞翅目昆虫	几丁质合成抑制	氟啶脲、灭幼脲、氟铃脲
16 几丁质合成抑制剂，1 类型，同翅目昆虫	噻嗪酮	噻嗪酮
17 蜕皮干扰剂，双翅目昆虫	灭蝇胺	灭蝇胺
18 蜕皮激素激动剂	虫酰肼类	虫酰肼、甲氧虫酰肼
19 章鱼胺受体促进剂	双甲脒	双甲脒

作用机理编码及作用靶标	化学结构亚组	举　例
20 线粒体复合物Ⅲ电子传递抑制剂（偶联位点Ⅱ）	20A 氟蚁腙	氟蚁腙
	20B 灭螨醌	灭螨醌
	20C 嘧螨酯	嘧螨酯
	20D 联苯肼酯	联苯肼酯
21 线粒体复合物Ⅰ电子传递抑制剂	21A METI	哒螨灵、唑螨酯
	21B 鱼藤酮	鱼藤酮
22 电压依赖型钠离子通道阻滞剂	22A 茚虫威	茚虫威
	22B 氰氟虫腙	氰氟虫腙
23 乙酰辅酶 A 羧化酶抑制剂	季酮酸类及其衍生物	螺虫乙酯、螺螨酯
24 线粒体复合物Ⅳ电子传递抑制剂	24A 磷化氢类	磷化铝、磷化锌
	24B 氰化物	氰化物
25 线粒体复合物Ⅱ电子传递抑制剂	25A β-酮腈衍生物	腈吡螨酯、丁氟螨酯
	25B 甲酰苯胺	甲酰苯胺
26	暂未确定	
27	暂未确定	
28 鱼尼丁受体调节剂	脂肪酰胺类	氯虫苯甲酰胺、氟苯虫酰胺
"UN" 作用机理未知或不确定的化合物	印楝素	印楝素
	苦参碱	苦参碱
	溴螨酯	溴螨酯
	灭螨猛	灭螨猛
	啶虫丙醚	啶虫丙醚

第五章 <<< 杀菌剂

　　水稻上主要病害有 28 种，其中稻瘟病、纹枯病、稻曲病是三大主要病害。据调查，2012—2016 年全国稻田病害平均发生面积 0.28 亿 hm² 次，防治面积 0.58 亿 hm² 次。近几年，我国每年水稻杀菌剂用量在 6 万 t 左右，药剂类型主要包括有机磷类、三唑类、酰胺类、苯并咪唑类、甲氧基丙烯酸酯类以及甾醇合成抑制剂类等。在水稻杀菌剂应用中，目前使用的剂型主要有乳油、可湿性粉剂、悬浮剂、微乳剂、水分散粒剂以及水剂等。下文主要依据杀菌剂的作用机制，列出目前在稻田登记并有较好田间防效的杀菌剂 35 种，分属 11 种不同的作用机制。

第 A 组　核酸合成抑制剂

噁　霉　灵
（hymexazol）

【曾用名】

土菌消。

【理化性质】

纯品为无色晶体。熔点 86～87 ℃，沸点（202±2）℃。蒸气压 $1.82×10^{-1}Pa$（25 ℃），相对密度 0.551。溶解度（g/L，25 ℃）：水 85，易溶于丙酮、甲醇、乙醇等有机溶剂。对酸、碱稳定，无腐蚀性。对光、热稳定。

【毒性】

低毒。大鼠急性经口 LD_{50} 为 3 112 mg/kg，大鼠急性经皮 LD_{50}＞10 000 mg/kg。大、小鼠饲喂试验无作用剂量（90 d）为 150～200 mg/(kg·d)。动物试验未见致畸、致癌、致突变作用，对兔眼睛和皮肤有轻微刺激作用。鲤鱼 LC_{50}（48 h）＞40 mg/L。对鸟、蚕低毒。

【防治对象】

内吸性土壤杀真菌剂，种子清毒剂，并对植物生长有促进作用。对土壤中腐霉菌、镰刀菌高效，土壤施药后，药剂与土壤中的铁、铝离子结合，抑制病菌孢子萌发。而对土壤中病菌以外的细菌、放线菌的影响很小，所以对土壤中微生物的生态不产生影响。作为一种内吸性杀菌剂，噁霉灵能被植物的根吸收及在根系内移动，在植物体内代谢产生两种糖苷，对作物有提高生理活性的效果，促进根部生长，提高幼苗抗寒性。用于水稻立枯病、恶苗病的防治。

【使用方法】

防治稻苗立枯病：在水稻秧田、苗床、育秧箱，于播前每平方米用 30％水剂 3～6 mL（每 667 m² 用有效成分 60～120 g），对水 3 L，喷透为止，然后再播种。秧苗 1～2 叶期如发病或在移栽前再喷 1 次。

【注意事项】

（1）用于拌种时，以干拌最安全，湿拌或闷种易产生药害。要严格控制药剂用量，以防抑制作物生长。

（2）本品可与一般农药混用，并相互增效。

【主要制剂和生产企业】

30％、15％、8％水剂，70％、15％可湿性粉剂，30％悬浮种衣剂，70％可溶粉剂。

广东中讯农科股份有限公司、陕西恒田化工有限公司、深圳诺普信农化有限公司、山东曹达化工有限公司、陕西标正作物科学有限公司、吉林省瑞野农药有限公司等。

第 B 组　有丝分裂和细胞分裂抑制剂

多　菌　灵
（carbendazim）

【曾用名】

棉萎灵。

【理化性质】

纯品为无色结晶粉末，相对密度 1.45（20 ℃），熔点 302～307 ℃（分解），蒸气压小于 1.33×10^{-5} Pa（20 ℃）。水中溶解度（mg/L，24 ℃）：29（pH4），8（pH7），7（pH8）；有机溶剂中溶解度（g/L，24 ℃）：氯仿 0.1、二甲基甲酰胺 5、丙酮 0.3、乙醇 0.3、乙酸乙酯 0.135、二氯甲烷 0.068、苯 0.036，环己烷<0.01，乙醚<0.01，正己烷 0.000 5。在碱性溶液中缓慢分解，在酸性介质中稳定，可形成水溶性盐。

【毒性】

低毒。大鼠急性经口 LD_{50} 6 400 mg/kg，大鼠急性经皮 LD_{50} >2 000 mg/kg，对兔皮肤和眼睛无刺激作用。大鼠无作用剂量（90 d）为 400 mg/(kg·d)，动物试验未见致畸、致癌、致突变。对鱼类和蜜蜂低毒，鲤鱼 LC_{50}（48 h）为 40 mg/L。

【防治对象】

本品是一种高效低毒内吸性广谱杀菌剂，属苯并咪唑类化合物，化学性质稳定，有内吸治疗和保护作用。可被植物吸收并经传导转移到其他部位，干扰病菌细胞的有丝分裂，抑制其生长。对许多真菌病害有防治作用，可防治水稻、棉花、蔬菜、果树和麦类的多种病害，如麦类黑穗病、赤霉病、炭疽病、苹果轮纹病、黑星病、山芋黑斑病、葡萄褐斑病、炭疽病、灰霉病、油菜菌核病、棉花苗期病害，蔬菜白粉病、疫病、菌核病、灰霉病等。但对卵菌、子囊菌中的孔出孢子属和环痕孢子属如交链孢菌及植物病原细菌所致病害无效或只有微弱毒力。它对真菌孢子萌芽的抑制能力很小，主要是阻止菌丝的生长。对菌体细胞的作用类似秋水仙素，能与细胞核中微管蛋白的亚基结合成复合体，从而阻碍纺锤丝的正常形成，抑制细胞有丝分裂。可用于防治水稻纹枯病、稻瘟病、胡麻斑病、小粒菌核病等病害。

【使用方法】

防治水稻纹枯病，于水稻分蘖末期和孕穗末期各施药 1 次，每 667 m² 用 50%可湿性粉剂 75～100 g，对水 50 L 喷雾。

防治稻瘟病，每 667 m² 用 50%可湿性粉剂 75～100 g，对水 50 L 喷雾；防治叶瘟于病斑初见期开始喷药，隔 7～10 d 喷 1 次；防治穗瘟，在水稻破口期和齐穗期各喷 1 次。

防治水稻小粒菌核病，于水稻分蘖末期至抽穗期每 667 m² 用 50%可湿性粉剂 75～100 g，对水 50 L 均匀喷雾。

【注意事项】

（1）多菌灵可与一般杀菌剂混用，但与杀虫剂、杀螨剂混用时要随混随用，不能与强碱性药剂或铜制剂混用。

（2）多菌灵悬浮剂在使用时，稀释的药液暂时不用静止后会出现分层现象，需摇匀后使用。

【主要制剂和生产企业】

80％、50％、25％可湿性粉剂，50％、40％悬浮剂，90％、80％、75％水分散粒剂。

浙江新安化工集团股份有限公司、山东潍坊润丰化工股份有限公司、江苏龙灯化学有限公司、山东省济南仕邦农化有限公司、海南江河农药化工厂有限公司和陕西上格之路生物科学有限公司等。

甲 基 硫 菌 灵
（thiophanate‑methyl）

【曾用名】

甲基托布津。

【理化性质】

纯品为无色结晶固体，熔点 172 ℃（分解）。难溶于水；有机溶剂中溶解度（g/kg，23 ℃）：丙酮 58.1、环己酮 4、甲醇 29.2、氯仿 26.2、乙腈 24.4、乙酸乙酯 11.9，微溶于正己烷。稳定性：室温下，在中性溶液中稳定，在酸性溶液中相当稳定，在碱性溶液中不稳定。

【毒性】

低毒。大鼠急性经口 LD_{50} 为 7 500 mg/kg（雄）、6 640 mg/kg（雌），大鼠急性经皮 LD_{50}＞10 000 mg/kg。皮肤、眼结膜和呼吸道受刺激引起结膜炎和角膜炎，炎症消退较慢。动物试验未见致癌、致畸、致突变作用。对虹鳟鱼 LC_{50}（48 h）为 7.8 mg/L，对蜜蜂低毒。

【防治对象】

高效、低毒杀菌剂，具有预防和内吸作用，具有向顶性传导功能，因药剂进入植物体内后能转化成多菌灵，故也属苯并咪唑类。可广泛用于粮、棉、油、蔬菜、果树等作物多种病害防治。可用于水稻稻瘟病、纹枯病的防治。

【使用方法】

防治水稻纹枯病，每 667 m² 用 70％甲基硫菌灵可湿性粉剂 100～143 g，对水均匀喷雾处理。

防治水稻稻瘟病，每 667 m² 用 70％甲基硫菌灵可湿性粉剂 100～181 g，对水均匀喷雾处理。

【注意事项】

（1）甲基硫菌灵与多菌灵、苯菌灵有交互抗性，不能与之交替使用或混用。

（2）不能与铜制剂混用。

（3）不能长期单一使用，应与其他杀菌剂轮换使用或混用。

【主要制剂和生产企业】

80％、70％、50％可湿性粉剂，50％、36％、10％悬浮剂，80％、75％、70％水分散粒剂。

广西安泰化工有限责任公司、浙江新安化工集团股份有限公司、安徽广信农化股份有限公司、江苏扬农化工集团有限公司、江苏龙灯化学有限公司、日本曹达株式会社、山东华阳科技股份有限公司等。

第 C 组　呼吸作用抑制剂

氟　酰　胺
（flutolanil）

【曾用名】

纹枯胺、望佳多。

【理化性质】

纯品为无色结晶状固体，熔点 104～105 ℃。相对密度 1.32（20 ℃），蒸气压 1.77×10^{-9} Pa（20 ℃）。溶解度（g/L，20 ℃）：水 6.53×10^{-3}、丙酮 1 439、甲醇 832、氯仿 674、苯 135、甲苯 56、二甲苯 29。油水分配系数为 3.7，在 pH3～11 的水溶液中稳定，在 100 ℃加热 5 h 或 50 ℃放置 14 d 无分解，在日光灯（17 000lx、96 h）照射下分解率为 1％，说明对热和光具有较好的稳定性。在土壤中半衰期 40～60 d。

【毒性】

微毒。大鼠急性经口 $LD_{50} > 10\ 000$ mg/kg，大鼠急性经皮 $LD_{50} > 5\ 000$ mg/kg；对兔皮肤无刺激性，对眼睛有轻微的刺激性；对鱼有毒，LC_{50}（96 h）鲤鱼为 3.21 mg/L，虹鳟鱼为 5.4 mg/L；对蜜蜂无毒，$LD_{50} > 200 \mu g$/只（接触），$LD_{50} > 208.7 \mu g$/只（经口）。

【防治对象】

苯甲酰胺衍生物，具有预防和治疗作用的内吸性杀菌剂。用于防治某些担子菌纲真菌。对菌丝的生育和侵入菌丝块的形成具有很强的阻碍作用。可防治水稻纹枯病，药效长，对水稻安全。

【水稻上使用方法和用量】

防治水稻纹枯病，每 667 m² 用 20％氟酰胺可湿性粉剂 100～125 g（有效成分 20～25 g），在水稻分蘖盛期和破口期，各对水喷 1 次，重点喷在稻株基部。

【注意事项】

（1）氟酰胺对鱼类有毒，施药时远离水产养殖区、河塘等水域，虾蟹套养稻田禁用，施药后的田水不得直接排入水体。

（2）本品对蚕有毒，养蚕室、桑园附近禁用。

【主要制剂和生产企业】

20％可湿性粉剂。

日本农药株式会社、江阴苏利化学股份有限公司等。

噻 呋 酰 胺

（thifluzamide）

【曾用名】

巧农闲、噻呋灭。

【理化性质】

纯品为白色至浅棕色粉末固体，熔点 177.9～178.6 ℃。水中溶解度（20 ℃）为 1.6 mg/L，在 pH5～9 时稳定。油水分配系数为 4.1。

【毒性】

微毒。大鼠急性经口 LD_{50}＞5 000 mg/kg，大鼠急性经皮 LD_{50}＞5 000 mg/kg，大鼠急性吸入 LC_{50}（4 h）＞5 g/L。对兔眼睛有中度刺激，对兔皮肤有轻微刺激。对鱼有毒，LC_{50}（96 h）虹鳟鱼为 1.3 mg/L，鲤鱼为 2.9 mg/L；对蜜蜂安全，LD_{50}＞100 μg/只（接触），LD_{50} 为 1000 μg/只（经口）。

【防治对象】

新型苯酰胺类内吸治疗性低毒广谱杀菌剂，具有很强的内吸传导性，杀菌效力高，持效期长。作用机理是通过抑制病菌三羧酸循环中的酸去氢酶，而导致菌体死亡。用于水稻、其他禾谷类作物和草坪，对丝核菌属、柄锈菌属、腥黑粉菌属、伏革菌属、黑粉菌属等致病真菌有效，对水稻纹枯病、立枯病等有特效。

【水稻上使用方法和用量】

防治水稻纹枯病，在水稻抽穗前 30 d，每 667 m² 用 240 g/L 噻呋酰胺悬浮剂 15～25 mL，对水 50～60 L 均匀喷雾。

【注意事项】

（1）本品在水稻上使用的安全间隔期为 14 d，每生长季最多使用 1 次。

（2）本品对水生生物有毒，远离水产养殖区、河塘等水体施药，禁止在河塘等水体中清洗施药器具，鱼或虾蟹套养的稻田禁用，施药后的田水不得直接排入水体。

【主要制剂和生产企业】

240 g/L 悬浮剂、40％水分散粒剂。

日本日产化学工业株式会社、北京华戎生物激素厂、陕西上格之路生物科学有限公司、江苏省盐城利民农化有限公司、浙江博仕达作物科技有限公司、北京燕化永乐农药有限公司等。

氟唑菌酰胺

（fluxapyroxad）

【曾用名】

健达、健武。

【理化性质】

纯品为白色晶体粉末，熔点 157 ℃，相对密度 1.42，蒸气压 2.7×10^{-9} Pa（25 ℃），水中溶解度（mg/L）：3.88（pH 5.8）、3.78（pH4）、3.44（pH7）、3.84（pH9）。

【毒性】

低毒。大鼠急性经口 $LD_{50} > 2\ 000$ mg/kg，大鼠急性经皮 $LD_{50} > 2\ 000$ mg/kg，大鼠急性吸入 $LC_{50} > 5.1$ mg/L。对鱼高毒。

【防治对象】

本品属于甲酰胺类杀菌剂，其作用方式是对线粒体呼吸链的复合物Ⅱ中的琥珀酸脱氢酶起抑制作用，从而抑制靶标真菌的种孢子萌发，芽管和菌丝体生长。可防治谷物、大豆、果树和蔬菜上由壳针孢菌、灰葡萄孢菌、白粉菌、尾孢菌、柄锈菌、丝核菌、核腔菌等引起的病害。特别适用于豆类植物，防治由链格孢菌引起的病害及灰霉病、锈病、白粉病和壳针孢菌引起的病害，大豆锈病，棉花上由立枯丝核菌引起的病害以及向日葵和油籽菜上由链格孢菌引起的病害等。水稻上用于纹枯病等的防治。

【使用方法】

防治水稻纹枯病，每 667 m² 使用 12％氟唑菌酰胺·氟环唑乳油 40～60 mL，在水稻分蘖末期和孕穗后期各用药 1 次。

【注意事项】

（1）药剂应现混、现对，配好的药液要立即使用。

（2）本品对鱼高毒，应注意防护。

【主要制剂和生产企业】

12％氟唑菌酰胺·氟环唑乳油。

巴斯夫植物保护（江苏）有限公司。

嘧 菌 酯

（azoxystrobin）

【曾用名】

阿米西达、安灭达。

【理化性质】

纯品为白色结晶固体，熔点 118～119 ℃，相对密度 1.34（20 ℃），蒸气压 $1.1×10^{-10}$ Pa（20 ℃）。溶解度（20 ℃）：水 $6×10^{-3}$ g/L，微溶于己烷、正辛醇，溶于甲醇、甲苯、丙酮，易溶于乙酸乙酯、乙腈、二氯甲烷。水溶液中光解半衰期为 2 周，对水解稳定。

【毒性】

微毒。大鼠急性经口 LD_{50}＞5 000 mg/kg，大鼠急性经皮 LD_{50}＞2 000 mg/kg。对兔眼睛和皮肤具有轻微刺激作用。

【防治对象】

属于甲氧基丙烯酸酯类杀菌剂，具有高效、广谱、内吸等特点。可用于茎叶喷雾、种子处理，也可进行土壤处理。对几乎所有真菌和卵菌孢子的萌发及产生有抑制作用，也可控制菌丝体的生长，还可抑制病原孢子侵入，具有良好的保护活性，有效控制水稻、其他谷物、蔬菜、果树等植物的多种病害，如对稻瘟病、白粉病、锈病、颖枯病、网斑病、霜霉病等均有良好的活性。

【使用方法】

防治水稻稻瘟病、水稻纹枯病，在水稻病害初期，每 667 m^2 使用 25％嘧菌酯悬浮剂 75～90 mL 对水均匀喷雾。

【注意事项】

（1）嘧菌酯不能与杀虫剂乳油，尤其是有机磷类乳油混用，也不能与有机硅类增效剂混用。

（2）嘧菌酯对作物安全，但某些苹果品种敏感，使用时要注意。

【主要制剂和生产企业】

30％、25％悬浮剂，80％、60％、50％水分散粒剂。

上海禾本药业有限公司、山东省青岛瀚生生物科技股份有限公司等。

肟 菌 酯

（trifloxystrobin）

【理化性质】

纯品为白色无嗅结晶粉末，熔点 72.9 ℃，相对密度 1.36（21 ℃），蒸气压 3.4×10^{-6} Pa（25 ℃）。溶解度（g/L，25 ℃）：水 6.1×10^{-4}、丙酮、二氯甲烷、乙酸乙酯＞500、甲苯 500、正己烷 11、辛醇 18、甲醇 76。在 25 ℃中性和弱酸性条件下稳定，不易水解，在碱性条件下水解速率会随 pH 的增加而增加。

【毒性】

低毒。大鼠急性经口 LD_{50}＞5 000 mg/kg，大鼠急性经皮 LD_{50}＞2 000 mg/kg，

大鼠急性吸入 LC_{50} > 4.65 mg/L。对家兔皮肤为轻度刺激性，眼睛为轻度至中度刺激性；豚鼠皮肤致敏试验结果为无致敏性。大鼠 3 个月亚慢性喂养毒性试验最大无作用剂量：雄性大鼠为 6.44 mg/(kg·d)，雌性大鼠为 6.76 mg/(kg·d)。在试验条件下，无致畸、致癌、致突变作用。对虹鳟鱼 LC_{50}（96 h）为 0.015 mg/L，鲤鱼 LC_{50}（96 h）为 0.039 mg/L；大型水蚤 EC_{50}（48 h）为 0.025 mg/L；蜜蜂经口、接触 LD_{50} > 200 μg/只；家蚕 LC_{50}（96 h）为 178 mg/kg（桑叶）。

【防治对象】

属于甲氧基丙烯酸酯类杀菌剂，杀菌谱广，活性高，具有保护和治疗作用，对几乎所有真菌病害如稻瘟病、白粉病、锈病、颖枯病、网斑病及霜霉病等均有良好的活性。它是一种呼吸链抑制剂，通过锁住细胞色素 b 与 c1 之间的电子传递而阻止细胞三磷酸腺苷 ATP 酶合成，从而抑制其线粒体呼吸而发挥抑菌作用。由于其对靶标病原菌的作用位点单一，容易产生抗药性，不宜单独使用，可与三唑类杀菌剂戊唑醇混合使用。具有向顶性内吸性，耐雨水冲刷性能好、持效期长。

【使用方法】

防治水稻纹枯病、稻曲病、稻瘟病，每 667 m² 使用 75％肟菌酯·戊唑醇水分散粒剂 10～15 g，对水均匀喷雾处理。

【注意事项】

该药对鱼类和水生生物高毒，在配药和施药时，应注意切勿污染水源，禁止在河塘等水体中清洗施药器械。

【主要制剂和生产企业】

75％肟菌酯·戊唑醇水分散粒剂，48％、36％肟菌酯·戊唑醇悬浮剂。

江苏耘农化工有限公司、浙江省杭州宇龙化工有限公司、拜耳作物科学（中国）有限公司等。

吡 唑 醚 菌 酯
(pyraclostrobin)

【曾用名】

百克敏、唑菌胺酯。

【理化性质】

纯品为白色至浅米色无嗅结晶体，熔点 63.7～65.2 ℃，蒸气压（20 ℃）2.6×10^{-8}Pa，溶解度（g/L，20 ℃）：水 1.9×10^{-3}、正庚烷 3.7、甲醇 100、乙腈＞500、甲苯及二氯甲烷 570、丙酮及乙酸乙酯＞650、正辛醇 2.4。纯品在水溶液中光解半衰期 0.06 d，制剂可常温储存。

【毒性】

低毒。大鼠急性经口 LD$_{50}$＞5 000 mg/kg，大鼠急性经皮 LD$_{50}$＞2 000 mg/kg，大鼠急性吸入 LC$_{50}$（4 h）0.31 mg/L。对兔眼睛、皮肤无刺激性。大鼠 3 个月亚慢性喂饲试验最大无作用剂量，雄性大鼠为 9.2 mg/（kg·d），雌性大鼠为 12.9 mg/（kg·d）。该制剂对鱼剧毒，对鱼 LC$_{50}$（96 h）：虹鳟鱼 0.01 mg/L，蓝鳃翻车鱼 0.031 6 mg/L，鲤鱼 0.031 6 mg/L。水蚤 LC$_{50}$（48 h）15.71μg/L。对鸟、蜜蜂、蚯蚓低毒，山齿鹑 LD$_{50}$为 2 000 mg/kg，野鸭 LD$_{50}$为 5 000 mg/kg。

【防治对象】

属于甲氧基丙烯酸酯类杀菌剂，作用机理是线粒体呼吸抑制剂，通过在细胞色素合成中阻止电子转移。具有保护、治疗、铲除、渗透、强内吸及耐雨水冲刷作用，用于作物上防治由真菌和卵菌等病原引起的病害，对水稻稻瘟病，黄瓜白粉病、霜霉病，香蕉黑星病、叶斑病、菌核病等有较好的防治效果。

【使用方法】

防治水稻穗颈瘟，在水稻破口 5% 时和齐穗期各施药 1 次，每 667 m^2 使用 9% 吡唑醚菌酯微囊悬浮剂 60 mL，对水 30～45 L 均匀喷雾。

【注意事项】

制剂对鱼剧毒，不得在池塘等水源和水体中洗涤喷雾机，施药后残液不得倒入水源或水体中。

【主要制剂和生产企业】

9% 微囊悬浮剂。

巴斯夫植物保护（苏州）有限公司。

烯肟菌胺
（fenaminstrobin）

【曾用名】

高扑。

【理化性质】

纯品为白色固体粉末或结晶，熔点 131～132 ℃，易溶于乙腈、丙酮、乙酸乙酯及二氯乙烷，在二甲基甲酰胺和甲苯中有一定溶解度，不溶于石油醚、正己烷等非极性有机溶剂及水。在强酸、强碱条件下不稳定。

【毒性】

低毒。大鼠急性经口 LD_{50} 为 1 470 mg/kg（雄），1 080 mg/kg（雌），大鼠急性经皮 LD_{50}＞2 000 mg/kg。对兔眼睛为中等刺激性，无皮肤刺激性。细菌突变试验（Ames）、小鼠嗜多染红细胞微核试验、小鼠睾丸精母细胞染色体畸变试验均为阴性。

【防治对象】

该药是沈阳化工研究院以天然抗生素 strobilurin 为先导化合物最新开发的甲氧基丙烯酸酯类高效杀菌剂，作用于真菌的线粒体呼吸，药剂通过与线粒体电子传递链中复合物Ⅲ（Cytbc1 复合物）的结合，阻止细胞色素 b 和 c1 之间的电子传导而抑制线粒体的呼吸作用，从而起到抑制或杀死真菌的作用。杀菌谱广、杀菌活性高、具有保护及治疗作用，对多种植物病害具有良好的防治效果，可用于防治水稻纹枯病、稻曲病、小麦条锈病、小麦白粉病、黄瓜白粉病、黄瓜霜霉病、葡萄霜霉病、苹果斑点落叶病、苹果白粉病、香蕉叶斑病、番茄早疫病、梨黑星病、草莓白粉病、向日葵锈病等多种植物病害。

【使用方法】

防治稻曲病、纹枯病，在发病前或发病初期，每 667 m² 20％烯肟菌胺·戊唑醇悬浮剂 40～53 mL 对水均匀喷雾处理，在分蘖初期、孕穗中期和齐穗期喷施效果最佳。

【注意事项】

（1）开花植物花期禁止使用，避免对周围蜂群产生不利影响。远离水产养殖区施药，禁止在河塘等水体中清洗施药器具。

（2）建议与其他作用机制不同的杀菌剂轮换使用，以延缓抗性产生。

【主要制剂和生产企业】

20％烯肟菌胺·戊唑醇悬浮剂。

沈阳科创化学品有限公司。

第 D 组 蛋白质合成抑制剂

春 雷 霉 素
（kasugamycin）

【曾用名】

春日霉素、加收米、克死霉。

【理化性质】

纯品为无色结晶固体，盐酸盐为白色针状或片状结晶。熔点 236～239 ℃（盐酸盐 202～204 ℃）。相对密度 0.43（25 ℃）。溶解度（mg/L，25 ℃）：水 125 000、甲醇 2.76、丙酮及二甲苯<1。室温条件下非常稳定，在弱酸条件下稳定，但在强酸和碱性条件下不稳定。

【毒性】

微毒。大鼠急性经口 LD_{50}＞22 000 mg/kg，兔急性经皮 LD_{50}＞2 000 mg/kg。每日以 10 000 mg/kg 喂养大鼠 90 d，未引起异常。对鱼虾低毒。

【防治对象】

低毒、内吸性杀菌剂。主要用于防治稻瘟病，在水稻抽穗期和灌浆期施药，通过内吸治疗作用发挥药效。同时对西瓜细菌性角斑病，桃树流胶病、疮痂病、穿孔病等病害有特效。

【使用方法】

防治稻瘟病，对苗瘟和叶瘟，在始见病斑时施药，每 667 m² 用 2% 春雷霉素水剂 80～100 mL，对水 65～80 L 均匀喷雾，隔 7～10 d 再施药 1 次；对穗颈瘟，在水稻破口期和齐穗期各施药 1 次，每 667 m² 用 2% 春雷霉素水剂 80～100 mL，对水 65～80 L 均匀喷雾。

【注意事项】

（1）要防水防潮，应放在阴凉干燥处。

（2）不得与碱性物质存放一起，在碱性溶液中易失效。

【主要制剂和生产企业】

2％水剂，10％、6％、2％可湿性粉剂。

华北制药股份有限公司、陕西汤普森生物科技有限公司、湖南大方农化有限公司、陕西康禾立丰生物科技药业有限公司、吉林省延边春雷生物药业有限公司等。

第 F 组　脂质合成抑制剂

敌　瘟　磷
（edifenphos）

【曾用名】

克瘟散、稻瘟光。

【理化性质】

纯品为黄色接近浅褐色液体，带有特殊的臭味。相对密度为 1.23（20 ℃）。溶解度（g/L，20 ℃）：水 5.6×10^{-2}，正己烷 20～50，二氯甲烷、异丙醇和甲苯 200，易溶于甲醇、丙酮、苯、二甲苯、四氯化碳，难溶于庚烷。酸性条件较稳定，在碱性条件下，尤其是温度较高时，易发生水解或酯交换反应，见光分解。

【毒性】

中等毒。大鼠急性经口 LD_{50} 为 312 mg/kg，大鼠急性经皮 LD_{50} 为 1 230 mg/kg。对兔皮肤和眼睛无刺激性。三代繁殖试验和神经毒性试验未见异常。对鱼有毒，LC_{50}（96 h）虹鳟鱼 0.43 mg/L，鲤鱼 2.5 mg/L，蓝鳃翻车鱼 0.49 mg/L；对鸟和蜜蜂低毒。

【防治对象】

广谱性杀菌剂，有内吸作用，兼有保护和治疗作用。主要用于防治稻瘟病，对水稻叶瘟、穗颈瘟、苗瘟有良好防效；对水稻其他病害，如纹枯病、胡麻叶斑病、小球菌核病亦可防治。

【使用方法】

对于水稻苗瘟，每 667 m^2 用 30％敌瘟磷乳油 750 倍液浸种 1 h 后播种；对于叶瘟和穗颈瘟，每 667 m^2 用 30％敌瘟磷乳油 100～133 mL，对水均匀喷雾，当稻瘟病持续流行时可间隔 10 d 左右再次喷雾，可连续施药 2～3 次。

【注意事项】

（1）施用敌稗前后 10 d 内，禁止使用该药。

（2）该药对鱼有毒，使用时不能污染水源。

（3）不能与碱性农药混用。

【主要制剂和生产企业】

30%乳油。

广东省佛山市盈辉作物科学有限公司，兴农股份有限公司等。

异 稻 瘟 净
（iprobenfos）

【理化性质】

纯品为无色透明油状液体，相对密度 1.103（20 ℃），熔点 22.5～23.8 ℃。水中溶解度 430 mg/L（20 ℃），丙酮、乙腈、甲醇、二甲苯中溶解度＞1 kg/L。对光、酸较稳定，遇碱性物质易分解。

【毒性】

低毒。大鼠急性经口 LD_{50} 为 790 mg/kg（雄），680 mg/kg（雌），大鼠急性经皮 LD_{50} 为 4 080 mg/kg。鱼毒：鲤鱼 LC_{50}（48 h）为 5.1 mg/L。

【防治对象】

内吸性杀菌剂，具有良好的内吸杀菌作用。通过植物根部和水面下的叶鞘吸收，分散到植株的各部位。可阻止菌丝生长和孢子形成，兼有预防和治疗作用。主要用于防治稻瘟病。对水稻苗瘟、叶瘟和穗颈瘟均有较好防效，此外对水稻纹枯病、小球菌核病、小粒菌核病等也有防治效果。

【使用方法】

稻叶瘟的防治：在病害发生初期，每 667 m^2 用 40%异稻瘟净乳油 150 mL，对水 50～75 L，常规喷雾。如病情继续发展，可在 1 周后再喷 1 次。

稻穗颈瘟的防治：在水稻破口及齐穗期各喷 1 次，每 667 m^2 用 40%异稻瘟净乳油 150～200 mL，对水 40～50 L 常规喷雾。如果前期叶瘟较重，后期肥料过多，稻苗生长嫩绿及易感病品种，可在抽穗灌浆期再喷 1 次。

【注意事项】

（1）异稻瘟净也是棉花脱叶剂，在邻近棉田使用时应防止雾滴飘移。

（2）禁止与石硫合剂、波尔多液等碱性农药、五氯酚钠、敌稗混用，施药前后 10 d 内不能施敌稗。

（3）在使用浓度过高、喷药不匀的情况下，水稻幼苗会产生褐色药害斑；对籼稻有时也会产生褐色药害斑。

【主要制剂和生产企业】

50％、40％乳油。

陕西美邦农药有限公司、浙江泰达作物科技有限公司、江西大农化工有限公司、天津市绿亨化工有限公司、广东省东莞市瑞德丰生物科技有限公司、陕西皇牌作物科学有限公司等。

稻　瘟　灵

（isoprothiolane）

【曾用名】

富士一号。

【理化性质】

纯品为无色晶体，略有臭味，熔点 $54\sim54.5\,℃$，相对密度为 1.044，蒸气压为 $1.866\times10^{-2}\,Pa$（25 ℃）。水中溶解度为 48 mg/L（20 ℃），有机溶剂中溶解度（g/L，25 ℃）：甲醇1 510、二甲基亚砜230、丙酮4 060、氯仿4 130、苯2 770、二甲苯230、正己烷10。pH3～10 稳定，在水中、紫外线下不稳定。

【毒性】

低毒。大鼠急性经口 LD_{50} 为 1 190 mg/kg（雄）、1 340 mg/kg（雌），大鼠急性经皮 $LD_{50}>10\,250$ mg/kg，对兔皮肤和眼睛无刺激作用。雄大鼠 2 年喂养试验无作用剂量为每天 1.6 mg/kg。动物试验未见致癌、致畸、致突变作用。鱼毒 LC_{50}（48 h）：鲤鱼 6.7 mg/L，虹鳟鱼 6.8 mg/L。水蚤 LC_{50}（48 h）$>$ 100 mg/L。常用剂量内对鸟类、家禽、蜜蜂无影响。

【防治对象】

内吸性杀菌剂。对稻瘟病有特效，水稻植株吸收后，能抑制病菌侵入，尤其是抑制了磷脂 N-甲基转移酶，从而抑制病菌生长，起到预防和治疗作用。同时对水稻纹枯病、小球菌核病和白叶枯病也有一定的防效。

【使用方法】

防治稻叶瘟，在田间出现叶瘟发病中心或急性病斑时，每 667 m² 用 40％稻瘟灵可湿性粉剂 60～75 g，对水 30 kg 均匀喷雾。

防治穗颈瘟，每 667 m² 用 40％稻瘟灵可湿性粉剂 75～100 g，对水 30 kg 均匀喷雾，在孕穗后期到破口期和齐穗期各喷 1 次。

【注意事项】

（1）不能与强碱性农药混用。

（2）对鱼类有毒，施药时防止污染鱼塘。

（3）对葫芦科植物有药害。

【主要制剂和生产企业】

40％、30％可湿性粉剂，40％、30％乳油。

日本农药株式会社、浙江长青农化股份有限公司、中农立华（天津）农用化学品有限公司、江苏龙灯化学有限公司、深圳诺普信农化股份有限公司等。

枯草芽孢杆菌
（*Bacillus subtilis*）

【理化性质】

枯草芽孢杆菌可湿性粉剂外观为白色至褐色组成均匀的疏松状粉末，稳定性：对紫外光敏感，碱性物质及杀菌剂对其有抑制作用，常温储存稳定 2 年。

【毒性】

微毒。大鼠急性经口 LD_{50}＞10 000 mg/kg，大鼠急性经皮 LD_{50}＞4 640 mg/kg。

【防治对象】

芽孢杆菌是人类发现最早的细菌之一。从生物学特性来讲，枯草芽孢杆菌具有典型的芽孢杆菌特征，其细胞呈直杆状，大小（0.8～1.2）μm×（1.5～4.0）μm，单个，革兰氏染色阳性，着色均匀，可产荚膜，运动（周生鞭毛）；芽孢中生或近中生，小于或等于细胞宽，呈椭圆至圆柱状；菌落粗糙，不透明，扩张，污白色或微带黄色；能液化明胶，胨化牛奶，还原硝酸盐，水解淀粉，为典型好氧菌。枯草芽孢杆菌属细菌杀菌剂，对多种病原菌有抑制作用，其作用机理主要是通过营养竞争兼有一定的位点竞争方式。对水稻稻瘟病、纹枯病、稻曲病等多种病害均有良好防效，同时能诱导植物抗性，促进植物生长。

【使用方法】

防治水稻稻瘟病，在病害发病前或发病初期每 667 m² 用 1 000 亿个孢子/g 可湿性粉剂 45～65 g 对水均匀喷雾，施药时注意使药液均匀喷施于作物各部位。

防治水稻纹枯病，在病害发病前每 667 m² 用 1 000 亿个孢子/g 可湿性粉剂 9～12 g 对水均匀喷雾。

防治水稻稻曲病，每 667 m² 用 1 000 亿个孢子/g 可湿性粉剂 75～100 g 对水均匀喷雾，在水稻破口前 5～7 d 和破口后 5～7 d 各使用 1 次。

防治水稻白叶枯病，在病害发生前或发生初期，每 667 m² 用 1 000 亿个孢子/g 可湿性粉剂 50～60 g 对水均匀喷雾。

【注意事项】

（1）在使用前，将本品药液充分摇匀。

（2）不能与含铜物质、乙蒜素或链霉素等杀菌剂混用。

（3）宜密封避光，在低温（15 ℃左右）条件下贮藏。

【主要制剂和生产企业】

1 000 亿个孢子/g、200 亿个孢子/g、100 亿个孢子/g、10 亿个孢子/g 可湿性粉剂。

台湾百泰生物科技股份有限公司、湖北省武汉天惠生物工程有限公司、德强生物股份有限公司、辽宁大连瑞泽农药股份有限公司、广东省佛山市盈辉作物科学有限公司等。

第 G 组　甾醇合成抑制剂

咪　鲜　胺

（prochloraz）

化学结构式、理化性质、毒性、防治对象等参见第三章"咪鲜胺"。

【曾用名】

施保克、使百功、扑霉灵。

【使用方法】

防治稻瘟病，在水稻破口初期，每 667 m² 用 25％咪鲜胺乳油 60～100 mL，对水 40 L 均匀喷雾，视病害发生情况，在抽穗后期还可施药 1 次。

【注意事项】

（1）该药对鱼有毒，施药时不可污染鱼塘、河道或水沟。

（2）可与多种农药混用，但不宜与强酸、强碱性农药混用。

【主要制剂和生产企业】

45％、25％乳油，45％、25％水乳剂，1.5％水乳种衣剂。

德强生物股份有限公司、山东泰诺药业有限公司、江苏辉丰农化股份有限公司、美国富美实公司、江苏华农种衣剂有限责任公司、山东省青岛泰生生物科技有限公司等。

己 唑 醇
（hexaconazole）

【曾用名】

叶秀、同喜、珍绿。

【理化性质】

纯品为无色晶体，熔点 111 ℃，相对密度 1.29，蒸气压 $1.1×10^{-4}$ Pa（20 ℃）。溶解度（g/L，20 ℃）：水 $1.8×10^{-5}$、甲醇 246、丙酮 164、乙酸乙酯 120、甲苯 59、己烷 0.8。稳定性：室温（40 ℃以下）至少 9 个月内不分解，在酸、碱性（pH5.7～9）水溶液中 30 d 内稳定，pH7 水溶液中紫外线照射下 10 d 内稳定。在土壤中快速降解。

【毒性】

低毒。大鼠急性经口 LD_{50}：2 189 mg/kg（雄）、6 071 mg/kg（雌），大鼠急性经皮 $LD_{50}>2 000$ mg/kg，大鼠急性吸入 LC_{50}（4 h）>5.9 mg/ L。对兔皮肤无刺激作用，但对眼睛有轻微刺激作用。饲喂试验无作用剂量：大鼠为 2.5 mg/（kg·d），兔为 50 mg/（kg·d）。鱼毒 LC_{50}（96 h）：鲤鱼 5.94 mg/L，虹鳟鱼 3.4 mg/L。水蚤 LC_{50}（48 h）2.9 mg/L，蜜蜂急性接触或经口 $LD_{50}>$ 100μg/只。无致突变作用。

【防治对象】

该药具有抑菌谱广，内吸传导性强，预防和治疗效果好等特点，作用机理是破坏和阻止病菌麦角甾醇生物合成，造成病菌细胞膜不能形成，最终使病菌死亡。能有效防治多种真菌病害，尤其对担子菌和子囊菌引起的病害如白粉病、锈病、黑星病、褐斑病、炭疽病、纹枯病、稻曲病等有较好的预防和治疗作用，但己唑醇对卵菌和细菌无效。按推荐剂量在适宜作物上应用，对环境友好，对作物安全。

【使用方法】

防治水稻纹枯病，每 667 m² 用 5％己唑醇悬浮剂 60～100 mL，对水全株均匀喷雾；视病害发生情况，可喷药 1～2 次，施药间隔 8～10 d。

防治水稻稻曲病，每 667 m² 用 5% 己唑醇悬浮剂 70～100 mL，对水全株均匀喷雾，在破口前 5～7 d 和抽穗后各使用 1 次。

【注意事项】

（1）有时对某些苹果品种有药害。

（2）在稀释或施药时应遵守农药安全使用规则，穿戴必要的防护用具。

（3）药剂存放在密封容器内，并放在阴凉、干燥处。储存的地方必须远离氧化剂，避光。

【主要制剂和生产企业】

40%、25%、10%、5% 悬浮剂，50% 可湿性粉剂，50%、40%、30% 水分散粒剂。

江苏剑牌农化股份有限公司、山东省青岛奥迪斯生物科技有限公司、宁波三江益农化学有限公司、江苏丰登作物保护股份有限公司、安徽丰乐农化有限责任公司、陕西先农生物科技有限公司、广东中迅农科股份有限公司等。

丙 环 唑

（propiconazole）

【曾用名】

敌力脱、必扑尔。

【理化性质】

原药外观为淡黄色黏稠液体，相对密度 1.27（20 ℃），沸点 180 ℃，蒸气压（20 ℃）1.33×10⁻⁴ Pa（20 ℃）。水中溶解度（20 ℃）为 110 mg/L，与丙酮、甲醇、异丙醇等大多数有机溶剂互溶。320 ℃ 以下稳定，对光较稳定，水解不明显。在酸性、碱性介质中较稳定，不腐蚀金属。

【毒性】

低毒。大鼠急性经口 LD₅₀ 为 1 517 mg/kg，大鼠急性经皮 LD₅₀＞4 000 mg/kg，兔急性经皮 LD₅₀＞6 000 mg/kg。对兔眼睛和皮肤无刺激作用，对豚鼠无致敏作用。在试验条件下，无致畸、致癌、致突变作用。鲤鱼 LC₅₀（96 h）6.8 mg/L，虹鳟鱼 4.3～5.3 mg/L。对鸟无毒。

【防治对象】

内吸性三唑类新型广谱性杀菌剂，具有治疗和保护双重作用，可被根、茎、叶部吸收，并能很快地在植物株体内向上传导，防治多种真菌病害，特别是对水稻恶苗病、水稻纹枯病、香蕉叶斑病等病害具有特效，可有效地防治大多数高等真菌引起的病害，但对卵菌病害无效。

【使用方法】

防治水稻恶苗病，用25%丙环唑乳油1 000倍液浸种2～3 d后直接催芽播种。

防治水稻纹枯病，每667 m² 用25%丙环唑乳油30～40 mL，在分蘖盛后期至抽穗期对水喷雾处理。可间隔10～12 d后再施药1次。

防治稻瘟病，每667 m² 用25%丙环唑乳油24～30 mL发病初期对水均匀喷雾处理。

【注意事项】

(1) 应避免药剂接触皮肤和眼睛，不要直接接触被药剂污染的衣物，不要吸入药剂气体和雾滴。

(2) 储存温度不得超过35 ℃。

【主要制剂和生产企业】

50%、25%乳油，50%、45%、20%微乳剂，30%悬浮剂。

广东省江门市植保有限公司、深圳诺普信农化股份有限公司、瑞士先正达作物保护有限公司、美国陶氏杜邦公司、以色列马克西姆化学公司、浙江禾本科技有限公司、山东省济南一农化工有限公司、江苏剑牌农化股份有限公司、安徽华星化工股份有限公司等。

戊 唑 醇

（tebuconazole）

【曾用名】

立克秀、好力克、富力库。

【理化性质】

纯品为无色晶体，熔点为102～105 ℃，相对密度1.25 (26 ℃)，蒸气压1.33×10⁻⁵ Pa (20 ℃)。溶解度 (g/L, 20 ℃)：水 3.2×10⁻²、二氯甲烷>200、己烷<0.1、异丙醇及甲苯50～100 g/L。稳定性好，水解半衰期超过1年。

【毒性】

低毒。大鼠急性经口 LD_{50} 为 4 000 mg/kg（雄）、1 700mg/kg（雌），大鼠急性经皮 $LD_{50}>5 000$ mg/kg，大鼠急性吸入 LC_{50}（4 h）>5.1 mg/L（粉尘）。对兔皮肤和眼睛有刺激作用。大鼠饲喂养试验无作用剂量（2 年）为 300 mg/（kg·d）。在试验条件下，未见致畸、致癌、致突变作用。虹鳟鱼 LC_{50}（96 h）4.4 mg/L、蓝鳃翻车鱼 LC_{50}（96 h）5.7 mg/L、金鱼 LC_{50}（96 h）6.4 mg/L、水蚤 LC_{50}（48 h）$10\sim12$ mg/L。日本鹌鹑 LD_{50} 2 912$\sim$4 438 mg/kg，山齿鹑 LD_{50} 1 988 mg/kg。

【防治对象】

高效、广谱、内吸性三唑类杀菌农药，麦角甾醇生物合成抑制剂，具有保护、治疗、铲除三大功能，可用作种子处理剂和叶面喷雾，杀菌谱广，不仅活性高，而且持效期长。主要用于防治水稻、小麦、花生、蔬菜、香蕉、苹果、梨以及玉米、高粱等作物上的多种真菌病害，其在全球 50 多个国家的 60 多种作物上取得登记并广泛应用。作用机制为抑制其细胞膜上麦角甾醇的去甲基化，使得病菌无法形成细胞膜，从而杀死病菌。可有效防治禾谷类作物的锈病、白粉病、网斑病、根腐病、赤霉病、黑穗病及种传轮斑病、茶树茶饼病、香蕉叶斑病等。

【使用方法】

防治水稻纹枯病，在病害发生初期，每 667 m² 用 43%戊唑醇悬浮剂 12$\sim$15 mL 对水均匀喷雾处理，视病害情况，隔 10 d 左右再施药 1 次。

防治水稻稻曲病，每 667 m² 用 43%戊唑醇悬浮剂 10$\sim$20 mL 对水均匀喷雾处理，在水稻破口前 5$\sim$7 d 进行第一次用药，7$\sim$10 d 后再次施药。

防治稻瘟病，在稻叶初见少量病斑时施药，每 667 m² 用 43%戊唑醇悬浮剂 10.5$\sim$14 mL 对水均匀喷雾处理防治水稻叶瘟；防治穗颈瘟及穗瘟可在孕穗期至齐穗期施用，最适宜的施药时期是田间初见稻穗的破口期，一般在破口期、齐穗期各用药 1 次，每 667 m² 用 43%戊唑醇悬浮剂 10.5$\sim$14 mL 对水均匀喷雾。

防治水稻恶苗病，可用 6%戊唑醇微乳剂 2 000$\sim$4 000 倍液浸种处理。

【注意事项】

（1）用本剂处理过的种子，严禁用于人食用或动物饲料。

（2）对水生生物有害，不得污染水源。

【主要制剂和生产企业】

43%悬浮剂，25%、12.5%乳油，6%微乳剂，5%、2%、0.2%悬浮种衣剂。

拜耳作物科学（中国）有限公司、美国科聚亚公司、山东华阳科技股份有限公司、江苏克胜集团股份有限公司、浙江新安化工集团股份有限公司、山东省青岛奥迪斯生物科技有限公司、安徽丰乐农化有限责任公司、江苏华农种衣剂有限责任公司、江苏龙灯化学有限公司等。

三 唑 醇

（triadimenol）

【曾用名】

百坦、羟锈宁、拜丹。

【理化性质】

纯品为白色、无嗅的微细结晶粉末。异构体 A：熔点 138.2 ℃，蒸气压6×10^{-7} Pa（20 ℃），溶解度（g/L，20 ℃）：水 0.062、二氯甲烷及异丙醇 100～200、己烷 0.1～1.0、甲苯 20～50；异构体 B：熔点 133.5 ℃，蒸气压 4×10^{-7} Pa（20 ℃），溶解度（g/L，20 ℃）：水 0.032、二氯甲烷及异丙醇 100～200、己烷 0.1～1.0、甲苯 10～20。在中性或弱酸性介质中稳定，在强酸性介质中煮沸时易分解。

【毒性】

低毒。大鼠急性经口 LD_{50} 1 161 mg/kg（雄）、1 105 mg/kg（雌），大鼠急性经皮 LD_{50}＞5 000 mg/kg。对兔眼睛和皮肤无刺激性。对鱼有毒，虹鳟鱼 LC_{50}（96 h）为 21.3 mg/L，蓝鳃翻车鱼 LC_{50}（96 h）为 15 mg/L。对蜜蜂无影响。

【防治对象】

内吸性三唑类杀菌剂，对作物病害具有预防、治疗、铲除作用；既可拌种，也可喷雾。其作用机理主要是抑制麦角甾醇合成，因而抑制和干扰菌体的附着胞和吸器的生长发育。可用于防治水稻纹枯病、稻曲病，小麦散黑穗病、网腥黑穗病、根腐病，大麦散黑穗病、锈病、叶条纹病、网斑病等。

【使用方法】

防治水稻纹枯病、稻曲病，每 667 m² 使用 15％三唑醇可湿性粉剂60～70 g，对水均匀喷雾处理。

【注意事项】

（1）本品不宜与酸性农药混合使用。

（2）本品对鱼、家蚕有毒，施药时避免药剂飘移到附近桑园，禁止在水井、河塘等水体中清洗施药器械。

（3）建议与其他作用机制不同的杀菌剂轮换使用，以延缓抗药性产生。

【主要制剂和生产企业】

25％、15％可湿性粉剂，25％乳油，20％悬浮种衣剂。

江苏剑牌农化股份有限公司、山东滨农科技有限公司、兴农药业（中国）有限公司等。

烯 唑 醇
（diniconazole）

【曾用名】

速保利。

【理化性质】

纯品为无色结晶固体，熔点 $134 \sim 156\ ℃$，蒸气压 $2.93 \times 10^{-3}\ Pa$（$20\ ℃$），相对密度 1.32（$20\ ℃$），溶解度（g/L，$25\ ℃$）：水 4×10^{-3}、甲醇 95、丙酮 95、二甲苯 14、己烷 0.7，在光、热和潮湿条件下稳定。

【毒性】

低毒。大鼠急性经口 LD_{50} 为 639 mg/kg（雄），474 mg/kg（雌），大鼠急性经皮 $LD_{50} > 5\,000$ mg/kg，大鼠急性吸入 LC_{50}（4 h）$> 2\,770$ mg/m³。对兔眼睛有轻度刺激作用。大鼠亚慢性毒性试验无作用浓度 100 mg/（kg·d）。对鱼有毒，鲤鱼 LC_{50}（96 h）为 4.0 mg/L，野鸭 $LD_{50} > 2\,000$ mg/kg，山齿鹑 LD_{50} 为 1\,490 mg/kg。

【防治对象】

内吸性三唑类杀菌剂。在真菌的麦角甾醇生物合成中抑制 14α-脱甲基化作用，引起麦角甾醇缺乏，导致真菌细胞膜不正常，最终真菌死亡，持效期长久。对人畜、有益昆虫、环境安全。既有保护、治疗、铲除作用，又有广谱、内吸、向顶传导抗真菌活性。对子囊菌、担子菌引起的多种植物病害如白粉病、锈病、黑粉病、黑星病等有特效。

【使用方法】

防治水稻纹枯病，每 667 m² 使用 12.5％烯唑醇可湿性粉剂 40～50 g，对水均匀喷雾处理。

【注意事项】

（1）本品不可与碱性农药等物质混用。

（2）远离水产养殖区施药。未使用完的药液请勿随意倾倒，避免污染水源。禁止在河塘等水域清洗施药器具。

（3）建议与其他作用机制不同的杀菌剂轮换使用，以延缓抗性产生。

【主要制剂和生产企业】

12.5%可湿性粉剂、50%水分散粒剂。

江苏辉丰农化股份有限公司、江苏省盐城利民农化有限公司、四川国光农化股份有限公司等。

氟 环 唑

（epoxiconazole）

【曾用名】

欧搏、福满门。

【理化性质】

纯品为无色结晶固体，熔点 136.2 ℃。相对密度 1.394。溶解度（g/L，20 ℃）：水 8.42×10^{-3}、丙酮 144、二氯甲烷 291、乙腈 70、异丙醇 12、甲醇 28、正辛醇 11、甲苯 44、乙酸乙酯 98、正庚烷 0.46。

【毒性】

低毒。大鼠急性经口 $LD_{50} > 5\,000$ mg/kg，大鼠急性经皮 $LD_{50} > 2\,000$ mg/kg，大鼠急性吸入 LC_{50}（4 h）> 5.3 mg/L。

【防治对象】

内吸性三唑类杀菌剂，施药后迅速被植株吸收并传导至感病部位，使病害侵染立即停止，局部施药防治彻底。抑制病菌麦角甾醇的合成，阻碍病菌细胞壁的形成，并且氟环唑分子对一种真菌酶（14 - dencthylase）有强力亲和性，与目前已知的杀菌剂相比，能更有效抑制病原真菌，具有较好的保护、治疗和铲除活性。氟环唑还可提高作物的几丁质酶活性，导致真菌吸器的收缩，抑制病菌侵入。对香蕉、葱、蒜、芹菜、菜豆、瓜类、芦笋、花生、甜菜等作物上的叶斑病、白粉病、锈病以及葡萄上的炭疽病、白腐病等病害有良好的防效。对禾谷类作物病害如立枯病、白粉病、眼纹病等十多种病害有很好的防治效果，并能防治水稻、油菜、草坪、咖啡及果树病害。

【使用方法】

防治水稻纹枯病，每 667 m² 使用 125 g/L 氟环唑悬浮剂 50～60 mL，对水均匀喷雾处理。

【注意事项】

（1）本品对鱼类等水生生物有毒，远离水产养殖区施药，禁止在河塘等水体中清洗施药器具。

（2）对蜜蜂有毒，应避免对周围蜂群的影响，蜜源作物花期、养蜂区慎用。

（3）应与其他作用机制不同的杀菌剂轮换使用，以延缓抗性产生。

【主要制剂和生产企业】

70％水分散粒剂、125 g/L 悬浮剂。

江西正邦生物化工有限责任公司、巴斯夫植物保护（江苏）有限公司、山东省青岛奥迪斯生物科技有限公司、宁波三江益农化学有限公司等。

苯醚甲环唑

（difenoconazole）

【曾用名】

思科、世高。

【理化性质】

该品为灰白色粉状物，相对密度 1.40（20 ℃），熔点 76 ℃，蒸气压 3.3×10^{-8} Pa（25 ℃）。溶解度（g/L，25 ℃）：水 3.3×10^{-3}、乙醇 330、丙酮 610、甲苯 490、正己烷 3.4、正辛醇 95。常温下储存稳定。

【毒性】

低毒。大鼠急性经口 LD_{50} 为 1 453 mg/kg，兔急性经皮 $LD_{50} > 2\,010$ mg/kg，大鼠急性吸入 LC_{50}（4 h）$\geqslant 3.3$ mg/L。对兔眼睛和皮肤无刺激性。对鱼 LC_{50}（mg/L，96 h）：虹鳟鱼 0.81、蓝鳃翻车鱼 1.20。对蜜蜂无毒。

【防治对象】

该药属三唑类杀菌剂，是甾醇脱甲基化抑制剂，具有高效、广谱、低毒、用量低的特点，是三唑类杀菌剂的优良品种。内吸性极强，通过抑制病菌细胞麦角甾醇的生物合成，从而破坏病原菌细胞膜结构与功能。杀菌谱广，对子囊菌、担子菌，如链格孢属、壳二孢属、尾孢属、刺盘孢属、球座菌属、茎点霉属、柱隔孢属、壳针孢属、黑星菌属以及某些种传病原菌有持久的保护和治疗作用，对水稻纹枯病，小麦颖枯病、叶枯病、锈病，甜菜褐斑病防治效果较好。

【使用方法】

防治水稻纹枯病，在水稻发病初期，每 $667 \ m^2$ 用 40％苯醚甲环唑悬浮剂 12～18 mL 对水均匀喷雾。

【注意事项】

（1）该药不宜与铜制剂混用，因为铜制剂能降低其杀菌能力。

（2）该药虽有保护和治疗双重效果，但为了尽量减轻病害造成的损失，应充分发挥其保护作用，因此施药时间宜早不宜迟，在发病初期进行喷药效果最佳。

（3）该药对鱼类有毒，勿污染水源。

【主要制剂和生产企业】

40％悬浮剂，25％、20％乳油，10％微乳剂，37％、10％水分散粒剂，3％悬浮种衣剂。

先正达（苏州）作物保护有限公司、陕西上格之路生物科学有限公司、江苏剑牌农化股份有限公司、江苏丰登作物保护股份有限公司、绩溪农华生物科技有限公司、深圳诺普信农化股份有限公司等。

腈　苯　唑

（fenbuconazole）

【曾用名】

唑菌腈、苯腈唑。

【理化性质】

纯品为无色结晶，有轻微的硫黄气味，熔点 126.5～127 ℃，蒸气压 $3.4×10^{-4}$ Pa（25 ℃），相对密度 1.27（20 ℃）。在水中溶解度为 3.8 mg/L（25 ℃），能溶于大多数有机溶剂，在丙酮中溶解度＞250 g/L，在甲醇中溶解度 60.9 g/L，不溶于脂肪烃中。在黑暗中储存稳定，300 ℃以下稳定。

【毒性】

低毒。大鼠急性经口 LD_{50} 2 000 mg/kg，大鼠急性经皮 LD_{50} >5 000 mg/kg，对兔眼睛和皮肤无刺激性。对鱼有毒，虹鳟鱼 LC_{50}（96 h）为 1.5 mg/L，蓝鳃翻车鱼 LC_{50}（96 h）为 1.68 mg/L。蜜蜂 LD_{50}（96 h）>0.29 mg/只（粉尘）。

【防治对象】

内吸性三唑类杀菌剂，具有预防、治疗作用，能阻止已发芽的病菌孢子侵入作物组织，抑制菌丝的伸长。在病菌潜伏期使用，能阻止病菌的发育；在发病后使用，能使下一代孢子变形，失去侵染能力。可用于防治稻曲病、香蕉叶斑病、桃树褐腐病等。

【使用方法】

防治稻曲病，每 667 m² 使用 24%腈苯唑悬浮剂 15～20 mL，对水均匀喷雾处理。

【注意事项】

（1）本品对鱼类等水生生物有毒，应远离水产养殖区施药，禁止在河塘等水体中清洗施药器具。应避免药液流入湖泊、河流或鱼塘中污染水源。

（2）为防止抗性产生，本产品应与其他作用机制不同的药剂轮换使用，避免在整个生长季使用单一药剂。

【主要制剂和生产企业】

24%悬浮剂。

广东德利生物科技有限公司、美国陶氏杜邦公司。

第 H 组　细胞壁合成抑制剂

井　冈　霉　素

(jinggangmycin)

【曾用名】

有效霉素。

【理化性质】

纯品为白色结晶，无一定熔点，130～135 ℃分解。吸湿性强，可溶于甲醇、二氧六环、二甲基甲酰胺，难溶于丙酮、乙醇，不溶于乙醚、苯、氯仿、四氯化碳、醋酸乙酯等有机溶剂，易溶于水。在 pH 4～5 时较稳定。

【毒性】

低毒。大鼠急性经口 LD_{50} ＞2 000 mg/kg，大鼠急性经皮 LD_{50} ＞5 000 mg/kg。无中毒报道。

【防治对象】

该药是一种由放线菌产生的抗生素，具有较强的内吸性，易被菌体细胞吸收并在其内迅速传导，干扰和抑制菌体细胞生长和发育。主要用于水稻纹枯病，也可用于稻曲病、玉米大斑病和小斑病以及蔬菜和棉花等作物病害的防治。

【使用方法】

防治水稻纹枯病，一般是丛发病率达 20％ 左右开始施药，每 667 m^2 用 13％井冈霉素水剂 42～50 mL 对水均匀喷雾，重点喷于水稻中下部。

防治稻曲病，在水稻破口前期，每 667 m^2 用 13％井冈霉素水剂 35～50 mL 对水均匀喷雾。

【注意事项】

（1）可与除碱性农药外的其他农药混用。

（2）存放在阴凉干燥处，并注意防腐、防霉、防热。

【主要制剂和生产企业】

13％、10％、5％、3％水剂，28％、20％、10％、5％可溶性粉剂。

浙江省桐庐汇丰生物科技有限公司、浙江钱江生物化学股份有限公司、江苏绿叶农化有限公司、武汉科诺生物科技股份有限公司等。

第 I 组　黑色素合成抑制剂

咯　喹　酮
（pyroquilon）

【曾用名】

百快隆、乐喹酮。

【理化性质】

纯品为白色结晶状固体，熔点 112 ℃，相对密度 1.29（20 ℃）。溶解度（g/L，20 ℃）：水 4、丙酮 125、苯 200、二氯甲烷 580、异丙醇 85、甲醇 240。对水解稳定，320 ℃高温也能稳定存在。在泥土中半衰期为 2 周，在沙地中半衰期为 18 周。流动性小，水中光解半衰期为 10 d。

【毒性】

中等毒。大鼠急性经口 LD_{50} 为 321 mg/kg，大鼠急性经皮 LD_{50} >3 100 mg/kg。对兔皮肤无刺激作用，对兔眼睛有轻微刺激作用。无致畸、致癌、致突变作用。对蜜蜂无毒害作用。

【防治对象】

黑色素生物合成抑制剂，内吸性杀菌剂。种子处理和水中撒施后，药剂很快被水稻根部吸收。叶面施用后，被叶面迅速吸收，并在叶内向顶输导。作用机理是能抑制病菌附着胞中黑色素生物的合成，阻止了附着胞穿透寄主表皮细胞。对稻瘟病有较好防治效果。

【使用方法】

防治稻瘟病，在首次叶瘟发生 10 d 前，或是抽穗前 5～30 d 使用防治穗颈瘟，每 667 m² 用 5％咯喹酮颗粒剂 2～2.7 kg 撒施水中。

【注意事项】

防治稻瘟病，注意尽早施药。

【主要制剂和生产企业】

5％颗粒剂。

先正达（苏州）作物保护有限公司。

三　环　唑

(tricyclazole)

【曾用名】

比艳、克瘟灵、克瘟唑。

【理化性质】

纯品为白色结晶，熔点 187～188 ℃，蒸气压 2.667×10^{-5} Pa（25 ℃），相对密度 1.4（20 ℃）。溶解度（g/L，25 ℃）：水 1.6、二氯甲烷 33、乙醇 25、甲醇 25、丙酮 10.4、乙腈 10.4、环己酮 10.0、二甲苯 2.1、氯仿 >500。52 ℃稳定（高温储存试验），对紫外光相对稳定。

【毒性】

中等毒。大鼠急性经口 LD_{50} 为 314 mg/kg，大鼠急性经皮 LD_{50} >2 000 mg/kg，大鼠急性吸入 LC_{50} >0.25 mg/L。对兔眼睛和皮肤有轻微刺激作用。对大鼠两年饲喂试验的无作用剂量为 9.6 mg/kg。在试验条件下，未见致畸、致癌和致突变作用。对野生和水生生物毒性较低，鲤鱼和虹鳟鱼急性 LC_{50} 分别为 14.6 mg/L 和 7.7 mg/L，对蜜蜂无毒，对野鸭和鹌鹑的急性 LC_{50}＞5 000 mg/L。

【防治对象】

该药是一种具有内吸作用的保护性三唑类杀菌剂，施药后能迅速被水稻根、茎、叶吸收，并输送到稻株各部位。其作用机理主要是通过抑制附着胞黑色素的形成，从而抑制孢子萌发和附着胞的形成，有效阻止病菌侵入并减少稻瘟病分生孢子产生。抗冲刷力强，喷药 1 h 后遇雨不需补喷，一般在喷洒 2 h 后水稻植株内的药剂含量达到最高值。可有效防治水稻苗瘟、叶瘟、穗颈瘟。

【使用方法】

防治水稻苗瘟，在秧苗 3～4 叶期或移栽前 5 d 使用，每 667 m² 用 20％三环唑可湿性粉剂 50～75 g，加水 30～50 kg 均匀喷雾。

防治水稻叶瘟，当叶瘟刚发生时，每 667 m² 用 20％三环唑可湿性粉剂 100 g，加水 60 kg 均匀喷雾。

防治水稻穗颈瘟，在水稻破口初期，每 667 m² 用 20％三环唑可湿性粉剂 75～100 g，加水 60 kg 均匀喷雾。如果病情严重，气候又有利于病害发展，在齐穗时再施药 1 次。

【注意事项】

（1）防治水稻穗颈瘟，第 1 次施药最迟不宜超过破口后 3 d。

（2）用药液浸秧，有时会引起发黄，但不久即能恢复，不影响稻秧以后的生长。

（3）有一定的鱼毒性，在池塘附近施药要注意安全。

【主要制剂和生产企业】

75％、20％可湿性粉剂，80％、75％水分散粒剂，40％、35％、30％悬浮剂。

陕西美邦农药有限公司、江苏丰登作物保护股份有限公司、陕西上格之路生物科学有限公司等。

环 丙 酰 菌 胺

（carpropamid）

【曾用名】

加普胺。

【理化性质】

纯品为无色粉状固体，相对密度为 1.17（20 ℃），熔点 161.7 ℃（AR）、157.6 ℃（BR）。水中溶解度（mg/L，pH7，20 ℃）：1.7（AR）、1.9（BR）。有机溶剂溶解度（g/L，20 ℃）：丙酮 153、甲醇 106、甲苯 38、己烷 0.9。

【毒性】

低毒。大鼠急性经口 LD_{50} > 5 000 mg/kg，大鼠急性经皮 LD_{50} > 5 000 mg/kg。对兔皮肤和眼睛无刺激，对豚鼠皮肤无过敏现象。在试验条件下，未见致畸、致癌和致突变作用。

【防治对象】

属于内吸、保护性杀菌剂，与现有杀菌剂不同，环丙酰菌胺无杀菌活性，不抑制病原菌菌丝的生长。在接种后 6 h 内用环丙酰菌胺处理秧苗，则可完全控制稻瘟病的侵害，但超过 6 h 后处理，几乎无活性。其具有两种作用方式：抑制黑色素生物合成和在感染病菌后加速植物抗菌素如 momilactone A 和 sakuranetin 的产生，这种作用机理预示环丙酰菌胺可能对其他病害亦有活性。通过抑制黑色素的形成，增加伴随水稻疫病感染产生的植物抗菌素而提高作物抵抗力。主要防治水稻稻瘟病，对褐斑病、纹枯病、白叶枯病等也有较好的防效。

【使用方法】

发病前期使用，在育苗箱中有效成分应用剂量为 400 g/hm²，茎叶处理剂量为 75～150 g/hm²，种子处理剂量 0.3～0.4 g/kg（种子）。

【注意事项】

无杀菌活性，不能抑制病原菌生长，应在发病前期使用，或与其他杀菌剂复配使用。

【主要制剂和生产企业】

10％可湿性粉剂。

拜耳作物科学（中国）有限公司。

稻 瘟 酰 胺

（fenoxanil）

【曾用名】

氰菌胺。

【理化性质】

纯品为灰白色无嗅固体，熔点 69.5～71.5 ℃，相对密度 1.23。水中溶解度：30.7 mg/L（20 ℃），能溶于乙酸乙酯、乙腈和丙酮等有机溶剂。在相对 pH 范围内稳定。

【毒性】

低毒。大鼠急性经口 LD_{50}＞5 000 mg/kg（雄）、4 211 mg/kg（雌），大鼠急性经皮 LD_{50}＞2 000 mg/kg，大鼠急性吸入 LC_{50}＞5.18 mg/L。

【防治对象】

属于苯氧酰胺类杀菌剂，是稻瘟病菌黑色素生物合成抑制剂，主要通过抑制病菌孢子侵入钉的穿透来预防和治疗稻瘟病。该药兼有保护、治疗和铲除等作用，同时还具有良好的内吸持效活性，施药后，对新生叶片也有很好的保护效果。

【水稻上使用方法和用量】

防治水稻叶瘟病时，可在稻叶初见病斑时施药，每 667 m² 用 20％稻瘟酰胺悬浮剂 60～100 mL 对水均匀喷雾；防治穗颈瘟和穗瘟时可在水稻破口前 3～5 d 和齐穗期各施药 1 次。

【注意事项】

（1）本品对鱼等水生生物有毒，药液及其废液不得污染各类水域、土壤等环境，远离水产养殖区施药，禁止在河塘等水体中清洗施药器具。

（2）本品对蜜蜂具风险性，施药期间应避免对周围蜂群的不利影响，开花作物花期禁用。蚕室及桑园附近禁用。

（3）建议与其他作用机制不同的杀菌剂轮换使用，以延缓抗性产生。

【主要制剂和生产企业】

40％、30％、20％悬浮剂，20％可湿性粉剂。

江苏丰登农药有限公司、山东京博农化有限公司、江苏长青农化股份有限公司、陕西美邦农药有限公司等。

第 M 组　多作用位点

丙　森　锌

（propineb）

【曾用名】

安泰生。

【理化性质】

白色或微黄色粉末。相对密度 1.813（23 ℃），150 ℃ 以上分解。蒸气压（20 ℃）$<1.6\times10^{-10}$ Pa。溶解度（g/L，20 ℃）：水 0.01，在二氯甲烷、己烷、异丙醇、甲苯中 <0.1。在干燥、低温下储存稳定，遇酸、碱及高温易分解。

【毒性】

低毒。大鼠急性经口 $LD_{50}>5\,000$ mg/kg，大鼠急性经皮 $LD_{50}>5\,000$ mg/kg，大鼠急性吸入 LC_{50}（4 h）>0.7 mg/L。对兔眼睛和皮肤无刺激性。对鱼有毒，对虹鳟鱼 LC_{50}（96 h）为 0.4 mg/L；对蜜蜂和鸟类安全。

【防治对象】

本品是一种广谱保护性杀菌剂，具有多作用位点，其代谢物与巯基结合可以抑制病原菌体内多种酶的活性，达到控制病害的效果。富含锌元素（含锌量为 15.8%），很容易被作物吸收，能迅速治愈作物的缺锌症状。目前已在水稻、蔬菜、苹果、柑橘、马铃薯、葡萄、小麦及玉米上登记，可以有效预防水稻胡麻斑病、玉米大斑病、马铃薯早疫病和晚疫病、葡萄霜霉病、柑橘炭疽病、苹果斑点落叶病等多种病害。此外，还具有预防水稻僵苗，促进返青，增加分蘖，缓解药害的功效。

【使用方法】

防治水稻胡麻斑病，每 667 m^2 使用 70% 丙森锌可湿性粉剂 100～150 g，对水均匀喷雾处理。

【注意事项】

（1）本品不能与碱性物质、含铜的农药混用。如需与此类药剂轮换使用，间隔期应在 7 d 以上。

（2）建议与其他作用机制不同的杀菌剂轮换使用。

（3）本品对鱼类等水生生物有毒，远离水产养殖区施药，禁止在河塘等水体中清洗施药器具，避免其污染地表水等生态环境。

【主要制剂和生产企业】

70% 可湿性粉剂。

拜耳作物科学（中国）有限公司、燕化永乐（乐亭）生物科技有限公司等。

申 嗪 霉 素

(Phenazine‐1‐carboxylic acid)

【曾用名】

绿群、广清、好收成。

【理化性质】

熔点 241～242 ℃，溶于醇、醚、氯仿、苯，微溶于水。在偏酸性及中性条件下稳定。

【毒性】

中等毒。大鼠急性经口 LD_{50}＞5 000 mg/kg，大鼠急性经皮 LD_{50}＞5 000 mg/kg。

【防治对象】

申嗪霉素是上海交通大学与上海农乐生物制品股份有限公司共同研制开发具有自主知识产权的能有效控制多种真菌性病害的生物农药，具有高效、低毒、广谱、无公害及与环境相容性好的特点。申嗪霉素是由荧光假单胞菌 M18 经生物培养分泌的一种抗菌素，同时具有抑制植物病原菌并促进植物生长作用的双重功能的杀菌剂。其对真菌病害的作用机理，主要是利用其氧化还原能力，在真菌细胞内积累活性氧，抑制线粒体中呼吸转递链的氧化磷酸化作用，从而抑制菌丝的正常生长，引起植物病原真菌菌丝体的断裂、肿胀、变形和裂解。有效防治水稻、小麦、蔬菜等作物上的纹枯病、稻曲病、稻瘟病、枯萎病、蔓枯病、疫病、霜霉病、条锈病、菌核病、赤霉病、炭疽病、灰霉病、黑星病、叶斑病、青枯病、溃疡病、姜瘟，也可用于土传病害土壤处理。

【使用方法】

防治水稻纹枯病，每 667 m² 使用 1％申嗪霉素悬浮剂 50～70 mL 对水均匀喷雾处理，在水稻上使用的安全间隔期为 14 d。

【注意事项】

（1）本品不能与碱性农药混用。

（2）本品对鱼有中等毒性，谨防药水进入养鱼水域。

【主要制剂和生产企业】

1％悬浮剂。

上海农乐生物制品股份有限公司、河北三农农用股份有限公司、江西珀尔农作物工程有限公司等。

第 P 组　植物诱导抗病剂

烯 丙 苯 噻 唑
（probenazole）

【曾用名】

烯丙异噻唑、好米得。

【理化性质】

纯品为无色结晶固体，熔点 138～139 ℃。溶解度：微溶于水，易溶于丙酮、二甲基甲酰胺和氯仿，难溶于正己烷和石油醚。

【毒性】

低毒。大鼠急性经口 LD_{50} 为 2 030 mg/kg，大鼠急性经皮 LD_{50}＞5 000 mg/kg。在试验条件下，无致畸、致癌、致突变作用。对鱼类的 LC_{50}（48 h）：鲤鱼为 6.3 mg/L，日本鳉鱼＞6.0 mg/L。

【防治对象】

本品为诱导免疫型杀菌剂，通过刺激以水杨酸为媒介的防御信号传导途径，全面激活植物的天然防御系统来实现防病效果。该产品无离体杀微生物活性，通过植物的根部吸收，并迅速渗透、传导至植物体各部位，对植物的正常生长发育无明显影响。由于本品对病原菌没有直接的作用活性，因此不产生选择压力，病菌不易对其产生抗性。可用于防治水稻稻瘟病、细菌性叶枯病和粒腐病等，也用来防治蔬菜上的细菌性病害，如莴苣细菌性腐烂病、甘蓝黑腐病、大白菜软腐病、大葱细菌性软腐病和黄瓜叶斑病等。

【使用方法】

用于水稻育秧盘，通过水稻根系吸收，保护稻苗不受病菌侵染，一般每平方米用 8%烯丙苯噻唑颗粒剂 150～300 g 撒施。

水稻大田防治稻瘟病，每 667 m² 用 8%烯丙苯噻唑颗粒剂 1 667～3 333 g 均匀撒施。

【注意事项】

（1）本品用于育秧盘时，需先施药后灌水，处理苗移栽本田后，保水（3～5 cm 水深）秧苗返青；在本田使用时，要用浅水条件（3～5 cm 水深）下均匀撒施，并保水 45 d。

（2）沙质田、漏水田和多施未腐熟有机肥田不要使用本品，本品需要在壮苗上使用。

（3）本品不要与敌稗同时使用，邻近田块使用也要避免，以防发生药害。

（4）养鱼田不要使用本品。

【主要制剂和生产企业】

24％、8％颗粒剂。

天津市鑫卫化工有限责任公司、日本明治制果药液株式会社等。

第 U 组 作用机理未知或不确定

毒 氟 磷

（dufulin）

【曾用名】

农博士、独翠。

【理化性质】

纯品为无色晶体，熔点 143～145 ℃。溶解度（g/L，22 ℃）：水 0.04、丙酮147.8、环己烷 17.28、环己酮 329.00、二甲苯 73.30，还易溶于四氢呋喃、二甲基亚砜等有机溶剂。在光、热和潮湿条件下均较稳定。遇酸和碱时逐渐分解。

【毒性】

低毒。大鼠急性经口 LD_{50} ＞5 000 mg/kg，大鼠急性经皮 LD_{50}＞ 2 150 mg/kg。

【防治对象】

毒氟磷是一种我国具有自主知识产权的抗病毒新化合物，由贵州大学研制成功，通过将绵羊体内的一种化合物——α-氨基磷酸酯作为先导，最终研究开发出一种仿生抗病毒药剂。毒氟磷抗烟草病毒病的作用靶点尚不完全清楚，但毒氟磷通过激活水杨酸信号分子，进而激活下游 PAL、POD、SOD 等植物防御因子，提高作物总体系统抗病性，最终使病毒无法增殖；还具有较强的内吸作用，通过作物叶片的吸收可迅速传导至植株的各个部位，破坏病毒外壳，使病毒固定而无法继续增殖，有效阻止病害的进一步蔓延。对水稻黑条矮缩病、番茄病毒病有良好防治效果。

【使用方法】

防治水稻黑条矮缩病，每 667 m² 使用 30％毒氟磷可湿性粉剂 44.4～75.6 g，对水均匀喷雾处理。

【注意事项】

（1）本品对鱼、水生生物、蚕、鸟具有毒性，使用本品时应当避免与上述非靶标生物的接触，不在桑园、蚕室、池塘等处及其周围使用本品，禁止药物及清洗药具的废水直接排入鱼塘、河川等水体中。鱼或虾蟹套养稻田禁用，施药后的田水不得直接排入水体。

（2）不能与碱性物质混用。为提高喷药质量药液应随配随用，不能久存。

（3）建议与其他不同作用机制的农药轮换使用。

【主要制剂和生产企业】

30％可湿性粉剂。

广西田园生化股份有限公司。

噻 唑 锌

（zinc thiazole）

【曾用名】

碧生。

【理化性质】

灰白色粉末，熔点＞300 ℃，不溶于水和有机溶剂，在中性、弱碱性条件下稳定。

【毒性】

低毒。大鼠急性经口 LD_{50}＞5 000 mg/kg，大鼠急性经皮 LD_{50}＞2 000 mg/kg。

【防治对象】

属于噻唑类有机锌杀菌剂，结构由两个基团组成。一是噻唑基团，在植物体外对细菌无抑制力，但在植物体内却是高效的治疗剂，药剂在植株的孔纹导管中，使细菌受到严重损害，其细胞壁变薄继而瓦解，导致细菌的死亡。二是锌离子，具有既杀真菌又杀细菌的作用。药剂中的锌离子与病原菌细胞膜表面上的阳离子（H^+，K^+等）交换，导致病菌细胞膜上的蛋白质凝固杀死病菌；部分锌离子渗透进入病原菌细胞内，与某些酶结合，影响其活性，导致机能失调，病菌因而衰竭死亡。在两个基团的共同作用下，杀病菌更彻底，防治效果更好，防治对象更广泛。可用于防治水稻僵苗、烂秧、细菌性条斑病、白叶枯病、纹枯病、稻瘟病、缺锌火烧苗等。

【使用方法】

防治水稻细菌性条斑病，在病害发生初期，每 667 m^2 使用 30%噻唑锌悬浮剂 67～100 mL 对水均匀喷雾处理。

【注意事项】

（1）对鱼类、虾和蟹有毒，避免污染水源。

（2）最后一次施药距收获天数：水稻 21 d。

【主要制剂和生产企业】

40%、30%悬浮剂。

浙江新农化工股份有限公司。

噻 菌 铜

（thiodiazole copper）

$$Cu^{2+} \quad {}^{2-}S-\!\!\!\!\!<\!\!\!\begin{array}{c} N \\ \\ N \end{array}$$

【曾用名】

龙克菌。

【理化性质】

原药为黄绿色粉末结晶，相对密度为 1.94，熔点 300 ℃，微溶于二甲基甲酰胺，不溶于水和其他各种有机溶剂。遇强碱分解，在酸性条件下稳定。

【毒性】

低毒。大鼠急性经口 LD_{50} 为 2 150 mg/kg，大鼠急性经皮 LD_{50}＞2 000 mg/kg。在各试验剂量下，无致生殖细胞突变作用；Ames 试验，致突变作用为阴性。大鼠亚慢性经口毒性的最大无作用剂量为 20.16 mg/（kg·d）。对皮肤无刺激性，对眼睛属轻度刺激。对鱼、鸟、蜜蜂、安全，对环境无污染。

【防治对象】

噻二唑类有机铜杀菌剂，兼具内吸、传导、预防、保护、治疗等多重作用，且其治疗作用的效果大于保护作用，是防治细菌性和真菌性病害的新一代高效、低毒杀菌剂。噻菌铜的结构由两个基团组成杀菌。一是噻唑基团，在植物体外对细菌抑制力差，但在植物体内却是高效的治疗剂。药剂在植株的孔纹导管中，可使细菌细胞壁变薄，继而瓦解、死亡。在植株中的其他两种导管（螺纹导管和环导管）中的部分细菌受到药剂的影响，细胞并不分裂，病情暂被抑制住，但细菌并未死亡，待 10 d 左右，药剂的持效期过去后，细菌又重新繁殖，病情又重新开始发展。二是铜离子，具有既杀细菌又杀真菌的作用。药剂中的铜离子与病原菌细胞膜表面上的阳离子（H^+，K^+等）交换，导致病菌细胞膜上的蛋白质凝固，从而杀死病菌；部分铜离子渗透进入病原菌细胞内，与某些酶结合，影响其活性，导致机能失调，病菌因而衰竭死亡。主要防治水稻细菌性条斑病、水稻白叶枯病、水稻基腐病、柑橘溃疡病、柚溃疡病、黄瓜角斑病、棉花角斑病、大蒜叶枯病、甜瓜角斑病、白菜软腐病、柑橘疮痂病、葡萄黑痘病、果树轮纹病和炭疽病等。此外，还可以补充微量元素铜，促进植物生长发育，维持光合作用，提高作物的抗寒、抗旱能力。

【使用方法】

防治水稻白叶枯病，每 667 m^2 使用 20％噻菌铜悬浮剂 100～130 mL 对水均匀喷雾处理。

防治水稻细菌性条斑病，每 667 m^2 使用 20％噻菌铜悬浮剂 125～160 mL 对水均匀喷雾处理。

【注意事项】

（1）不能与碱性药物混用。

（2）宜在发病初期用药，采用喷雾或弥雾。

【主要制剂和生产企业】

20％悬浮剂。

浙江龙湾化工有限公司。

参考文献

曹艳，袁善奎，陈立萍，等，2016. 水稻杀菌剂有效成分登记情况分析 [J]. 农药科学与管理，37（4）：30-33.

刁春玲，刘芳，宋宝安，2006. 农用杀菌剂作用机理的研究进展 [J]. 农药，45（6）：374-377.

高希武，2002. 新编实用农药手册 [M]. 郑州：中原农民出版社.

顾林玲，2013. 吡唑酰胺类杀菌剂——氟唑菌苯胺 [J]. 现代农药（2）：44-47.

林孔勋，1995. 杀菌剂毒理学 [M]. 北京：中国农业出版社.

刘长令，2000. 农用杀菌剂开发的新进展 [J]. 农药科学与管理（3）：20-26.

刘长令，2008. 世界农药大全　杀菌剂卷 [M]. 北京：化学工业出版社.

刘长令，关爱莹，2002. 广谱高效杀菌剂嘧菌酯 [J]. 世界农药，24（1）：46-49.

刘长令，李正名，2003. Strobin 类杀菌剂的创制经纬 [J]. 农药，42 (3)：43 - 46.

刘长令，李正名，2003. 以天然产物为先导化合物开发的农药品种（Ⅰ）——杀菌剂 [J].
农药，42 (11)：1 - 4.

邵振润，闫晓静，2014. 杀菌剂科学使用指南 [M]. 北京：中国农业科学技术出版社.

魏方林，戴金贵，许丹倩，等，2007. 创制农药噻唑锌对水稻细菌性病害的田间药效 [J].
农药，46 (12)：810 - 811.

吴新安，花日茂，岳永德，等，2002. 植物源抗菌、杀菌活性物质研究进展（综述）[J].
安徽农业大学学报，29 (3)：245 - 249.

熊兴平，2005. 浅谈新杀菌剂"噻菌铜"的市场前景和发展潜力 [J]. 山东农药信息
(4)：53.

许煜泉，2005. 绿色微生物源抗菌剂申嗪霉素（M18）[J]. 山东农药信息，12 (3)：
26 - 27.

杨吉春，张金波，柴宝山，等，2008. 酰胺类杀菌剂新品种开发进展 [J]. 农药，47 (1)：
6 - 9.

张国生，2003. 甲氧基丙烯酸酯类杀菌剂的应用、开发现状及展望 [J]. 农药科学与管理，
24 (12)：30 - 34.

赵继红，李建中，2003. 农用微生物杀菌剂研究进展 [J]. 农药，42 (5)：6 - 8.

周子燕，李昌春，高同春，等，2008. 三唑类杀菌剂的研究进展 [J]. 安徽农业科学，36
(27)：11842 - 11844.

C. 马克·比恩，2015. 农药手册（The pesticide manual：A world compendium）[M]. 胡笑
形，译. 北京：化学工业出版社.

附　国际杀菌剂抗性行动委员会杀菌剂作用机理分类表

作用机理编码	作用靶标位点及编码	化学类别	举　例
A 核酸合成抑制剂	A1 RNA 聚合酶	苯酰胺类	甲霜灵、精甲霜灵
	A2 腺苷脱氨酶	羟基（2 - 氨基）-嘧啶类	二甲嘧酚、乙嘧酚
	A3 DNA/RNA 合成	芳香杂环类	噁霉灵、辛噻酮
	A4 DNA 拓扑异构酶Ⅱ（促旋酶）	羧酸类	喹菌酮

作用机理编码	作用靶标位点及编码	化学类别	举 例
B 有丝分裂和细胞分裂抑制剂	B1 有丝分裂中 β-微管蛋白合成	苯并咪唑氨基甲酸酯类	苯菌灵、多菌灵、甲基硫菌灵
	B2 有丝分裂中 β-微管蛋白合成	N-苯基氨基甲酸酯类	乙霉威
	B3 有丝分裂中 β-微管蛋白合成	苯乙酰胺类	苯酰菌胺
		噻咪类	噻唑菌胺
	B4 细胞分裂	苯基脲类	戊菌隆
	B5 膜收缩类蛋白不定位作用	苯乙酰胺类	氟吡菌胺
C 呼吸作用抑制剂	C1 复合体 I 烟酰胺腺嘌呤二核苷酸氧化还原酶	嘧啶胺类	氟嘧菌胺
		吡唑类	唑虫酰胺
	C2 复合体 II 琥珀酸脱氢酶	琥珀酸脱氢酶抑制剂	萎锈灵、噻呋酰胺、啶酰菌胺
	C3 复合体 III 细胞色素 bc1 Qo 位泛醌醇氧化酶	QoI 类（苯醌外部抑制剂）	嘧菌酯、烯肟菌酯、吡唑醚菌酯
	C4 复合体 III 细胞色素 bc1 Qi 位质体醌还原酶	QiI 类（苯醌内部抑制剂）	氰霜唑
	C5 氧化磷酸化解偶联剂		乐杀螨、氟啶胺
	C6 ATP 合成酶	有机锡类	三苯基乙酸锡、三苯锡氯

（续）

作用机理编码	作用靶标位点及编码	化学类别	举　例
C 呼吸作用抑制剂	C7 ATP 生成抑制剂	噻吩羧酰胺类	硅噻菌胺
	C8 复合体 III 细胞色素 bc1 Qx 泛醌还原酶	QxI 类（苯醌 x 位抑制剂）	氰霜唑
D 蛋白质合成抑制剂	D1 甲硫氨酸生物合成	苯胺基嘧啶类	嘧菌环胺、嘧菌胺、嘧霉胺
	D2 蛋白质合成	烯醇吡喃糖醛酸抗生素类	灭瘟散
	D3 蛋白质合成	己吡喃糖抗生素类	春雷霉素
	D4 蛋白质合成	吡喃葡萄糖苷抗生素类	链霉素
	D5 蛋白质合成	四环素抗生素类	土霉素
E 信号传导	E1 信号传导（机制不清楚）		苯氧喹啉、丙氧喹啉
	E2 蛋白激酶/组氨酸激酶（渗透信号传递）	苯基吡咯类	咯菌腈
	E3 蛋白激酶/组氨酸激酶（渗透信号传递）	二羧酸亚胺类	乙菌利、腐霉利、乙烯菌核利
F 脂质合成抑制剂	F1	二羧酸亚胺类	
	F2 磷脂生物合成甲基转移酶	硫代磷酸酯类	敌瘟磷、异稻瘟净
		二硫杂环戊环类	稻瘟灵

（续）

作用机理编码	作用靶标位点及编码	化学类别	举　例
F 脂质合成抑制剂	F3 类脂过氧化作用	芳烃类	五氯硝基苯、甲基立枯磷
		芳杂环类	土菌灵
	F4 细胞膜渗透性脂肪酸	氨基甲酸酯类	霜霉威、硫菌威
	F5	羧基酰胺类	烯酰吗啉、氟吗啉
	F6 微生物致病原菌细胞膜破坏	芽孢杆菌	解淀粉芽孢杆菌
	F7 细胞膜破坏	植物提取物	白千层属灌木提取物
G 甾醇合成抑制剂	G1 C14-脱甲基酶	脱甲基抑制剂	咪鲜胺、丙环唑、戊唑醇
	G2 Δ14 还原酶和 Δ8→Δ7 异构酶	吗啉类	十三吗啉
	G3 3-氧代还原酶 C4-脱甲基化作用	羟基苯胺类	环酰菌胺
	G4 固醇生物合成鲨烯环氧酶		稗草丹
H 细胞壁合成抑制剂	H3 海藻糖酶和肌醇生物合成	吡喃葡萄糖抗生素类	井冈霉素
	H4 几丁质合成酶		多抗霉素
	H5 纤维素合成酶	羟酰胺类	烯酰吗啉、氟吗啉

（续）

作用机理编码	作用靶标位点及编码	化学类别	举 例
I 黑色素合成抑制剂	I1 黑色素生物合成还原酶	黑色素生物合成还原酶抑制剂	咯喹酮、三环唑
	I2 黑色素生物合成脱氢酶	黑色素生物合成脱氢酶抑制剂	环丙酰菌胺、稻瘟酰胺
M 多作用位点	多作用位点活性	无机类	铜剂、硫黄
		二硫代氨基甲酸酯类	丙森锌、代森锰锌、福美双
		邻苯二甲酰亚胺类	克菌丹、敌菌丹、灭菌丹
		氯化腈	百菌清
		磺酰胺类	苯氟磺胺
		胍类	双胍辛烷
		三嗪类	敌菌灵
		蒽醌类	二氰蒽醌
P 植物诱导抗病剂	P1 水杨酸途径	苯并噻唑类	活化酯
	P2	苯并异噻唑类	烯丙苯噻唑
	P3	噻二唑羧酰胺类	Tiadinil
	P4	多糖类	laminarin
	P5	乙醇提取物	虎杖提取物
U 作用机理未知或不确定	未知	氰基乙酰胺肟类	霜脲氰
	未知	膦酸盐类	三乙膦酸铝
	未知	苯并三嗪类	咪唑嗪
	未知	苯磺酰胺类	磺菌胺
	未知	哒嗪酮类	哒嗪酮
	未知		噻唑锌、噻菌铜
	未知		毒氟磷

第六章 <<<
除草剂

　　水稻田杂草主要包括三大类：以稗草为主的一年生禾本科杂草、以雨久花、鸭舌草等为主的一年生阔叶杂草以及一年生与多年生莎草科杂草。北方稻区以阔叶类杂草为多，南方稻区以禾本科杂草为多。据调查，2012—2016年全国稻田杂草平均发生面积0.206亿hm^2次，防治面积0.247亿hm^2次，其中稗草是水稻田第一大恶性杂草。近几年，我国每年水稻用除草剂用量在5万t左右，药剂类型主要包括乙酰辅酶A羧化酶抑制剂类、乙酰乳酸合成酶抑制剂类、原卟啉原氧化酶抑制剂类、细胞分裂抑制剂类、合成激素类。在水稻除草剂应用中，目前适合田间使用的剂型主要有可湿性粉剂、乳油、水乳剂、悬浮剂以及水剂。登记作物主要包括水稻移栽田、抛秧田、直播田、旱育秧田，其中移栽田除草剂品种最多。下文主要依据除草剂的作用机制，列出目前在稻田登记并有较好田间防效的除草剂39种，分属11种不同的作用机制。

第A组　乙酰辅酶A羧化酶抑制剂

氰 氟 草 酯
（cyhalofop - butyl）

【曾用名】

千金。

【理化性质】

　　本品为白色结晶固体，相对密度1.2375，沸点363℃，熔点48～49℃，蒸气压1.2×10^{-6}Pa（20℃）。水中溶解度（mg/L，20℃）：0.44（pH7）、0.46（pH5），有机溶剂中溶解度（mg/L，20℃）：乙腈、丙酮、乙酸乙酯、

甲醇、二氯乙烷＞250，正辛醇16。pH4时稳定，pH7时分解缓慢，pH1.2或9时迅速分解。

【毒性】

低毒。大鼠急性经口LD_{50}＞5 000 mg/kg，大鼠急性经皮LD_{50}＞2 000 mg/kg。对兔眼睛有轻微刺激性，对兔皮肤无刺激性和致敏性。每日允许摄入量：0.003 mg/（kg·d）。对鱼类高毒，虹鳟鱼LC_{50}（96 h）＞0.49 mg/L，蓝鳃翻车鱼LC_{50}（96 h）＞0.76 mg/L。对鸟、蜜蜂低毒。野鸭和山齿鹑急性经口LD_{50}＞5 620 mg/kg。蜜蜂经口无作用剂量＞100μg/只。蚯蚓LC_{50}（14 d）＞1 000 mg/kg（土壤）。由于本剂在水和土壤中降解迅速，且使用量低，实际应用时一般不会对鱼类产生毒害。

【防除对象】

本品为选择性内吸传导型茎叶处理除草剂，对千金子高效，对低龄稗草有一定的防效，还可防除马唐、双穗雀稗、狗尾草、牛筋草、看麦娘等。对莎草科杂草和阔叶杂草无效。

【使用方法】

防除水稻直播田千金子，每667 m²使用100 g/L氰氟草酯乳油50～70 mL，在千金子2～3叶期，每667 m²对水20～30 L，茎叶喷雾。

防除水稻直播田稗草，每667 m²使用100 g/L氰氟草酯乳油60～75 mL，在稗草1.5～2.5叶期，每667 m²对水20～30 L，茎叶喷雾。

施药前排干田水，使杂草茎叶2/3以上露出水面。施药后24～72 h灌水，保持3～5 cm水层5～7 d，水层勿淹没水稻心叶，避免产生药害，大风天或预计1 h内降雨，请勿施药。

【注意事项】

（1）氰氟草酯在土壤和水中降解迅速，应作茎叶处理，不宜采用毒土或药肥法撒施。

（2）该药与2甲4氯、灭草松、磺酰脲类阔叶草除草剂混用可能产生拮抗作用，如需防除阔叶草及莎草科杂草，应在喷施氰氟草酯7 d后再施用防除阔叶杂草除草剂。

（3）该药对鱼类等水生生物有毒，施药时应远离水产养殖区，禁止在河塘等水体中清洗施药器具。

【主要制剂和生产企业】

100克/升乳油、10％水乳剂、10％微乳剂。

江苏辉丰农化股份有限公司、美国陶氏益农公司、美丰农化有限公司、山东省青岛瀚生生物科技股份有限公司等。

噁唑酰草胺

（metamifop）

【曾用名】

韩秋好。

【理化性质】

本品淡棕色粉末，无嗅，相对密度 1.364，熔点 77.0～78.5 ℃，20 ℃下油水分配系数 5.45（pH7），蒸气压 $1.51×10^{-4}$ Pa（25 ℃），享利常数 $6.35×10^{-2}$ Pa·m³/mol（25 ℃），水中溶解度 0.69 mg/L（20 ℃，pH7），溶于大多数有机溶剂。

【毒性】

低毒。大鼠急性口服 $LD_{50}>2\,000$ mg/kg，大鼠急性经皮 $LD_{50}>2\,000$ mg/kg，大鼠急性吸入毒性 LC_{50}（4 h）>2.61 mg/L。对兔皮肤无刺激，对眼睛轻微刺激，可能导致皮肤致敏。Ames 试验、染色体畸变试验、细胞突变试验、微核细胞试验均为阴性。虹鳟鱼 LC_{50}（96 h）0.307 mg/L。水蚤急性毒性 EC_{50}（48 h）0.288 mg/L，水藻生长抑制 EC_{50}（48 h）>2.03 mg/L，蜜蜂（接触或经口）$LD_{50}>100\mu g$/只。做对鱼高毒，对蜜蜂低毒。

【防除对象】

用于移栽和直播稻田除草，可防除水稻田大多数一年生禾本科杂草，如稗草、千金子、马唐和牛筋草等。

【使用方法】

水稻直播田除草，必须在禾本科杂草齐苗后施药。防治水稻田千金子和稗草，每 667 m² 使用 10%噁唑酰草胺乳油 70～80 mL，在稗草、千金子 2～6 叶期均可使用，以 3～5 叶期为最佳，尽量避免过早或过晚施药，每 667 m² 对水 30～45 kg 均匀喷雾，确保打匀打透。随着草龄、密度增大，适当增加用水量。施药前排干田水，均匀喷雾，药后 1 d 复水，深度以不淹没稻心为宜，保持水层 3～5 d。

【注意事项】

（1）该药不能与吡嘧磺隆、苄嘧磺隆等混用，以免降低药效。

（2）避免中午相对湿度低时施药，以防水稻产生药害。

（3）该药对鱼类等水生生物有毒，需远离水产养殖区施药。并避免其污染地表水、鱼塘和沟渠等。

（4）本产品对赤眼蜂高风险，施药时需注意保护天敌生物。

【主要制剂和生产企业】

10%乳油、10%可湿性粉剂。

江苏省苏州富美实植物保护剂有限公司、美国富美实公司。

第 B 组　乙酰乳酸合成酶抑制剂

苄　嘧　磺　隆

（bensulfuron - methyl）

【曾用名】

农得时、稻无草。

【理化性质】

原药为白色略带浅黄色无嗅固体，纯品为白色固体，相对密度 1.410，熔点 185～188 ℃，蒸气压（25 ℃）2.8×10^{-12} Pa。溶解度（20 ℃，g/L）：水 6.7×10^{-2}（pH7，25 ℃）；二氯甲烷 11.7、乙腈 5.38、乙酸乙酯 1.66、丙酮 1.38、二甲苯 0.28。稳定性：在微碱性（pH8）水溶液、乙酸乙酯、二氯甲烷、乙腈和丙酮中最稳定，在酸性水溶液中缓慢降解，在甲醇中可能分解。

【毒性】

微毒。大鼠急性经口 $LD_{50} > 5\,000$ mg/kg，大鼠急性吸入 $LC_{50} > 7.5$ mg/L。在试验条件下，对动物试验未见致畸、致癌、致突变作用。黏土中半衰期 4～20 周，水中半衰期 4～6 d。对鱼类、鸟、蜜蜂低毒。虹鳟鱼 LC_{50}（96 h）50 mg/L，蓝鳃翻车鱼 LC_{50}（96 h）>150 mg/L，鲤鱼 LC_{50}（48 h）$>1\,000$ mg/L；水蚤 LC_{50}（48 h）>100 mg/L。蜜蜂经口 $LD_{50} > 12.5$ μg/只。

【防除对象】

本品是选择性内吸传导型除草剂。药剂在水中迅速扩散，经杂草根部和叶片吸收后转移到其他部位，阻碍支链氨基酸生物合成，敏感杂草生长机能受阻、幼嫩组织过早发黄，抑制叶部、根部生长。适用于稻田防除阔叶杂草，如鸭舌草、眼子菜、节节菜、陌上菜、野慈姑等。对牛毛毡、异型莎草、水莎草、碎米莎草、萤蔺等莎草科杂草也有控制效果。

【使用方法】

水稻秧田和直播田：每 667 m² 使用 10％苄嘧磺隆可湿性粉剂 20～30 g，对水 30 L 喷雾或混细潮土 20 kg 撒施，在水稻播种后至杂草 2 叶期以内均可施药。

水稻移栽田：水稻移栽后 5～7 d，每 667 m² 使用 10％苄嘧磺隆可湿性粉剂 20～30 g，对水 30 kg 喷雾或混细潮土 20 kg 撒施。施药后保持 3～5 cm 浅水层 7～10 d。

水稻抛秧田：水稻抛秧后 5～7 d，每 667 m² 使用 10％苄嘧磺隆可湿性粉剂 15～20 g，对水 30 L 喷雾或混细潮土 20 kg 撒施。施药时保持浅水层使杂草露出水面，施药后保持 3～5 cm 水层 7～10 d。

【注意事项】

（1）苄嘧磺隆适用于阔叶杂草及莎草科杂草占优势、稗草少的地块。

（2）该药不能与碱性物质混用，以免药剂分解影响药效。

（3）该药可与除稗剂混用扩大杀草谱，但不得与氰氟草酯混用，两者施用间隔期至少 10 d。

（4）与后茬作物安全间隔期：南方地区 80 d，北方地区 90 d。

【主要制剂和生产企业】

10％、30％可湿性粉剂，30％、60％水分散粒剂。

江苏常隆化工有限公司、安徽华星化工股份有限公司、吉林省八达农药有限公司、上海杜邦农化有限公司等。

<h2 style="text-align:center">吡 嘧 磺 隆</h2>

（pyrazosulfuron - ethyl）

【曾用名】

草克星。

【理化性质】

原药灰白色结晶体,相对密度 1.44 (20 ℃),熔点 181~182 ℃,蒸气压 4.2×10⁻⁸ Pa (25 ℃)。溶解度 (20 ℃, g/L):水 0.01、丙酮 33.7、氯仿 200、正己烷 0.0185、甲醇 4.32。正常条件下储存稳定,pH7 时相对稳定,在酸、碱介质中不稳定。

【毒性】

低毒。原药大鼠急性经口 LD$_{50}$>5 000 mg/kg,大鼠急性经皮 LD$_{50}$>2 000 mg/kg,大鼠急性吸入 LC$_{50}$>3.9 mg/L。对兔皮肤和眼睛无刺激作用。在试验剂量内,对动物无致畸、致突变、致癌作用。小鼠饲喂试验无作用剂量 [78 周,mg/(kg·d)]:4.3。对鸟、鱼、蜜蜂无毒。虹鳟鱼 LC$_{50}$ (96 h) >180 mg/L,水蚤 EC$_{50}$>700 mg/L,蜜蜂 LD$_{50}$>100μg/只 (接触)。

【防除对象】

本品是选择性内吸传导型除草剂,有效成分可在水中迅速扩散,被杂草的根部吸收后传导到植株体内,阻碍支链氨基酸的合成,迅速地抑制杂草茎叶部的生长和根部的伸展,然后完全枯死。对水稻安全。对水稻田阔叶杂草,如鸭舌草、眼子菜、节节菜、陌上菜、野慈姑、水芹、泽泻、鳢肠等。对异型莎草、水莎草、碎米莎草、萤蔺等莎草科杂草也有控制效果。

【使用方法】

秧田和水直播田:水稻播种后 5~20 d,每 667 m² 用 10％吡嘧磺隆可湿性粉剂 10~20 g,混土 20 kg 均匀撒施或对水 30 L 茎叶喷雾施药。药土法施药时田间须有浅水层,保水 3~5 d。

移栽田:水稻移栽后 5~7 d,每 667 m² 用 10％吡嘧磺隆可湿性粉剂 15~20 g,混土 20 kg 均匀撒施或对水 30 L 茎叶喷雾施药。施药后保持 3~5 cm 浅水层 7~10 d。

抛秧田:水稻抛秧后 5~7 d,稗草 1 叶 1 心期,每 667 m² 用 10％吡嘧磺隆可湿性粉剂 10~20 g,混土 20 kg 均匀撒施或对水 30 L 茎叶喷雾施药。施药时保持浅水层,使杂草露出水面,施药后保持 3~5 cm 水层 5~7 d。

【注意事项】

(1) 可与除稗剂混用扩大杀草谱,但不得与氰氟草酯混用,两者施用间隔期至少 10 d。

(2) 不能与碱性物质混用,以免分解失效。

(3) 不同水稻品种的耐药性有差异,早籼品种安全性好,晚稻品种相对敏感,应尽量避免在晚稻芽期施用,否则易产生药害。

【主要制剂和生产企业】

20％、10％、7.5％可湿性粉剂。

安徽佳田森农药化工有限公司、山东乐邦化学品有限公司、河北宣化农药有限责任公司、日本日产化学工业株式会社等。

氯 吡 嘧 磺 隆

（halosulfuron – methyl）

【曾用名】

香附净。

【理化性质】

纯品为白色粉末状固体。相对密度 1.684（25 ℃），熔点 175.5～177.2 ℃，蒸气压 $<1.0\times10^{-5}$ Pa（25 ℃）。溶解度（20 ℃，g/L）：水 0.015（pH5）、1.65（pH7）；甲醇 1.62。

【毒性】

低毒。大鼠急性经口 LD_{50} 8 866 mg/kg，大鼠急性经皮 $LD_{50}>2\,000$ mg/kg，大鼠急性吸入 LC_{50}（4 h）>6.0 mg/L。对兔眼睛有轻微刺激，对兔皮肤无刺激。对鱼、蜜蜂、鸟低毒。LC_{50}（96 h，mg/L）：蓝鳃翻车鱼 >118，虹鳟鱼 >131。蜜蜂 $LD_{50}>100\mu g$/只（接触）。

【防除对象】

氯吡嘧磺隆能抑制植物体内支链氨基酸亮氨酸、异亮氨酸、缬氨酸的生物合成，从而抑制细胞分裂，导致杂草死亡。主要用于防除阔叶杂草和莎科杂草，如豚草、反枝苋、龙葵、决明、香附子等。

【使用方法】

一般在水稻 1～3 叶期使用，每 667 m² 使用 25% 氯吡嘧磺隆可湿性粉剂 15～20 g 拌毒土撒施，也可对水喷雾，药后保持水层 3～5 d。移栽田，在移栽后 3～20 d 用药，药后保水 5～7 d。

【注意事项】

（1）该药活性高，用药量低，必须准确称量。

（2）该药对禾本科杂草无效，应与防除禾本科杂草的除草剂混用。

（3）属长残留农药，后茬作物谨慎种植。

【主要制剂和生产企业】

75％水分散粒剂，50％、25％可湿性粉剂。

日本日产化学工业株式会社、江苏省激素研究所股份有限公司。

乙 氧 磺 隆
（ethoxysulfuron）

【曾用名】

太阳星。

【理化性质】

纯品为白色至粉色粉状固体，密度 1.48，熔点 141～147 ℃，蒸气压 $6.6×10^{-5}$ Pa。溶解度（g/L，20 ℃）：正己烷 0.006 8、甲苯 2.5、丙酮 36、二氯甲烷 107、甲醇 7.7、异丙醇 1.0、乙酸乙酯 14.1、二甲亚砜＞500、水 0.026（pH5）、1.353（pH7）。

【毒性】

低毒。大白鼠急性经口 LD_{50}＞3 270 mg/kg，大鼠急性经皮 LD_{50}＞4 000 mg/kg，大鼠急性吸入 LC_{50}（4 h）＞6.0 mg/L。对兔的眼睛和皮肤均无刺激作用，无致突变性。

【防除对象】

选择性内吸、传导型除草剂。乙氧磺隆为支链氨基酸合成抑制剂，能通过阻断缬氨酸和异亮氨酸等的生物合成，从而阻止细胞分裂和植物生长。该药具有土壤处理及茎叶处理效果。在土壤中残留期短。具有很好的选择性，用于防除水稻田泽泻、鸭舌草、矮慈姑、节节菜、耳叶水苋、异型莎草、碎米莎草、萤蔺、野荸荠等。

【使用方法】

1. 我国南方稻区（长江流域）：移栽、抛秧稻田：水稻移栽后 3～6 d，每 667 m^2 使用 15％乙氧磺隆水分散粒剂 5～9 g；直播稻田、秧田：每 667 m^2 使用 15％乙氧磺隆水分散粒剂 7～15 g。

2. 我国北方稻区（长江以北、东北）：移栽、抛秧稻田：移栽后 4～10 d，每 667 m^2 使用 15％乙氧磺隆水分散粒剂 5～7 g（长江流域），或 15％乙氧磺隆水分散粒剂 7～14 g（东北地区和华北地区）；直播稻田、秧田：每 667 m^2

使用 15％乙氧磺隆水分散粒剂 6～9 g（长江流域），或 15％乙氧磺隆水分散粒剂 10～15 g（东北地区和华北地区）。

以上每 667 m² 用药量，先用少量水溶解，稀释后再与细沙土混拌均匀，撒施到 3～5 cm 水层的稻田中。每 667 m² 用细沙土 10～20 kg 或混用适量化肥撒施也可。施药后保持浅水层 7～10 d，只灌不排，保持药效。喷雾法施药时，插秧田、抛秧田对水稻移栽后 10～20 d 或直播稻田稻秧苗 2～4 片叶时，每 667 m² 对水 10～25 kg，在稻田排水后进行喷雾茎叶处理，喷药后 2 d 恢复常规水层管理。

【注意事项】

（1）对大龄杂草效果一般，对幼草效果好，建议可作为苗前封闭处理及杂草小时茎叶处理，不推荐在大龄草上使用。

（2）作用速度较慢，杂草死亡要 7～15 d 左右，故不急于补救施药。

（3）碱性土壤稻田采用推荐剂量的下限，以免产生药害。

（4）当稗草等禾本科杂草与阔叶杂草、莎草均有发生时，该药可与二氯喹啉酸、丙炔噁草酮、丁草胺等杀稗剂混用。

（5）该药对水生藻类有毒，需远离水产养殖区施药。并避免其污染地表水、鱼塘和沟渠等。

【主要制剂和生产企业】

15％水分散粒剂。

江苏江南农化有限公司、拜耳作物科学（中国）有限公司。

嗪吡嘧磺隆

(metazosulfuron)

【曾用名】

安达星。

【理化性质】

本品为白色粉末。熔点 176～178 ℃。蒸气压（25 ℃）：7.0×10^{-5} Pa。溶解度（mg/L）：水 0.015（pH4）、8.1（pH7）、7.7（pH9）。在充斥有氧土壤中的半衰期 DT_{50} 39.3 d，在水中半衰期 DT_{50} 196.2 d（pH7，25℃）。

【毒性】

低毒。大鼠急性经口 LD_{50} ＞2 000 mg/kg，大鼠急性经皮 LD_{50} ＞2 000 mg/kg，大鼠吸入 LC_{50} （4 h）＞5.05 mg/L。

【防除对象】

嗪吡嘧磺隆是磺酰脲类除草剂，支链氨基酸合成抑制剂，在植物中的作用机理是抑制缬氨酸、亮氨酸、异亮氨酸的生物合成，从而使细胞分裂受阻，抑制植物生长。主要用于防除水稻田常见一年生杂草、例如稗草、鸭舌草、陌上菜、异型莎草等。

【使用方法】

水稻移栽田：每 667 m² 使用 33％嗪吡嘧磺隆水分散粒剂 18～24 g，混细潮土 20 kg 撒施，水稻移栽后 5～7 d、缓苗后、杂草 2 叶期前施药为宜。

【注意事项】

(1) 嗪吡嘧磺隆对幼龄杂草的防除效果好，大龄杂草防除效果差。

(2) 沙质土或漏水田应避免使用。

(3) 对稻花香系列等敏感品种需谨慎使用。

【主要制剂和生产企业】

33％水分散粒剂。

日本日产化学工业株式会社。

五 氟 磺 草 胺

（penoxsulam）

【曾用名】

稻杰。

【理化性质】

本品为白色固体，相对密度 1.61 （20 ℃），熔点 212 ℃，蒸气压 2.49×10^{-14} Pa （20 ℃）、9.55×10^{-14} Pa （25 ℃）。溶解度 （mg/L，19 ℃）：水 5.7 （pH5）、410 （pH7）、1 460 （pH9）。稳定性：在 pH5～9 的水中稳定。

【毒性】

低毒。大鼠急性经口 LD_{50} ＞5 000 mg/kg，大鼠急性吸入 LC_{50} （4 h）＞

3.5 mg/L，对兔眼睛和皮肤有极轻微刺激性。对豚鼠皮肤无致敏性。亚慢性饲喂试验无作用剂量 ［90 d，mg/（kg·d）］：雄大鼠 17.8、雌大鼠 19.9。无致突变性。对鱼、蜜蜂、鸟低毒，对家蚕中等毒。

【防除对象】

选择性内吸、传导型除草剂，经杂草的茎叶、幼芽及根系吸收，通过木质部和韧皮部传导至分生组织，抑制植物体内乙酰乳酸合成酶，使支链氨基酸（亮氨酸、缬氨酸、异亮氨酸）生物合成停止，蛋白质合成受阻，植株生长停滞，生长点失绿，处理后 7～14 d 顶芽变红、坏死，2～4 周植株死亡。本剂为强乙酰乳酸合成酶抑制剂，药效呈现较慢，需一定时间杂草才逐渐死亡。可有效防除稗草、鳢肠、雨久花、狼把草、鸭舌草、陌上菜、节节菜、异型莎草、碎米莎草等一年生禾草、莎草和阔叶草。

【使用方法】

秧田除草：在稗草 1.5～2.5 叶期，每 667 m² 使用 25 g/L 五氟磺草胺可分散油悬浮剂 33～47 mL，对水 30 L 茎叶喷雾。

移栽田除草：在稗草 2～3 叶期，每 667 m² 使用 25 g/L 五氟磺草胺可分散油悬浮剂 40～80 mL，对水 30 L 茎叶喷雾。施药前排干田水，使杂草茎叶 2/3 以上露出水面，施药后 1～2 d 灌水，保持 3～5 cm 水层 5～7 d。

【注意事项】

（1）高温会降低药效，施药时应避开高温尤其是中午时间。

（2）低温、渗透性强的田块慎用。

（3）对水生生物有毒，需远离水产养殖区施药。应避免其污染地表水、鱼塘和沟渠等。

【主要制剂和生产企业】

25 g/L 可分散油悬浮剂、240 g/L 悬浮剂。

美国陶氏益农公司。

<h2 style="text-align:center">氟 酮 磺 草 胺</h2>

（triafamone）

【曾用名】

垦收。

【理化性质】

纯品为白色粉末。熔点 105.6 ℃，蒸气压 6.4×10^{-6} Pa（20 ℃），相对密度 1.084。溶解度（mg/L，20 ℃）：水 41（pH 6.8）。

【毒性】

低毒。急性经口 LD_{50}（大鼠）$>2\,000$ mg/kg；急性经皮 LD_{50}（大鼠）$>2\,000$ mg/kg。对鱼、水蚤、蜜蜂、家蚕为低毒，对赤眼蜂为低风险。

【防除对象】

氟酮磺草胺为乙酰乳酸合成酶抑制剂，阻止缬氨酸、亮氨酸、异亮氨酸的生物合成，抑制细胞分裂。以根系、幼芽吸收为主，兼具茎叶吸收除草活性。对 3 叶期及以下稗草有较好防效，具有"连封带杀"功能。芽前或芽后早期使用，可有效防除稗草、双穗雀稗、扁秆藨草、一年生莎草等；对丁香蓼、慈姑、醴肠、眼子菜、狼把草、水莎草等阔叶杂草和多年生莎草也有较好的抑制作用。

【使用方法】

防治水稻移栽田一年生杂草，每 667 m^2 用 19%氟酮磺草胺悬浮剂 8.4～12.6 mL，对毒土撒施，施药一次，施药前及施药后 7～10 d 保持 3～5 cm 水层，之后正常田间管理。

【注意事项】

（1）本品为磺酰胺类除草剂，建议与其他作用机制不同的除草剂轮换使用。

（2）不可与长残效除草剂混用，以免药害和药效不佳。

（3）用药后保持 3～5 cm 水层 7 d 以上，只灌不排，不窜水，水层勿淹没水稻心叶以避免药害。

（4）病弱苗、浅根苗及盐碱地、漏水田、已遭受或药后 5 d 内易遭受冻涝害等胁迫田块，不宜施用。

【主要制剂和生产企业】

19%悬浮剂。

拜耳作物科学（中国）有限公司。

双 草 醚
（bispyribac‑sodium）

【曾用名】

农美利。

【理化性质】

本品为白色粉末，相对密度 0.073 7(20 ℃)，熔点 223～224 ℃，蒸气压 (25 ℃)：5.05×10^{-9} Pa。溶解度 （25 ℃，g/L）：水 73.3；甲醇 26.3、丙酮 0.043。稳定性：在水中半衰期＞1 年 （pH 7 或 9）、448 h （pH 4）。

【毒性】

低毒。大鼠急性经口 LD_{50} 为 4 111 mg/kg （雄）、2 635 mg/kg （雌），大鼠急性经皮 LD_{50}＞2 000 mg/kg，大鼠急性吸入 LC_{50} （4 h） 4.48 mg/L。对兔眼睛有轻微刺激。无致畸、致突变、致癌作用。对鱼、蜜蜂、鸟低毒。虹鳟鱼和蓝鳃翻车鱼 LC_{50} （96 h）＞100 mg/L，蜜蜂经口 LD_{50}＞200 μg/只。

【防除对象】

属于嘧啶水杨酸类除草剂，是高活性的乙酰乳酸合成酶抑制剂。本品施用后能很快被杂草的茎叶吸收，并传导至整个植株，通过阻止支链氨基酸（亮氨酸、缬氨酸、异亮氨酸）的生物合成，抑制植物分生组织生长，从而杀死杂草。能有效防除稻田稗草及其他禾本科杂草，兼治某些阔叶杂草及莎草科杂草，如稗草、双穗雀稗、马唐、鸭舌草、雨久花、野慈姑、泽泻、眼子菜、牛毛毡、节节菜、陌上菜、水竹叶、日照飘拂草、异型莎草、碎米莎草等。

【使用方法】

直播田除草，在水稻 5 叶期后，稗草 2～3 叶期，每 667 m^2 用 100 g/L 双草醚悬浮剂 15～20 mL （南方），或 20～25 mL （北方），对水 30 L 茎叶喷雾。喷药后 1～2 d 灌浅水层，保水 4～5 d。

【注意事项】

（1）粳稻品种喷施本品后有叶片发黄现象，4～5 d 即可恢复，不影响产量。

（2）低温、苗弱慎用。

（3）本品使用时加入有机硅助剂可提高药效。

【主要制剂和生产企业】

100 g/L 悬浮剂、20%可湿性粉剂等。

日本组合化学工业株式会社、江苏省激素研究所股份有限公司、浙江天丰生物科学有限公司、合肥星宇化学有限责任公司等。

嘧啶肟草醚
（pyribenzoxim）

【曾用名】

韩乐天。

【理化性质】

纯品为无嗅白色固体。熔点 128～130 ℃。蒸气压（20 ℃）$<7.4×10^{-6}$ Pa。溶解度（25 ℃，g/L）：水 0.003 5；丙酮 1.63、己烷 0.4、甲苯 110.8。

【毒性】

低毒。大鼠急性经口 $LD_{50}>5\ 000$ mg/kg，大鼠急性经皮 $LD_{50}>2\ 000$ mg/kg。大鼠亚慢性试验无作用剂量（90 d）$>2\ 000$ mg/(kg·d)。对兔皮肤和眼睛无刺激。无致畸、致突变、致癌作用。对鱼、鸟、蜂、蚕低毒。鸟 LC_{50}（4 d）>100 mg/kg（饲料），蜜蜂 LD_{50}（24 h）$>100 \mu$g/只，家蚕 LD_{50}（24 h）$>$ 10 000 mg/kg。

【防除对象】

该药被植物茎叶吸收后，传导至整个植株，抑制乙酰乳酸合成酶，影响支链氨基酸（亮氨酸、缬氨酸、异亮氨酸）的生物合成，使蛋白质合成受阻，施药后杂草停止生长，两周后开始死亡。用药适期较宽，对 1.5～6.5 叶期稗草均有效，无芽前除草活性。能有效防除水稻田稗属杂草、双穗雀稗、稻李氏禾、眼子菜、鸭舌草、丁香蓼、异型莎草等。对千金子防效较差。

【使用方法】

直播田、移栽田除草：水稻 2～3 叶期，杂草 2～5 叶期，每 667 m² 用 5% 嘧啶肟草醚乳油 40～50 mL（南方地区），或 50～60 mL（北方地区），对水 30 L 茎叶喷雾。施药前排干田水，施药后 1～2 d 灌薄水层 3～5 cm，保水 5～7 d。

【注意事项】

（1）低温条件施药，水稻会出现黄叶、生长受抑制，1 d 后可恢复正常生长，一般不影响产量。施药过量，影响水稻分蘖及产量。

（2）不能与敌稗、灭草松等触杀型药剂混用。

【主要制剂和生产企业】

5%乳油。

韩国 LG 生命科学有限公司、东部福阿母韩农（黑龙江）化工有限公司。

环 酯 草 醚
（pyriftalid）

【理化性质】

本品为浅褐色细粉末，熔点 163 ℃。在 300 ℃时开始热分解，蒸气压（25 ℃）：2.2×10^{-8} Pa。溶解度（25 ℃，g/L）：水 1.8×10^{-3}；二氯甲烷 99、丙酮 14、乙酸乙酯 6.1、甲苯 4.0、甲醇 1.4、辛醇 400、乙烷 30。在土壤中残留时间为 38 d。

【毒性】

低毒。大鼠急性经口 LD_{50} ＞5 000 mg/kg，大鼠急性经皮 LD_{50} ＞2 000 mg/kg，大鼠急性吸入 LC_{50} ＞5 540 mg/m³。对兔皮肤、眼睛无刺激性；大鼠亚慢性试验无作用剂量［90 d，mg/（kg·d）］：雄大鼠 23.8，雌大鼠 25.5。四项致突变试验：Ames 试验、小鼠骨髓细胞微核试验、体内 UDS 试验、体外哺乳动物细胞染色体畸变试验均为阴性，未见致突变作用。对鱼、鸟类、蜜蜂、家蚕、蚯蚓低毒。鹌鹑 LD_{50} ＞2 000 mg/kg，蜜蜂 LD_{50}（48 h）＞138 μg/只（经口），家蚕 LC_{50}（96 h）＞1 250 mg/kg（饲料）。

【防除对象】

在水稻田，环酯草醚被杂草根尖吸收，少部分被杂草叶片吸收，迅速由根部转运到植株其他部位，抑制乙酰乳酸合成酶的合成。该药显效较快，药后几天即可看到效果，杂草受药后 10～21 d 内死亡。由于水稻根部处于含除草剂的土层下面，加上环酯草醚在水稻植株里的代谢比在稗草体内快，因此，具有很好的选择性。对移栽水稻田的稗草、千金子防除效果较好，对丁香蓼、碎米莎草、牛毛毡、节节菜、鸭舌草等阔叶杂草和莎草有一定的效果。

【使用方法】

水稻移栽后 5～7 d，杂草 2～3 叶期（稗草 2 叶期前），每 667 m² 用 24.3% 环酯草醚悬浮剂 50～80 mL，对水 30 L 茎叶喷雾。施药前一天排干田水，施药后 1～2 d 灌薄水层 3～5 cm，保水 5～7 d。

【注意事项】

（1）仅限用于南方移栽水稻田的杂草防除。

（2）环酯草醚对低龄禾本科杂草有效，对 3 叶期前稗草有特效，要严守施药时间。

【主要制剂和生产企业】

24.3%、250 g/L 悬浮剂。

瑞士先正达作物保护有限公司。

第 C 组　光系统 Ⅱ 抑制剂

扑　草　净

（prometryn）

【曾用名】

扑蔓尽、割草佳、扑灭通。

【理化性质】

白色结晶，熔点 118～120 ℃，蒸气压 1.6×10^{-4} Pa（25 ℃），相对密度 1.157（20 ℃），油水分配系数 3.1（25 ℃）。溶解度（25 ℃，g/L）：水 0.033；丙酮 300、乙醇 140、己烷 6.3、甲苯 200、正辛醇 110。稳定性：弱酸和弱碱性介质中稳定，遇加热的酸或碱水解；遇紫外光分解。

【毒性】

低毒。大鼠急性经口 LD_{50} 4 786 mg/kg，大鼠急性吸入 LC_{50}（4 h）>5.17 mg/L。对兔眼睛有轻微刺激性，对兔皮肤无刺激性，对豚鼠皮肤无致敏性。饲喂试验无作用剂量 [mg/（kg·d）]：大鼠 750（2 年）、狗 150（2 年）、小鼠 10（21 个月）。对鱼、蜜蜂、鸟低毒。虹鳟鱼 LC_{50}（96 h）：5.5 mg/L，蜜蜂 LD_{50} >99 μg/只（经口），

蚯蚓 LC_{50}（14 d）＞153 mg/kg（土壤）。

【防除对象】

选择性内吸、传导型除草剂。可从根部吸收，也可从茎叶渗入体内，运输至叶片抑制杂草光合作用，受害杂草失绿、逐渐干枯死亡。其选择性与植物生态和生化反应的差异有关，对刚萌发的杂草防效最好。扑草净水溶性较低，施药后可被土壤黏粒吸附在 0～5 cm 水田表土中，形成药层，杂草萌发出土时接触药剂而受害。该药持效期 20～70 d，旱地较水田长，黏土比沙壤土长。可防除水稻田眼子菜、四叶萍、藻类、牛毛毡、异型莎草等，对稗、鸭舌草也有控制效果。

【使用方法】

水稻移栽田：防除一般阔叶杂草，在水稻移栽后 5～7 d，每 667 m² 使用 50％扑草净可湿性粉剂 20～40 g，拌 20 kg 毒土撒施；防除眼子菜和莎草，应在水稻插秧后眼子菜叶片由红转绿时，每 667 m² 使用 50％扑草净可湿性粉剂 30～40 g（南方），或 80～120 g（北方），拌 20 kg 毒土撒施。施药后保持水层 3～5 cm，保水 7 d 以上，保水期间不得下田作业。

【注意事项】

（1）该药在稻田只能作土壤处理，茎叶处理易产生药害，药效不佳。

（2）该药有一定水溶性，在土壤中可逐步移动至下层，沙质土不宜使用。

（3）有机质含量少的沙质土、盐碱土及较强的酸性土使用易发生药害。

（4）气温超过 30 ℃易产生药害。稻苗 2～3 叶期抗药性强，在出苗前到 1 叶期抗药力弱，易产生药害。

【主要制剂和生产企业】

50％、40％、25％可湿性粉剂，50％悬浮剂，25％泡腾颗粒剂。

浙江省长兴第一化工有限公司、山东滨农科技有限公司、陕西汤普森生物科技有限公司、吉林省吉林市新民农药有限公司等。

西 草 净

（simetryn）

【理化性质】

纯品为白色结晶，熔点 81～82.5 ℃，蒸气压 9.4×10^{-5} Pa（20 ℃）。溶解度

（g/L，20 ℃）：水 0.428、甲醇 380、丙酮 400、甲苯 300、二氯甲烷 1 422、正己烷 5、乙酸乙酯 657。常温下储存 2 年，在强酸、强碱以及高温条件下易分解。

【毒性】

低毒。大鼠急性经口 LD_{50} 750～1 195 mg/kg，大鼠急性经皮 LD_{50} >3 200 mg/kg。对兔皮肤和眼睛无刺激性。

【防除对象】

选择性内吸、传导型除草剂。可经植物根部及茎叶吸收，运输至绿色叶片内抑制光合作用希尔反应，影响糖类合成和淀粉积累。稻田防除眼子菜有特效，对稗草、牛毛毡有较好防除效果。

【使用方法】

水稻移栽田：水稻移栽后 12～18 d，每 667 m² 用 25％西草净可湿性粉剂100～200 g，混细潮土 20 kg 左右，均匀撒施。施药时保持水层 3～5 cm，保水5～7 d。防除眼子菜时，可在水稻插秧后 20～30 d，眼子菜叶片由红转绿时，每667 m² 用 25％西草净可湿性粉剂 100～150 g（南方地区）或 150～200 g（北方地区），毒土法施药。施药时保持水层 3～5 cm，保水 7 d 以上。

【注意事项】

（1）根据杂草基数，选择合适的施药时间和用药剂量。田间以稗草及阔叶草为主，施药应适当提早，于秧苗返青后施药。但小苗、弱苗易产生药害，最好与除稗草剂混用以减低用量。

（2）用药量要准确，避免重施。喷雾法不安全，应采用毒土法，撒药均匀。

（3）有机质含量少的沙质土、低洼排水不良地及重碱或强酸性土使用，易发生药害，不宜使用。

（4）用药时温度应在 30 ℃以下，超过 30 ℃易产生药害。

【主要制剂和生产企业】

13％乳油、25％可湿性粉剂。

浙江省长兴第一化工有限公司、山东滨农科技有限公司、辽宁正诺生物技术有限公司、吉林金秋农药有限公司、吉林省吉林市新民农药有限公司等。

敌 稗

（propanil）

【曾用名】

斯达姆。

【理化性质】

本品为白色针状结晶，相对密度1.41（22℃），熔点91.5℃，蒸气压5×10^{-5}Pa（25℃），油水分配系数3.3（20℃）。溶解度（g/L，20℃）：水0.13、异丙醇和二氯甲烷＞200、甲苯50～100、苯70、丙酮1700、乙醇1100。在强酸或强碱介质中分解为3,4-二氯苯胺和丙酸，一般条件下稳定，日光下在水中迅速降解，DT_{50}（光解）12～13 h。

【毒性】

低毒。大鼠急性经口LD_{50}＞2 500 mg/kg，大鼠急性经皮LD_{50}＞5 000 mg/kg，大鼠急性吸入LC_{50}（4 h）＞1.25 mg/L。对兔皮肤和眼睛无刺激性，对豚鼠皮肤无致敏性。饲喂试验无作用剂量［2年，mg/（kg·d）］：大鼠400、狗600。在试验剂量内无致突变和致癌作用。对鱼、鸟低毒。野鸭急性经口LD_{50} 375 mg/kg，山齿鹑急性经口LD_{50} 196 mg/kg。

【防除对象】

选择性触杀型除草剂，在植物体内几乎不传导，只在药剂接触部位起触杀作用。该药是光系统Ⅱ抑制剂，破坏植物光合作用的电子传递，另外还抑制呼吸作用的氧化磷酸化，改变膜透性，干扰核酸与蛋白质合成等，从而使敏感植物的生理机能受到影响，杂草受害后叶片失水加速，逐渐干枯、死亡。该药在水稻体内被芳基羧基酰胺酶分解成无毒物质。敌稗在土壤中很快分解失效，仅宜用作茎叶处理剂。主要用于秧田或直播田，是防除稗草的特效药，也可用于防除其他多种禾本科和双子叶杂草，如鸭舌草、水芹、雨久花、泽泻、野慈姑、牛毛毡等，对四叶萍、野荸荠、眼子菜等基本无效。

【使用方法】

水稻移栽后稗草1叶1心至2叶1心期，每667 m^2使用34%敌稗乳油589～882 mL，对水20～30 L，茎叶喷雾。喷药前一天排干田水，喷药后24 h灌水，保水2～4 d，水层高度以不淹没水稻心叶为准。

【注意事项】

（1）不能与仲丁威、异丙威、甲萘威等氨基甲酸酯类农药和马拉硫磷、敌百虫等有机磷农药混用，以免产生药害。喷敌稗前后10 d内也不能喷上述药剂。敌稗也不能与2,4-滴丁酯混用。

（2）可与多种除草剂混用，如2甲4氯、丁草胺等，扩大杀草谱。

（3）该药杀除稗草最适时期为2叶期，待稗草长至3～4片真叶施药防效变差。

（4）粳稻对敌稗的抗药力较强，糯稻次之，籼稻较差，施药时应注意水稻安全性。另外，受寒、有毒物质伤害、生长较弱的稻田不宜使用该药。

【主要制剂和生产企业】

34%、16%乳油。

山东潍坊润丰化工股份有限公司、辽宁省沈阳丰收农药有限公司等。

灭 草 松

（bentazone）

【曾用名】

排草丹、苯达松。

【理化性质】

白色结晶，相对密度 1.41（20℃），熔点 137～139℃，蒸气压 $1.7×10^{-4}$ Pa（20℃）。溶解度（20℃，g/L）：水 0.57；丙酮 1387、苯 33、乙酸乙酯 582、乙醚 616、二氯甲烷 206、乙醇 801。在酸、碱介质中稳定，日光下分解。

【毒性】

低毒。大鼠急性经口 LD_{50} ＞1 000 mg/kg，大鼠急性经皮 LD_{50} ＞2 500 mg/kg，大鼠急性吸入 LC_{50}（4 h）＞5.1 mg/L。对兔眼睛和皮肤有中度刺激性。饲喂试验无作用剂量〔mg/（kg·d）〕：大鼠 10（2 年）、25（90 d），狗 13.1（1 年）。试验条件下未见致畸、致突变、致癌作用。对鱼、蜜蜂、鸟低毒。水蚤 LC_{50}（48 h）125 mg/L，水藻 EC_{50}（72 h）47.3 mg/L，蜜蜂经口 LD_{50}＞100μg/只，蚯蚓 EC_{50}（14 d）＞1 000 mg/kg（土壤）。

【防除对象】

选择性触杀型茎叶处理剂。旱田条件下，药剂只通过杂草茎叶吸收，水田条件下，杂草茎叶和根吸收药剂后传导，影响光合作用和水分代谢，造成杂草营养饥饿、生理机能失调而死。有效成分在耐药作物体内代谢成活性弱的糖轭合物，对水稻安全。对一年生阔叶杂草和莎草科杂草有效，如刺儿菜、泽泻、鸭舌草、矮慈姑、牛毛草、萤蔺、水莎草、异型莎草、碎米莎草等，对禾本科杂草无效。

【使用方法】

移栽及直播田除草：水稻插秧后 20~30 d，或播种后 30~40 d，杂草 3~5 叶期，每 667 m² 用 480 g/L 灭草松水剂 150~200 g，对水 30 L 茎叶喷雾处理。施药前把田水排干，使杂草全部露出水面，选高温、无风晴天喷药，喷药后 1~2 d 再灌水入田，保水 5~7 d。

【注意事项】

（1）因本品以触杀作用为主，喷药时必须充分湿润杂草茎叶。

（2）药效发挥作用的最佳温度为 15~27 ℃，最佳相对湿度 65％以上。施药后 8 h 内应无雨。

（3）可与二氯喹啉酸、2 甲 4 氯、敌稗等混用，防除稗草、莎草科杂草和阔叶杂草。

（4）在干旱、水涝或气温大幅度波动的不利情况下使用灭草松，容易对作物造成伤害或无除草效果。

（5）对棉花、蔬菜等阔叶作物较为敏感，应避免接触。

【主要制剂和生产企业】

48％、25％水剂。

江苏绿利来股份有限公司、江苏剑牌农化股份有限公司、山东潍坊润丰化工股份有限公司、江苏省激素研究所股份有限公司等。

第 E 组　原卟啉原氧化酶抑制剂

乙　氧　氟　草　醚

（oxyfluorfen）

【曾用名】

果尔，割草醚。

【理化性质】

橘色结晶体，相对密度 1.35（73 ℃），熔点 85~90 ℃，沸点 358.2 ℃（分解），蒸气压（25 ℃）2.67×10^{-5} Pa。溶解度（20 ℃，g/L）：1.16×10^{-4} g/L（25 ℃），丙酮 725，氯仿 500~550，环己酮 615，二甲基甲酰胺＞500。在紫

外光照射下分解迅速；DT_{50} 3 d（室温）；50 ℃以下稳定。

【毒性】

低毒。大鼠急性经口 $LD_{50} > 5\,000$ mg/kg，兔急性经皮 $LD_{50} > 10\,000$ mg/kg，大鼠急性吸入 LC_{50}（4 h）> 5.4 mg/L。对兔眼睛有中度刺激性，对皮肤轻度刺激性。饲喂试验无作用剂量［2 年，mg/（kg·d）］：大鼠 40、小鼠 2、狗 100。试验剂量下未见致畸、致突变、致癌作用。对鱼和某些水生动物高毒。LC_{50}（mg/L）：虹鳟鱼 0.41、蓝鳃翻车鱼 0.2。蜜蜂（经口）$LD_{50} > 25.38\,\mu g/$只。对鸟类低毒。野鸭 LC_{50}（8 d）$> 5\,000$ mg/kg（饲料）；山齿鹑 $LD_{50} > 2\,150$ mg/kg。

【防除对象】

触杀型除草剂，在有光的情况下发挥除草作用。主要通过胚芽鞘、中胚轴进入植物体内，经根部吸收运输较少，并有极微量通过根部向上运输进入叶部。芽前和芽后早期施用效果最好，对种子萌发的杂草除草谱较广。在水田里，施入水层中后在 24 h 内沉降在土表，水溶性极低，移动性较小，施药后很快吸附于 0～3 cm 表土层中，不易垂直向下移动，三周内被土壤中的微生物分解成二氧化碳，在土壤中半衰期为 30 d 左右。能防除水稻田稗草、鸭舌草、节节菜、水苋菜、泽泻、千金子、异型莎草、碎米莎草等阔叶及莎草科杂草，但对多年生杂草只有抑制作用。

【使用方法】

水稻移栽后 5～7 d，在秧龄 30～35 d 以上，苗高 20 cm 以上，稗草芽期至 1.5 叶期，每 667 m² 使用 24 g/L 乙氧氟草醚乳油 15～20 mL，混毒土 20 kg 撒施，或加水 1.5～2 kg 稀释后装瓶，田间均匀甩施。应在露水干后施药，施药后保持 3～5 cm 浅水层 5～7 d。

【注意事项】

（1）该药为触杀型除草剂，施药时要均匀周到，不可重喷、漏喷。

（2）插秧田，露水干后药土法施用安全。

（3）气温低于 20 ℃，土温低于 15 ℃或秧苗过小、嫩弱或不健壮苗用药易出药害。

（4）施药后遇暴雨田间水层过深，需要排水，否则易出药害。

【主要制剂和生产企业】

240 g/L 乳油、2%颗粒剂。

美国陶氏杜邦公司、江苏绿利来股份有限公司、山东滨农科技有限公司、辽宁三征化学有限公司等。

噁草酮

（oxadiazon）

【曾用名】

农思它，噁草灵。

【理化性质】

白色固体，熔点 87 ℃，蒸气压 133.3×10^{-6} Pa（20 ℃）。溶解度（20 ℃，g/L）：水 7×10^{-4}；甲醇、乙醇约 100，环己烷 200，丁酮、四氯化碳约 600，甲苯、氯仿约 1 000。一般储存条件下稳定性良好，中性或酸性条件下稳定，碱性条件下不稳定。

【毒性】

低毒。大鼠急性经口 $LD_{50} > 5\ 000$ mg/kg，大鼠急性经皮 $LD_{50} > 2\ 000$ mg/kg，大鼠急性吸入 LC_{50}（4 h）> 2.77 mg/L。大鼠饲喂试验无作用剂量 10 mg/（kg·d）（2 年）。试验剂量下未见致突变性、致癌性。对鱼类毒性中等。LC_{50}（mg/L，96 h）：虹鳟鱼 1.2，鲤鱼 1.76。对蜜蜂、鸟低毒。蜜蜂（经口）$LD_{50} > 400 \mu g$/只，野鸭急性经口 $LD_{50} > 1\ 000$ mg/kg，山齿鹑急性经口 $LD_{50} > 2\ 150$ mg/kg。

【防除对象】

选择性芽前、芽后除草剂。主要经幼芽吸收，幼苗和根也能吸收，积累在生长旺盛的部位，抑制原卟啉原氧化酶的活性，在光照条件下，使杂草接触药剂部位的细胞组织及叶绿素遭到破坏，幼芽、叶片枯萎死亡。杂草萌芽至 2～3 叶期均对噁草酮敏感，以萌芽期施药效果最好，随杂草长大效果下降。水稻田施药后药液很快在水面扩散，迅速被土壤吸附，向下移动量较少。在土壤中代谢较慢，半衰期为 2～6 个月。适用于防除稗草、千金子、鸭舌草、水苋菜、陌上菜、异型莎草、牛毛毡等一年生禾本科和阔叶杂草。对多年生杂草无效。

【使用方法】

水稻移栽田除草：水稻移栽前，整地后趁水浑浊时，每 667 m² 用 25% 噁草酮乳油 65～100 mL（南方地区），或 120～150 mL（北方地区），对水 30～40 L 喷雾处理。施药时田间保持 3～5 cm 水层，不淹没稻苗心叶，施药后保水 2 d 以上。

【注意事项】

（1）水稻插秧后施药，弱苗、小苗、水层淹没心叶，都容易出现药害。秧田及水直播田使用催芽种子，易发生药害。

（2）旱田使用该药时，土壤润湿是药效发挥的关键。

（3）施药时应避免对周围蜂群的影响，蜜蜂花期禁用。远离水产养殖区施药，禁止在河塘等水体中清洗施药器具。

【主要制剂和生产企业】

12.5%、25%、120 g/L、250 g/L 乳油、30%微乳剂、380 g/L 悬浮剂、30%可湿性粉剂。

江苏龙灯化学有限公司、浙江嘉化集团股份有限公司、河北新兴化工有限责任公司、安徽科立华化工有限公司、德国拜耳作物科学公司等。

丙炔噁草酮

（oxadiargyl）

【曾用名】

稻思达。

【理化性质】

白色或米色粉状固体，相对密度 1.484（20 ℃），熔点 131 ℃，蒸气压（25 ℃）2.5×10^{-6} Pa。溶解度（g/L，20 ℃）：水 3.7×10^{-4}；丙酮 250、乙腈 94.6、二氯甲烷 500、乙酸乙酯 121.6、甲醇 14.7、正辛醇 3.5、甲苯 77.6。对光稳定，在 pH4、pH5 和 pH7 时对水解稳定。

【毒性】

低毒。大鼠急性经口 LD_{50}＞5 000 mg/kg，大鼠急性吸入 LC_{50}（4 h）＞5.16 mg/L。对兔皮肤无刺激性，对兔眼睛有轻度刺激性。无致突变性、致畸性。对鱼、蜜蜂、鸟低毒。虹鳟鱼 LC_{50}（96 h）＞201 mg/L，蜜蜂经口和接触 LD_{50}＞200μg/只。野鸭和鹌鹑饲喂 LC_{50}（8 d）＞5 200 mg/kg（饲料）。

【防除对象】

选择性芽前、芽后除草剂。主要经幼芽吸收，幼苗和根也能吸收，积累在生长旺盛的部位，抑制原卟啉原氧化酶的活性而起到杀草作用。对水稻田稗草、千金子、节节菜、鸭舌草、雨久花、泽泻、水绵、牛毛毡、碎米莎草、异型莎草、萤蔺、野荸荠等有防除效果。

【使用方法】

水稻移栽前 3～7 d，杂草萌发初期，每 667 m² 用 80％丙炔噁草酮可湿性粉剂 6～8 g，加水 1.5～2 kg 稀释，将配好的药液以瓶甩法均匀施药。也可在插秧后 5～7 d，采用上述剂量毒土法施药。药后保持 3～5 cm 水层 10 d 以上，避免淹没稻苗心叶。

【注意事项】

（1）仅适用于籼稻和粳稻的移栽田，不得用于糯稻田。也不宜用于弱苗田、制种田、抛秧田。

（2）对眼子菜及莎草科某些杂草防效较差，在这些杂草发生较重的田块应与苄嘧磺隆或吡嘧磺隆进行混用，以扩大杀草谱；同时苄嘧磺隆可作为丙炔噁草酮的解毒剂以减轻后者对水稻的药害。

（3）勿淹没稻苗心叶，以防产生药害。

【主要制剂和生产企业】

80％可湿性粉剂。

德国拜耳作物科学公司，合肥星宇化学有限责任公司等。

双 唑 草 腈

（pyraclonil）

【理化性质】

原药为白色固体，熔点 93.1～94.6 ℃，蒸气压 $1.9×10^{-7}$ Pa（25 ℃）。溶解度（20 ℃，g/L）：水 0.050 1。

【毒性】

低毒。大鼠急性经口 LD_{50} 4 979 mg/kg（雄）、1 127 mg/kg（雌），大鼠急性经皮 LD_{50} ＞2 000 mg/kg。对鱼低毒，鲤鱼 LC_{50}（96 h）＞28 mg/L。大型水蚤 EC_{50} 16.3 mg/L（48 h）。对水生生物安全。在水田土壤中半衰期为 6 d。

【防除对象】

为原卟啉原氧化酶抑制剂，杂草根部和叶基部为主要吸收部位。对水稻田稗草、马唐、千金子等禾本科杂草，耳叶水苋、鸭舌草、丁香蓼等阔叶杂草以及异型莎草、碎米莎草等杂草有很好的效果。

【使用方法】

水稻移栽田：水稻移栽后 3～10 d（稗草 2 叶期）灌水撒施，每 667 m² 用 1.8％双唑草腈颗粒剂 600～800 g。

【注意事项】

（1）对稗草萌芽至 2 叶期有特效，但对 3 叶以后的稗草防效差。

（2）对直播稻的安全性差。

【主要制剂和生产企业】

1.8％颗粒剂。

湖北相和精密化学有限公司。

第 F 组　类胡萝卜素生物合成抑制剂

异噁草松

（clomazone）

【曾用名】

广灭灵。

【理化性质】

淡棕色黏稠液体，相对密度 1.192（20 ℃），熔点 25 ℃，沸点 275 ℃，蒸气压 $19.2×10^{-3}$ Pa（25 ℃）。溶解度（g/L，25 ℃）：水 1.1，丙酮、乙腈、氯仿＞1 000，甲醇 969，二氯甲烷 955，乙酸乙酯 940。常温下至少稳定 2 年，50 ℃下至少保存 3 个月，水溶液在日光照射下 DT_{50}＞30 d。

【毒性】

低毒。大鼠急性经口 LD_{50}：2 077 mg/kg（雄），1 369 mg/kg（雌），大鼠急性吸入 LC_{50}（4 h）4.8 mg/L。对兔眼睛几乎无刺激性。大鼠饲喂试验无作用剂量 4.3 mg/（kg·d）（2 年）。对鱼、鸟低毒。LC_{50}（96 h，mg/L）：虹鳟鱼 19，蓝鳃翻车鱼 34。水藻 EC_{50}（48 h）2.10 mg/L。蚯蚓 LC_{50}（14 d）156 mg/kg（土壤）。

【防除对象】

选择性芽前、芽后除草剂。通过植物的根和幼芽吸收，向上传导到植株各部位，抑制类胡萝卜素和叶绿素的合成，作土壤处理时杂草虽能萌芽出土，但出土后不能产生色素，短期内死亡。茎叶处理仅有触杀作用，不向下传导。可防除水稻田稗草、千金子、异型莎草、日照飘拂草、节节菜、陌上菜、耳叶水苋等杂草。

【使用方法】

移栽田水稻：插秧后 3～5 d，稗草 1 叶 1 心期，每 667 m² 用 360 g/L 异噁草松微囊悬浮剂 28～35 mL，拌细土 20 kg 撒施，药后保持 3～5 cm 水层 5～7 d。

直播田水稻：南方可在播后稗草高峰期，每 667 m² 用 360 g/L 异噁草松微囊悬浮剂 28～35 mL，撒毒土或喷雾。北方可于播前 3～5 d，每 667 m² 用 360 g/L 异噁草松微囊悬浮剂 35～40 mL，撒毒土或喷雾。药后保持田间湿润，药后 2 d 建立水层；水层高度以不淹没水稻心叶为准。

【注意事项】

（1）此药在土壤中的生物活性可持续 6 个月以上，施用此药当年的秋天（即施用后 4～5 个月）或翌年春天（即施用后 6～10 个月），都不宜种植小麦、大麦、燕麦、黑麦、谷子、苜蓿。

（2）药剂接触到水稻叶片可出现白色斑点，或整个叶变黄、变白，但对新出叶片无影响。

（3）本品不能与碱性等物质混用。

（4）北方移栽稻田，水层过深、插秧过深、井灌水不晒水，使用异噁草松后可能抑制水稻生长。

【主要制剂和生产企业】

360 g/L 微囊悬浮剂。

美国富美实公司、山东先达农化股份有限公司等。

硝 磺 草 酮

（mesotrione）

【曾用名】

甲基磺草酮。

【理化性质】

原药外观为褐色或黄色固体。相对密度 1.46（20 ℃），熔点为 165 ℃，蒸气压 5.69×10^{-6} Pa（20 ℃）。溶解度（g/L，20 ℃）：水 2.2（pH4.8）、15（pH6.9）、22（pH9）；乙腈 96.1、丙酮 93.3、甲醇 3.6、甲苯 2.7、二甲苯 1.4。在 54 ℃下储存 14 d 性质稳定。

【毒性】

低毒。大鼠急性经口 $LD_{50}>5\,000$ mg/kg，大鼠急性经皮 $LD_{50}>2\,000$ mg/kg，大鼠急性吸入 LC_{50}（4 h）>5 mg/L。对兔皮肤无刺激，对兔眼睛有轻度刺激。大鼠亚慢性饲喂试验无作用剂量（90 d）：雄 5.0 mg/（kg·d），雌 7.5 mg/（kg·d）。对鱼、鸟、蜜蜂、家蚕低毒。LC_{50}（96 h）：虹鳟鱼和蓝鳃翻车鱼>120 mg/L，山齿鹑急性经口 $LD_{50}>2\,000$ mg/kg，蜜蜂（接触）$LD_{50}>36.8\mu$g/只。

【防除对象】

选择性内吸、传导型除草剂。植物通过根部及叶片吸收该药后，在体内迅速传导，阻碍 4-羟苯基丙酮酸向尿黑酸的转变并间接抑制类胡萝卜素的生物合成。由于类胡萝卜素有防护叶绿素避免被光照伤害的作用，植物体内类胡萝卜素的生物合成被抑制后，分生组织产生白化现象，生长停滞，最终导致死亡。可有效防治主要的阔叶草和一些禾本科杂草。

【使用方法】

在水稻移栽后 5~10 d，水稻秧苗返青后毒土或单独均匀撒施，不得喷雾，每 667 m² 用 10%悬浮剂 40~50 mL。施药后田间需有水层 3~5 cm，保持水层 5~7 d。

【注意事项】

（1）对豆类、十字花科作物敏感，施药时须防止飘移，以免其他作物发生药害。

（2）正常气候条件下，本品对后茬作物安全，但后茬种植苜蓿、烟草、蔬菜、油菜、豆类需先做试验，后种植。

【主要制剂和生产企业】

10%悬浮剂、12%泡腾粒剂。

瑞士先正达作物保护有限公司、辽宁省丹东市红泽农化有限公司、辽宁省大连松辽化工有限公司等。

双 环 磺 草 酮
（benzobicyclon）

【曾用名】

苯并双环酮。

【理化性质】

淡黄色无嗅晶体。熔点 187.3 ℃，相对密度 1.45 （20.5 ℃），蒸气压＜$5.6×10^{-5}$ Pa (25 ℃)。油水分配系数 3.1 （20 ℃）。溶解度 （g/L，20 ℃）：水 $5.2×10^{-5}$。热稳定性达到 150 ℃时迅速水解。

【毒性】

低毒。大鼠急性经口 LD_{50}＞5 000 mg/kg，大鼠急性经皮 LD_{50}＞2 000 mg/kg，大鼠急性吸入 LC_{50}＞2 720 mg/m³。对皮肤无刺激性。对鸟、鱼、蜜蜂低毒，山齿鹑和野鸭 LD_{50}＞2 250 mg/kg，鲤鱼 LC_{50} （48 h）＞10 mg/L，水蚤 LC_{50} （3 h）＞1 mg/L，蜜蜂 LD_{50}＞200 μg/只（经口和接触）。无致畸、致癌、致突变性。

【防除对象】

双环磺草酮是一种用于防除水稻移栽田中杂草的广谱性除草剂。通过杂草的根和茎基部吸收，从而传输至整个植株。主要防除稗草、假稻、千金子、鸭舌草、眼子菜、萤蔺以及莎草科等一年生和多年生杂草。

【使用方法】

水稻秧苗移栽 7 d 后，每 667 m² 用 25％双环磺草酮悬浮剂 45～67.2 mL，对水 15～30 L，均匀喷雾。施药后田间保持 3～5 cm 水层，保水 5～7 d。

【注意事项】

（1）该产品对水稻籼稻不安全，仅能在粳稻品种上使用。

（2）施药时田间保持 3～5 cm 水层，切勿淹没水稻心叶。

【主要制剂和生产企业】

25％悬浮剂。

日本史迪士生物科学株式会社。

第 G 组　莽草酸合成酶抑制剂

草　甘　膦
（glyphosate）

【曾用名】

农达，镇草宁。

【理化性质】

白色结晶固体，相对密度 1.705（20 ℃），熔点 189.5 ℃，蒸气压 1.31×10^{-5} Pa（25 ℃）。水中溶解度为 11.6 g/L（25 ℃），不溶于多数有机溶剂，如丙酮、乙醇、二甲苯，其碱金属、铵、胺盐均溶于水。草甘膦及其所有的盐不挥发，在空气中稳定。土壤吸附性强，不移动，半衰期＜60 d。

【毒性】

低毒。大鼠急性经口 LD_{50} 5 600（mg/kg），兔急性经皮 LD_{50}＞5 000 mg/kg，大鼠急性吸入 LC_{50}（4 h）＞4.98 mg/L。对兔眼睛有刺激性，对兔皮肤无刺激性。饲喂试验无作用剂量［mg/（kg·d）］：大鼠 410（2 年），狗 500（1年）。试验中无致畸、致突变、致癌作用。对鱼、蜜蜂、鸟低毒。鱼 LC_{50}（96 h，mg/L）：虹鳟鱼 86。水蚤 LC_{50}（48 h）780 mg/L。蜜蜂 LD_{50}＞100 μg/只（经口和接触）。山齿鹑急性经口 LD_{50}＞3 581 mg/kg。

【防除对象】

内吸、传导型除草剂。主要通过抑制植物体内 5 -烯醇丙酮酰莽草酸- 3 -磷酸合成酶，从而抑制莽草酸向苯丙氨酸、酪氨酸及色氨酸的转化，使蛋白质的合成受到干扰导致植物死亡。该药内吸、传导性强，对多年生深根杂草的地下组织有杀伤作用，能达到一般农业机械无法达到的深度。该药杀草谱广，对大部分禾本科、阔叶、莎草科杂草及灌木有效。豆科和百合科一些植物对该药耐受性较强。此药剂接触土壤即失去活性，对土壤中潜藏种子无杀伤作用。对天敌及有益生物安全。

【使用方法】

免耕水稻田灭生性除草：水稻播种前 10 d 左右，每 667 m² 用 30％草甘膦水剂 200～400 g，加水 30 L 喷施全田及田埂。

【注意事项】

（1）该药与土壤接触立即失去活性，宜作茎叶处理。

（2）为非选择性除草剂，因此施药时应防止药液飘移到作物茎叶上，以免产生药害。

（3）施药后 7～10 d 才能见明显药效，不应在未见到杂草死亡前急于锄草。

（4）使用时可加入适量的洗衣粉等表面活性剂或其他助剂，可提高除草效果。

（5）温暖晴天用药效果优于低温天气。

（6）对金属制成的镀锌容器有腐化作用，易引起火灾。

（7）低温储存时会有结晶析出，用时应充分摇动容器，使结晶溶解，以保证药效。

（8）具有酸性，储存与使用时应尽量用塑料容器。

（9）施药后 3 d 内请勿割草、放牧和翻地。

【主要制剂和生产企业】

41％水剂，60％可溶性粒剂。

江苏丰山集团有限公司、江苏腾龙生物药业有限公司、合肥星宇化学有限责任公司、山东潍坊万盛生物农药有限公司、黑龙江省新兴农药有限责任公司、美国孟山都公司等。

第 K1 组　微管组装抑制剂

二　甲　戊　灵

（pendimethalin）

【曾用名】

除草通、施田补、胺硝草。

【理化性质】

纯品为橙黄色晶体，熔点 54～58 ℃，沸点：蒸馏时分解，蒸气压 1.94×10^{-3} Pa（25 ℃）。相对密度 1.19（25 ℃）。溶解度（g/L，20 ℃）：水 3.3×10^{-4} g/L（pH7）、丙酮 200、二甲苯 628、异丙醇 77、辛烷 138，易溶于苯、甲苯、氯仿、二氯甲烷、微溶于石油醚和汽油中。对酸碱稳定，光照下缓慢水解，水中 $DT_{50} < 21$ d，不易燃、不爆炸。

【毒性】

低毒。大鼠急性经口 LD$_{50}$：1250 mg/kg（雄），1050 mg/kg（雌）大鼠急性吸入 LC$_{50}$（4 h）>0.32 g/L。对兔眼睛和皮肤无刺激性。试验剂量内对动物无致畸、致突变、致癌作用。对鱼类及水生生物高毒。鲤鱼 LC$_{50}$（48 h）0.95 mg/L，对鱼无作用剂量（mg/L）：虹鳟鱼 0.075，蓝鳃翻车鱼 0.1，鲶鱼 0.32。水蚤 LC$_{50}$（3 h）>40 mg/L。对蜜蜂、鸟低毒。蜜蜂（经口）LD$_{50}$ 49.8μg/只。饲喂 LC$_{50}$（8 d）（mg/kg）（饲料）：野鸭 10 388，山齿鹑 4 187。

【防除对象】

杂草种子在发芽穿过土层的过程中吸收药剂，抑制分生组织细胞分裂从而使杂草死亡。阔叶杂草吸收部位为下胚轴，禾本科杂草吸收部位为幼芽。该药不影响杂草种子的萌发，而是在杂草种子萌发过程中幼芽、茎和根吸收药剂后而起作用。可防治水稻田稗草、马唐、鸭跖草、野慈姑、节节菜、异型莎草、牛毛毡等杂草。对禾本科杂草的防除效果优于阔叶杂草，对多年生杂草效果差。

【使用方法】

旱育秧田除草：水稻播后苗前，每 667 m^2 用 330 g/L 二甲戊灵乳油 150～200 mL，对水 30 L 土壤喷雾。

【注意事项】

（1）药后一周内保持土壤湿润，无积水。如遇大雨，应及时排水，以免积水造成药害。

（2）只能作土壤处理，杂草苗后使用效果差。

（3）土壤墒情不足或干旱气候条件下，用药后需混土 3～5 cm。

【主要制剂和生产企业】

30%、330 g/L 乳油。

巴斯夫欧洲公司、江苏龙灯化学有限公司、黑龙江省哈尔滨利民农化技术有限公司等。

第 K3 组　细胞分裂抑制剂

乙　草　胺

（acetochlor）

【曾用名】

禾耐斯。

【理化性质】

纯品为淡黄色液体，原药因含有杂质而呈现深红色。相对密度 1.123（25 ℃），沸点 172 ℃（667 Pa），熔点 10.6 ℃，蒸气压 6.0×10^{-3} Pa（25 ℃）。水中溶解度 223 mg/L（25 ℃），易溶于丙酮、乙醇、乙酸乙酯、苯、甲苯、氯仿、四氯化碳、乙醚等有机溶剂。

【毒性】

低毒。大鼠急性经口 LD_{50} 为 2 148 mg/kg，大鼠急性吸入 LC_{50}（4 h）＞3 mg/L。对兔眼睛和皮肤无刺激性，对豚鼠皮肤有潜在致敏性。饲喂试验无作用剂量［mg/（kg·d）］：大鼠 11（2 年），狗 2（1 年）。对鱼高毒。LC_{50}（96 h，mg/L）：虹鳟鱼 0.45，蓝鳃翻车鱼 1.5。水蚤 LC_{50}（48 h）9 mg/L。对蜜蜂、鸟低毒，蜜蜂 LD_{50}（24 h，μg/只）：＞100（经口）、＞200（接触）。山齿鹑急性经口 LD_{50} 为 1 260 mg/kg。

【防除对象】

选择性芽前处理除草剂，它只对萌芽出土前的杂草有效，因此只能用作土壤处理剂使用。该药被植物幼根、幼芽吸收，在植物体内干扰核酸代谢及蛋白质合成，使幼芽、幼根停止生长。土壤湿度适宜时，杂草幼芽未出土即被杀死。如果土壤水分少，杂草也可在出土后水分适宜时吸收药剂。乙草胺是酰胺类药剂中杀草活性最高的品种。可防治水稻田稗草、千金子、鸭舌草、泽泻、母草、藻类、异型莎草等。

【使用方法】

水稻移栽田：水稻移栽缓苗后（早稻移栽后 6～8 d，晚稻移栽后 5～6 d），杂草萌芽期，每 667 m^2 用 20％乙草胺可湿性粉剂 35～50 g（北方地区），或 30～37.5 g（南方地区），拌毒土 20 kg 撒施。施药时田间保持 3～5 cm 水层，药后保水 5～7 d。不能排水和串水，水深不能淹没水稻心叶。

【注意事项】

（1）水稻萌芽及幼苗期对乙草胺敏感，不能用药。

（2）秧田、直播田、小苗（秧龄 25 d 以下）、弱苗移栽田，用乙草胺及其混剂易出药害。

（3）本品对鱼高毒，施药时应远离鱼塘或沟渠，施药后的田水及残液不得排入水体，也不能在养鱼、虾、蟹的水稻田使用本药剂。

【主要制剂和生产企业】

90％、50％乳油，20％可湿性粉剂。

江苏常隆化工有限公司、江苏连云港立本农药化工有限公司、江西抚州新兴化工有限公司、辽宁省大连瑞泽农药股份有限公司、重庆双丰化工有限公司等。

丙 草 胺

（pretilachlor）

【曾用名】

扫弗特、瑞飞特。

【理化性质】

纯品为无色油状液体。相对密度 1.076（20 ℃），沸点 135 ℃（0.133 Pa），蒸气压（20 ℃）1.33×10^{-4} Pa。水中溶解度 50 mg/L（20 ℃），易溶于苯、甲醇、己烷、二氯乙烷等有机溶剂。常温储存 2 年稳定，土壤中半衰期 20～50 d。

【毒性】

低毒。大鼠急性经口 LD_{50} 为 6 099 mg/kg，大鼠急性经皮 $LD_{50} >$ 3 100 mg/kg，大鼠急性吸入 LC_{50}（4 h）>2.9 mg/L。对兔眼睛无刺激，对兔皮肤有中度刺激。饲喂试验无作用剂量［mg/（kg·d）］：大鼠 30（2 年），小鼠 300（2 年），狗 300（0.5 年）。试验剂量下无致畸、致突变、致癌作用。对鱼高毒，LC_{50}（96 h，mg/L）：虹鳟鱼 0.9，鲤鱼 2.3。对蜜蜂、鸟低毒。蜜蜂（接触）$LD_{50} > 93 \mu g/$只，山齿鹑 $LC_{50} > 1 000$ mg/kg（饲料）。

【防除对象】

该药为芽前除草剂，用于土壤处理。有效成分由禾本科植物胚芽鞘和阔叶植物下胚轴吸收，向上传导，进入植物体内抑制蛋白质合成，使杂草幼芽和幼根停止生长，不定根无法形成。受害症状为禾本科植物芽鞘紧包生长点，稍变粗，胚根细而弯曲，无须根，生长点扭曲、萎缩；阔叶杂草叶片紧缩变黄，逐渐变褐枯死。杂草种子萌发时穿过药土层吸收药剂而被杀死，茎叶处理效果差。药剂中加入安全剂后，可加速水稻幼苗体内丙草胺的分解，使水稻免受伤害，对秧苗和直播稻安全，不加安全剂的产品不能用于秧田及直播田。主要用于防除禾本科杂草，可防除稗草、千金子、牛筋草、牛毛毡、窄叶泽泻、水苋菜、异型莎草、碎米莎草、丁香蓼、鸭舌草等一年生禾本科和阔叶杂草。

【使用方法】

移栽田除草：水稻移栽后 3～5 d，每 667 m² 用 30％丙草胺乳油 110～150 mL，对水 30 L 均匀喷雾或混土 20 kg 撒施。施药时田间应有 3 cm 左右的水层，药后保水 3～5 d。

直播稻除草：稻苗 2 叶期（南方播种后 2～4 d，北方播种后 10～15 d），稗草 1.5 叶期以下，每 667 m² 用 30％丙草胺乳油 100～120 g，对水 30 kg 均匀喷雾或混土 20 kg 撒施。药前灌浅水，药后保持水层 3～4 d。水稻需先催芽，芽长至谷粒的一半或与谷粒等长，且根和芽均生长正常时播种。

抛秧田除草：水稻抛秧后 4～5 d，每 667 m² 用 30％丙草胺乳油 110～150 mL，药土法撒施，施药时田面保持 3～4 cm 水层，药后保水 5～7 d。

【注意事项】

（1）地整好后要及时播种、施药，否则杂草出土后再施药会影响药效。

（2）直播田及秧田需选用含安全剂的产品，并在水稻扎根后、能吸收安全剂时施药。抛秧田、移栽田可以不选用含安全剂的产品。

（3）本品对鱼和藻类高毒，施药时应远离鱼塘或沟渠，施药后的田水及残药不得排入水体，也不能在养鱼、虾、蟹的水稻田使用本药剂。

【主要制剂和生产企业】

50％、30％乳油，50％水乳剂。

瑞士先正达作物保护有限公司、美丰农化有限公司、江苏绿利来股份有限公司、湖南农大海特农化有限公司、齐齐哈尔盛泽农药有限公司等。

丁　草　胺

（butachlor）

【曾用名】

灭草特、去草胺、马歇特。

【理化性质】

纯品为淡黄色油状液体，带甜香气味，相对密度 1.076（25 ℃），熔点 −2.8～1.7 ℃，沸点 156 ℃（66.7 Pa），蒸气压 2.4×10⁻⁴ Pa（25 ℃）。溶解度（g/L，20 ℃）：水 0.02，能溶于丙酮、乙醇、乙酸乙酯、乙醚、苯、己烷等多种有机溶剂。在常温及中性、弱碱性条件下化学性质稳定。强酸条件下会加速其分解，对紫外光稳定。

【毒性】

低毒。大鼠急性经口 LD_{50} 为 2 000 mg/kg，大鼠急性吸入 LC_{50}（4 h）> 3.34 mg/L。对兔眼睛有轻度刺激，对皮肤有中度刺激。试验剂量内无致畸、致突变作用。饲喂试验无作用剂量：大鼠 100 mg/（kg·d）（饲料），狗 5 mg（kg·d）。对鱼高毒。LC_{50}（96 h，mg/L）：虹鳟鱼 0.52，鲤鱼 0.32。对蜜蜂、鸟低毒，蜜蜂 LD_{50} >100μg/只（接触），野鸭急性经口 LD_{50} >4 640 mg/kg，饲喂 LC_{50}（5 d）（mg/kg）（饲料）：野鸭>10 000，山齿鹑>6 597。

【防除对象】

选择性内吸传导型除草剂。主要通过杂草幼芽和幼根吸收，抑制体内蛋白质合成，杂草出土过程中幼芽被杀死。症状为芽鞘紧包生长点，稍变粗，胚根细而弯曲，无须根，植株肿大、畸形、深绿色，最终死亡。丁草胺被水稻吸收后，在体内迅速分解代谢，对水稻安全。丁草胺能被土壤微生物分解。持效期30～40 d，苗后使用活性低。可防除稗草、千金子、陌上菜、鸭舌草、节节菜、萤蔺、泽泻、异型莎草、碎米莎草、牛毛毡等一年生禾本科和某些双子叶杂草，对扁秆藨草、野慈姑等多年生杂草无防效。

【使用方法】

移栽田除草：水稻移栽后 3～5 d，每 667 m^2 用 60%丁草胺乳油 100～120 g（南方地区），或 80～140 g（北方地区），对水 30 L 或拌药土 20 kg 均匀喷雾或撒施，施药时保持 3～5 cm 水层，药后保水 3～5 d，后恢复正常水分及田间管理。

【注意事项】

（1）水稻幼苗期对该药分解能力较差，秧田、直播田、小苗（秧龄 25 d 以下）、弱苗移栽田，应慎用该药。

（2）杂交稻的品种间对该药敏感性有差别，应先小面积试验。

（3）本品主要杀除单子叶杂草，对大部分阔叶杂草无效或药效不大。

（4）在稻田和直播稻田使用，该药每 667 m^2 用有效成分用量不得超过 90 g，切忌田面淹水。一般南方用量采用下限。早稻秧田若气温低于 15 ℃时施药会有不同程度药害。

（5）对 3 叶期以上的稗草效果差，因此必须掌握在杂草 1 叶期以前，最迟至 3 叶期使用，水不要淹没秧心。

（6）本品对鱼高毒，施药时应远离鱼塘或沟渠，施药后的田水及残药不得排入水体，也不能在养鱼、虾、蟹的水稻田使用本剂。

【主要制剂和生产企业】

900 g/L、85%、60%、50%乳油，600 g/L、40%水乳剂，50%微乳剂，

5％颗粒剂，10％微粒剂等。

山东滨农科技有限公司、美丰农化有限公司、浙江省杭州庆丰农化有限公司、山东乐邦化学品有限公司、美国孟山都公司等。

异丙甲草胺
（metolachlor）

【曾用名】

都尔。

【理化性质】

无色油状液体，相对密度 1.12（20 ℃），熔点－62.1 ℃，沸点 100 ℃ （0.133 Pa），蒸气压 $1.73×10^{-3}$ Pa（20 ℃）。水中溶解度 488 mg/L（25 ℃），易溶于苯、甲苯、二甲苯、甲醇、乙醇、辛醇、丙酮、环己酮、二氯甲烷、二甲基甲酰胺、己烷等有机溶剂。常温储存稳定期两年以上。

【毒性】

低毒。大鼠急性经口 LD_{50} 2 780 mg/kg，大鼠急性经皮 LD_{50}＞3 170 mg/kg，大鼠急性吸入 LC_{50}（4 h）＞1.75 mg/L。对兔眼睛和皮肤有轻度刺激作用。饲喂试验无作用剂量 [90 d，mg/（kg·d）]：大鼠 15，小鼠 100，狗 9.7。在试验剂量下，未见有致畸、致突变、致癌作用。对鱼中等毒性。LC_{50}（96 h，mg/L）：虹鳟鱼 3.9，鲤鱼 4.9，蓝鳃翻车鱼 10。对蜜蜂、鸟低毒。蜜蜂 LD_{50}＞100 μg/只（经口和接触）。山齿鹑和野鸭急性经口 LD_{50}＞2 150 mg/kg，饲喂 LC_{50}（8 d）＞10 000 mg/kg（饲料）。蚯蚓 LC_{50}（14 d）140 mg/kg（土壤）。

【防除对象】

抑制杂草发芽种子的细胞分裂，使芽和根停止生长，不定根无法形成。亦可抑制胆碱渗入卵磷脂，从而干扰卵磷脂形成。可防除水稻田稗草、千金子、鸭舌草、节节菜、异型莎草、碎米莎草、牛毛毡等，对扁秆藨草、野慈姑等多年生杂草无明显防效。

【使用方法】

移栽田除草：水稻移栽 5～7 d 缓苗后，每 667 m² 用 720 g/L 异丙甲草胺乳油 10～20 mL，对水 30 L 均匀喷雾或混土 20 kg 撒施。施药时田间保持 3～5 cm 浅水层，药后保水 5～7 d，以后恢复正常水层管理。水层不能淹没水稻心叶。

【注意事项】

(1) 只能用于水稻大苗（5.5 叶以上）移栽田，秧田、直播田、抛秧田和小苗移栽田不能使用。

(2) 禁止河塘等水域内清洗施药器具或将清洗施药器具的废水倒入河流、池塘等水体。用过的容器应妥善处理，不可作他用，也不可随意丢弃。

【主要制剂和生产企业】

960 g/L、720 g/L 乳油。

山东滨农科技有限公司、江西新兴农药有限公司、江苏常隆化工有限公司、山东麒麟农化有限公司等。

苯噻酰草胺

（mefenacet）

【曾用名】

环草胺。

【理化性质】

本品为无色无嗅结晶。熔点 134.8 ℃。蒸气压 6.4×10^{-7} Pa（20 ℃）。溶解度（g/L，20 ℃）：水 4×10^{-3}、己烷 0.1～1.0、丙酮 60～100、甲苯 20～50、二氯甲烷＞200、异丙醇 5～10、乙酸乙酯 20～50、二甲基亚砜 110～220、乙腈 30～60。对热、酸、碱、光稳定。

【毒性】

低毒。大鼠急性经口 LD_{50}＞5 000 mg/kg，大鼠急性经皮 LD_{50}＞5 000 mg/kg，大鼠急性吸入 LC_{50}（4 h）0.02 mg/L。对兔眼睛和皮肤无刺激性。大鼠饲喂试验无作用剂量 100 mg/kg（饲料）（2 年）。对鱼中等毒。LC_{50}（96 h，mg/L）：鲤鱼 6.0，虹鳟鱼 6.8。对鸟低毒。山齿鹑 LC_{50}（5 d）＞5 000 mg/kg（饲料）。蚯蚓 LC_{50}（28 d）＞1 000 mg/kg（土壤干基）。

【防除对象】

选择性内吸、传导型除草剂，是细胞生长和分裂抑制剂。主要通过芽鞘和根吸收，经木质部和韧皮部传导至杂草的幼芽和嫩叶，阻止杂草生长点细胞分裂伸长，最终导致植物死亡。土壤对本品吸附力强，药剂多吸附在土壤表层，杂草生长点处在该土层易被杀死，而水稻生长点处于该层以下，避免了与该药剂的接触。该药在水中溶解度低，保水条件下施药除草效果好。可有效防除稻田稗草、鸭舌草、泽泻、千金子、牛毛毡、节节菜、异型莎草、碎米莎草等杂草。

【使用方法】

抛秧田、移栽田除草：水稻抛秧或移栽后（北方地区 5～7 d，南方地区 4～6 d），每 667 m² 使用 50%苯噻酰草胺可湿性粉剂 50～60 g（南方地区）或 60～80 g（北方地区），混土 20 kg 撒施。施药时有 3～5 cm 浅水层，药后保水 5～7 d。如缺水可缓慢补水（不能排水），水层不应该淹过水稻心叶。

【注意事项】

（1）本品适用于移栽田和抛秧田，未经试验不能用于直播田和其他栽培方式稻田。

（2）使用时田应耙平，沙质土、漏水田使用效果差。

（3）对鱼有毒，对藻类高毒，喷药操作及废弃物处理应避免污染水体。

【主要制剂和生产企业】

88%、50%可湿性粉剂。

江苏快达农化股份有限公司、美丰农化有限公司、吉林邦农生物农药有限公司、辽宁省丹东市农药总厂等。

莎　稗　磷

（anilofos）

【曾用名】

阿罗津。

【理化性质】

白色结晶固体，相对密度 1.27（25 ℃），熔点 50.5～52.5 ℃，蒸气压 2.2×10⁻³ Pa（60 ℃）。溶解度（g/L，20 ℃）：水 0.013 6，丙酮、氯仿、甲苯＞1 000，苯、乙醇、二氯甲烷、乙酸乙酯＞200，己烷 12。分解温度 150 ℃，日光下稳定。

【毒性】

低毒。大鼠急性经口 LD₅₀：830 mg/kg（雄），472 mg/kg（雌），大鼠急

性经皮 LD$_{50}$>2 000 mg/kg，大鼠急性吸入 LC$_{50}$（4 h）26 mg/L。对兔皮肤有轻微刺激性，对眼睛有一定的刺激性。饲喂试验无作用剂量（mg/kg）：大鼠10（90 d），狗5（6个月）。在试验剂量下无致突变作用。对鱼中等毒，LC$_{50}$（96 h，mg/L）：虹鳟鱼2.8，金鱼4.6。对蜜蜂、鸟低毒，蜜蜂（接触）LD$_{50}$ 0.66μg/只。日本鹌鹑急性经口 LD$_{50}$（mg/kg）：雄3 360，雌2 339。

【防除对象】

选择性内吸、传导型除草剂。药剂主要通过植物的幼芽和幼根吸收，抑制细胞分裂伸长。杂草受药后生长停止，叶片深绿，变短变厚，极易折断，心叶不抽出，最后整株枯死。对正在萌发的杂草效果好，对已经长大的杂草效果较差。持效期30 d左右。适用于水稻田防除稗草、光头稗、千金子、碎米莎草、异型莎草、牛毛毡、鸭舌草等杂草。

【使用方法】

水稻移栽后5～8 d，杂草2叶1心期以内，每667 m^2 用30％莎稗磷乳油50～70 mL（南方稻区50～60 mL，北方稻区60～70 mL），对水30 L喷雾或拌毒土撒施。采用喷雾法施药时需排干田水，24 h后复水1～3 cm，保持4～5 d。毒土法施药时应保持浅水层4～5 d。

【注意事项】

（1）杂草3叶期之前药效好，超过3叶期药效变差，因此应提早施药。

（2）育秧田、抛秧田、直播田及小苗移栽田该药慎用。

【主要制剂和生产企业】

30％乳油、50％可湿性粉剂。

沈阳科创化学品有限公司、江苏连云港立本农药化工有限公司、黑龙江省哈尔滨市联丰农药化工有限公司、吉林省八达农药有限公司、广东省佛山市盈辉作物科学有限公司等。

第 N 组　脂肪酸及酯类合成抑制剂

禾　草　丹

（thiobencarb）

【曾用名】

杀草丹、灭草丹。

【理化性质】

淡黄色液体，相对密度 1.16（20 ℃），沸点 126～129 ℃（1.07 kPa），熔点 3.3 ℃，闪点 172 ℃，蒸气压 2.93×10^{-3} Pa（23 ℃）。水中溶解度（20 ℃）：30 mg/L，易溶于二甲苯、丙酮、醇类等有机溶剂。对酸、碱、热稳定，对光较稳定。

【毒性】

低毒。大鼠急性口服 LD_{50}（mg/kg）1 033（雄）、雌 1 130（雌），大鼠急性经皮 LD_{50}（mg/kg）＞1 000，大鼠急性吸入 LC_{50}（1 h）43 mg/L。对眼睛和皮肤有一定刺激性。饲喂试验无作用剂量［mg/（kg·d）］：雄大鼠 0.9（2年），雌大鼠 1.0（2年）。在试验剂量内无致畸、致癌、致突变作用。对鱼类中等毒。LC_{50}（48 h，mg/L）：鲤鱼 3.6，蓝鳃翻车鱼 2.4。对蜜蜂、鸟低毒。急性经口 LD_{50}（mg/kg）：山齿鹑＞7 800，野鸭＞10 000，山齿鹑和野鸭饲喂 LC_{50}（8 d）＞5 000 mg/kg（饲料）。

【防除对象】

本品是选择性内吸、传导型土壤处理除草剂，主要由杂草的根和幼芽吸收，传导到体内，阻碍淀粉酶和蛋白质的生物合成，抑制细胞的有丝分裂，使已发芽的杂草种子中的淀粉不能水解成为容易被植物吸收利用的糖类，杂草得不到养料而死亡。受害杂草叶片先呈现浓绿色，生长停止，畸形，以后逐渐枯死。水稻吸收药剂较少、降解速度较快，因此不受伤害。药剂能迅速被土壤吸附，淋溶性较差，一般分布在土层 2 cm 处。药剂在通风良好土壤中的半衰期为 2～3 周，厌氧条件下为 6～8 月。该药能被土壤微生物降解，厌氧条件下被土壤微生物形成的脱氯禾草丹，能强烈抑制水稻生长。能有效防控水稻田稗草、鸭舌草、野慈姑、水苋菜、母草、牛毛毡、千金子、异型莎草、碎米莎草、萤蔺等杂草。

【使用方法】

水稻秧田：在播种前或水稻立针期后，每 667 m² 用 50% 禾草丹乳油 150～250 mL，药土法均匀撒施，施药时田面留有浅水层或湿润，施药后保水 2～3 d。

水稻移栽田：水稻移栽后 5～7 d，稗草处于萌动高峰至 2 叶期以前，每 667 m² 用 50% 禾草丹乳油 150～250 mL，对水茎叶喷雾；或混细土 20 kg 均匀撒施。药土法施药。施药时田间水层 3～5 cm，施药后保水 5～7 d。

水稻直播田：水稻播前或播后 2～3 叶期，每 667 m² 用 50% 禾草丹乳油

200～300 mL，对水 30 L 茎叶喷雾。施药时保持水层 3～5 cm，药后保水 5～7 d。

【注意事项】

（1）该药仅对萌芽期杂草杀除效果较好，对未萌发的种子和 2～3 叶期以上的大草防效差。

（2）可与 2 甲 4 氯、苄嘧磺隆等混用，不能与 2，4 -滴混用。

（3）秧田覆膜、施药后灌深水、出苗至立针期用药、施药后水层淹没水稻心叶、高温均易使秧苗产生药害。

（4）冷湿田或使用大量未腐熟有机肥的田块，禾草丹用量不能过高，如水稻因上述情况抑制生长，应注意及时排水、晒田。

（5）沙质田或漏水田不宜使用禾草丹，有机质含量高的土壤应适当增加用量。

（6）对天敌赤眼蜂为高风险药剂，天敌赤眼蜂放飞区禁用。

（7）对非靶标植物小白菜、小麦、黄瓜均有极高风险性。

【主要制剂和生产企业】

90％、50％乳油。

连云港纽泰科化工有限公司、浙江威尔达化工有限公司、辽宁省沈阳市和田化工有限公司、日本组合化学工业株式会社、重庆市山丹生物农药有限公司等。

禾 草 敌
（molinate）

【曾用名】

禾大壮、禾草特。

【理化性质】

透明液体，有芳香气味。相对密度 1.063（20 ℃），沸点 202 ℃（1 333.3 Pa），蒸气压 7.46×10^{-1} Pa（25 ℃）。水中溶解度（25 ℃，mg/L）：990（pH5）、900（pH9）；易溶于丙酮、甲醇、乙醇、异丙醇、苯、甲苯等有机溶剂。对光不稳定。

【毒性】

低毒。大鼠急性经口 LD_{50} 为 369 mg/kg（雄）、450 mg/kg（雌），大鼠急性经皮 $LD_{50} > 1 200$ mg/kg，大鼠急性吸入 LC_{50}（4 h）1.36 mg/L。对兔眼睛

和皮肤有刺激性。饲喂试验无作用剂量 [mg/（kg·d）]：大鼠 8（90 d），狗 20（90 d），大鼠 0.63（2 年），小鼠 7.2（2 年）。试验剂量下无致畸、致突变、致癌作用。对鱼、鸟低毒。LC_{50}（48 h，mg/L）：虹鳟鱼 13.0，蓝鳃翻车鱼 29，金鱼 30。饲喂 LC_{50}（mg/kg，饲料）：野鸭（5 d）13 000，山齿鹑（11 d）5 000。蚯蚓 LC_{50}（14 d）289 mg/kg（土壤）。

【防除对象】

选择性内吸、传导型除草剂，可作土壤处理兼茎叶处理。施用该药后沉降在水与泥的界面形成高浓度药层。杂草通过药层时，初生根和芽鞘吸收药剂并积累在生长点的分生组织，阻止蛋白质合成；禾草敌还能抑制 a-淀粉酶活性，使杂草种子中的淀粉不能水解成糖，杂草幼芽蛋白质合成及细胞分裂失去能量供给，造成细胞膨大，生长点扭曲而死亡。稻根向下生长穿过药层吸收药量少，因而不会受害。对水稻田稗草、牛毛毡、异型莎草、碎米莎草、萤蔺等杂草有抑制效果，对阔叶杂草无效。

【使用方法】

水稻秧田或直播田：可在播种前撒施，先整好田，做好秧板，然后每 667 m² 使用 96％禾草敌乳油 100～150 mL，对细润土 10 kg，均匀撒施土表并立即混土耙平。药后保持 3～5 cm 水层，保水 2～3 d 后即可播种已催芽露白的稻种。亦可在稻苗长到 3 叶期以上，稗草在 2～3 叶期，每 667 m² 用 96％禾草敌乳油 100～150 mL，混细潮土 10 kg 撒施。药后保持水层 4～5 cm，持续 6～7 d。

水稻移栽田：在水稻插秧后 4～5 d，每 667 m² 用 96％禾草敌乳油 125～150 mL，混细潮土 10 kg 撒施。药后保持水层 4～6 cm，保水 6～7 d，自然落干。

【注意事项】

（1）该药挥发性强，毒土应随拌随用；施药时田面有水层、药后保水，才能取得理想效果。

（2）籼稻对禾草敌较敏感，用药量过高或施药不匀，易产生药害。

（3）对稗草有特效，对其他阔叶杂草及多年生宿根杂草无效。

（4）可与 2 甲 4 氯、苄嘧磺隆等混用，不能与 2，4-滴混用。

（5）该药杀草谱窄，连续使用会使稻田杂草群落发生明显变化，应与其他除草剂混用或交替使用。

【主要制剂和生产企业】

96％、91％、71％乳油，10％、5％颗粒剂。

美国世科姆公司、中农立华（天津）农用化学品有限公司、天津市施普乐农药技术发展有限公司、先正达（苏州）作物保护有限公司等。

第 O 组　合成激素类

2 甲 4 氯
(MCPA)

【理化性质】

白色结晶固体，具有芳香气味，相对密度 1.41（23.5 ℃），熔点约 120 ℃，蒸气压 2.3×10^{-5} Pa（20 ℃）。水中溶解度（mg/L，25 ℃）：395（pH1）、26.2（pH5）、273.9（pH7）、320.1（pH9）；有机溶剂中溶解度（g/L，25 ℃）：甲醇 775.6、甲苯 26.5、乙醚 770、二甲苯 49、二氯甲烷 69.2。酸式很稳定，可形成水溶性碱金属盐和胺盐，遇硬水析出钙盐和镁盐。

【毒性】

低毒。大鼠急性经口 LD_{50} 700～1 160 mg/kg，大鼠急性经皮 LD_{50} >4 000 mg/kg，大鼠急性吸入 LC_{50}（4 h）>6.36 mg/L。对皮肤无刺激性，对眼睛有刺激性。饲喂试验无作用剂量 [2 年，mg/(kg·d)]：大鼠 1.33，小鼠 18。对鱼、蜜蜂、鸟低毒。LC_{50}（96 h，mg/L）：虹鳟鱼 50～560，鲤鱼 317。水蚤 LC_{50}（48 h）>190 mg/L。蜜蜂 LD_{50} 104 μg/只，山齿鹑急性经口 LD_{50} 377 mg/kg，蚯蚓 LC_{50}（14 d）325 mg/kg（土壤）。

【防除对象】

内吸传导型药剂。防除杂草的原理与 2，4-滴丁酯相同。主要通过杂草的茎叶吸收，亦能被根吸收，并传导全株，破坏植物正常生理机能。在除草使用浓度范围内，对禾谷类作物安全。2 甲 4 氯的挥发速度比 2，4-滴丁酯低且慢，因此，安全性好于 2，4-滴丁酯。主要用于防除水稻田中的阔叶杂草及莎草科杂草，如三棱草、眼子菜、异型莎草、鸭舌草等。

【使用方法】

移栽田除草：水稻分蘖末期，每 667 m² 用 750 g/L 2 甲 4 氯水剂 45～50 g（南方地区），或 70～90 g（北方地区），对水 30 L 茎叶喷雾施药。

【注意事项】

（1）多数双子叶作物对本品敏感，该药飘移对双子叶作物威胁极大，应避免飘移到周边棉花、马铃薯、向日葵等敏感作物。

（2）本品对禾本科植物幼苗和幼穗分化期较敏感，在水稻移栽田使用适期应掌握在水稻 5 叶期至分蘖末期，杂草生长旺盛前期施药。

（3）本品每季作物仅能用药 1 次，用药前认真阅读并严格按说明用药，用药量根据杂草种类及大小确定。

【主要制剂和生产企业】

750 g/L、13％水剂，56％可湿性粉剂。

江苏省通州正大农药化工有限公司、广西易多收生物科技有限公司、吉林省八达农药有限公司、佳木斯黑龙农药化工股份有限公司、江苏健谷化工有限公司、澳大利亚纽发姆有限公司等。

2，4-滴丁酯
（2，4-D butylate）

【理化性质】

无色油状液体，相对密度 1.248，沸点 146～147 ℃（133.3 Pa），蒸气压 0.13 Pa（25～28 ℃）。难溶于水，易溶于有机溶剂。挥发性强，遇碱易水解。

【毒性】

低毒。大鼠急性经口 LD_{50} 500～1 500 mg/kg，兔急性经口 LD_{50} 1 400 mg/kg。大鼠饲喂试验无作用剂量 625 mg/（kg·d）（2 年）。对鱼低毒，鲤鱼 LC_{50}（48 h）40 mg/L。

【防除对象】

内吸性传导型除草剂。药液喷施到植物茎叶表面后，穿过角质层和细胞质膜，最后传导到各部分。在不同部位对核酸和蛋白质的合成产生不同影响，在植物顶端抑制核酸代谢和蛋白质的合成，使生长点停止生长，细嫩叶片不能伸展，抑制光合作用的正常进行，传导到植株下部的药剂，使植物茎部组织的核酸和蛋白质的合成增加，促进细胞异常分裂，根尖膨大，丧失吸收能力，茎秆扭曲、畸形、筛管堵塞、韧皮部破坏，有机物运输受阻，从而破坏植物正常的生活能力，最终导致植物死亡。阔叶植物降解 2,4-滴的速度慢，因而抵抗力弱，容易受害，而禾本科植物能很快地代谢 2,4-滴而使之失去活性。可防除稻田阔叶杂草，如鸭舌草、野慈姑、泽泻、水芹、毒芹、狼把草。对异型莎草、牛毛草也有抑制作用。

【使用方法】

水稻移栽田：水稻分蘖末期，每 667 m² 用 57% 2, 4-滴丁酯乳油 35～61 mL，加水 20～30 L 茎叶喷雾，施药前排干田水，施药后 2 d 灌水。

【注意事项】

（1）本品有很强的挥发性，药剂雾滴可在空气中飘移很远，使敏感植物受害。水稻与菠菜、油菜等阔叶作物相邻种植时施药器械需要戴保护罩、并选择无风天气喷药。

（2）严格掌握施药时期和使用量，在水稻分蘖前或拔节后慎用。

（3）喷施 2, 4-滴丁酯的器械要专用，以免造成"二次污染"。

【主要制剂和生产企业】

72%、57%乳油。

河北省万全农药厂、河南省金旺生化有限公司、吉林邦农生物农药有限公司、山东富安集团农药有限公司、辽宁省大连松辽化工有限公司等。

二 氯 喹 啉 酸

（quinclorac）

【曾用名】

快杀稗。

【理化性质】

白色结晶体，相对密度 1.75，熔点 274 ℃，蒸气压＜1×10⁻⁵ Pa（20 ℃）。水中溶解度 0.065 mg/L（pH7，20 ℃）；乙醇和丙酮中溶解度 2 g/L（20 ℃），几乎不溶于其他有机溶剂。对光、热稳定，pH3～9 条件下稳定。

【毒性】

低毒。大鼠急性经口 LD_{50} 2 680 mg/kg，大鼠急性经皮 LD_{50}＞2 000 mg/kg，大鼠急性吸入 LC_{50}（4 h）＞5.2 mg/L。对兔眼睛和皮肤无刺激性，对豚鼠皮肤有致敏性。饲喂试验无作用剂量 [2 年，mg/（kg·d）]：大鼠 533，狗 29。无致癌、致畸作用。在动物体内代谢迅速。对鱼、蜂、鸟低毒。虹鳟鱼、蓝鳃翻车鱼 LC_{50}（96 h）＞100 mg/L。水蚤 LC_{50}（48 h）113 mg/L。野鸭和山齿鹑急性经口 LD_{50}＞2 000 mg/kg，野鸭 LC_{50}（8 d）＞5 000 mg/kg（饲料）。

【防除对象】

本品属喹啉羧酸类激素型除草剂。有效成分迅速被根吸收，也可被茎叶吸收，向新生叶输导，杂草出现生长素类药剂的受害症状，禾本科杂草叶片出现纵向条纹并弯曲、叶尖失绿变为紫褐色至枯死；阔叶杂草叶片扭曲，根部畸形肿大。水稻根吸收药剂的速度比稗草慢，并能很快分解，3叶期以后施药安全。能有效防除雨久花、水芹、鸭舌草、皂角、田菁、眼子菜、日照飘拂草、异型莎草等杂草，对多年生莎草科杂草的防除效果差。

【使用方法】

水稻直播田在水稻2～3叶期后，稗草3～4叶期为最佳施药适期，但对4～5叶大龄稗草也有很高防效，每667 m² 用50％二氯喹啉酸可湿性粉剂30～40 g，一般情况下2～3 d可见效果。每667 m² 对水30 L茎叶喷雾，不重喷、不漏喷，勿用弥雾机喷雾。用药前，排水至浅水或泥土湿润状喷雾，施药后2～3 d放水回田，保持3～5 cm水层5～7 d，恢复正常田间管理，畦面要求平整，药后如果下雨应迅速排干板面积水。

水稻抛秧田在水稻抛秧活棵后，稗草1～5叶期，均可茎叶喷雾，但以稗草2.5～3.5叶施用最好；每667 m² 用50％二氯喹啉酸可湿性粉剂35～40 g。施药前1 d排干水，施药1～2 d后灌浅水，保持2～3 cm水层，施药后5 d内不能排水、串水，以免降低药效。

水稻移栽田在水稻移栽后3～5 d，稗草1.5叶期前，每667 m² 用50％二氯喹啉酸可湿性粉剂27～52 g，对水30 L后喷雾处理。施药前，排干田水；施药后1～2 d灌水3～5 cm，保水5～7 d；缺水缓灌，切忌断水，以防降低除草效果。稗草发生严重的田块，草龄偏大可适当增加用药量。使用本品时，水稻叶龄不得低于2叶1心。

【注意事项】

（1）喷雾时应避开水生作物、伞形科、茄科等作物，施药后田水不可浇灌敏感作物。

（2）秧田和直播田，秧苗2叶期前施药水稻初生根易受药害；北方旱育秧田不宜使用。

（3）本剂在土壤中残留时期较长，可能对后茬作物产生残留药害。下茬应种植水稻、玉米、高粱等耐药力强的作物。用药后8个月内不宜种植棉花、大豆，翌年不能种植甜菜、茄子、烟草，两年后方可种植番茄、胡萝卜。

（4）对使用过或准备使用多效唑的秧苗，7 d内不能使用本品。

（5）本品为激素类选择性除草剂，若使用不当产生葱管叶，可使用芸薹素内酯或赤霉酸生长调节剂进行调节。

【主要制剂和生产企业】

250 g/L 悬浮剂、75％、50％、25％、10％可湿性粉剂、50％水分散粒剂、50％可溶粉剂。

浙江新安化工集团股份有限公司、江苏省新沂中凯农用化工有限公司、辽宁省丹东市红泽农化有限公司、浙江天一农化有限公司、山东先达农化股份有限公司等。

氯氟吡氧乙酸

（fluroxypyr）

【曾用名】

氟草烟、使它隆、盾隆。

【理化性质】

白色结晶体，相对密度 1.09（24 ℃），熔点 232～233 ℃，蒸气压 3.78×10^{-9} Pa（20 ℃）。溶解度（20 ℃，g/L）：水 5.7（pH5）、丙酮 51、甲醇 34.6、乙酸乙酯 10.6、异丙醇 9.2、二氯甲烷 0.1、甲苯 0.8、二甲苯 0.3。正常储存稳定，水解反应半衰期为 9.8 d（pH 5）、17.5 d（pH7）和 10.2 d（pH9）。

【毒性】

低毒。大鼠急性经口 LD_{50} 2405 mg/kg，大鼠急性吸入 LC_{50}（4 h）＞ 0.296 mg/L。饲喂试验无作用剂量 [mg/（kg·d）]：大鼠 80（2 年），小鼠 320（1.5 年）。对兔皮肤无刺激作用，对眼睛有中等刺激作用，对豚鼠皮肤无致敏性。在试验条件下无致畸、致癌、致突变作用。对鱼、蜜蜂、鸟低毒。虹鳟鱼 LC_{50}（96 h）＞100 mg/L。水蚤 LC_{50}（48 h）＞100 mg/L。山齿鹑急性经口 LD_{50}＞2 000 mg/kg，蜜蜂 LD_{50}（48 h）＞0.25 μg/只（接触）。

【防除对象】

内吸性传导型芽后除草剂。药剂主要由杂草叶片吸收，传导至全株各部位，使敏感植物生长停滞，出现激素型药剂的症状，叶片下卷、扭曲畸形，最后死亡。温度影响药效发挥速度，但不影响最终除草效果。该药土壤中半衰期较短，不会对后茬阔叶作物产生影响。可防除水稻田空心莲子草、鸭跖草、鸭舌草、矮慈姑、节节菜、陌上菜、四叶萍等各种阔叶杂草，对禾本科和莎草科杂草无效。

【使用方法】

在水稻分蘖期、杂草 2～5 叶期，每 667 m² 用 20％氯氟吡氧乙酸乳油30～50 mL，对水不低于 30 L，均匀喷雾。

【注意事项】

（1）不推荐在水稻 3 叶期前和拔节后施用。

（2）避免在高温晴热天中午施药，防止出现水稻叶色发黄等药害。

（3）避免在棉田等阔叶作物附近地块使用。

【主要制剂和生产企业】

20％乳油。

重庆双丰农药有限公司，江苏中旗化工有限公司等。

氯 氟 吡 啶 酯

（florpyrauxifen）

【曾用名】

灵斯科。

【理化性质】

熔点 137.07 ℃，蒸气压（20 ℃）3.2×10⁻⁵ Pa，油水分配系数 pH 7 和 10 时是 5.5。水中的溶解度 20 ℃时为 0.015 mg/L；水中半衰期（DT_{50}）0.07 d。

【毒性】

低毒。大鼠急性经口 LD_{50}＞5 000 mg/kg，大鼠急性经皮 LD_{50}＞5 000 mg/kg。对皮肤无刺激作用，对眼睛无刺激性，无致畸、致癌、致突变作用。对陆生和水生动物的环境毒性影响极小。

【防除对象】

该药属于新型芳香基吡啶甲酸类除草剂，是生长调节剂类除草剂最新成员。该药可通过叶片，也可以通过根部进行吸收，经木质部和韧皮部传导并积累在杂草的分生组织中发挥除草活性。通过与植物体内激素受体结合，干扰植物正常的生理生化功能，禾本科杂草地上部不能正常生长，出现肿胀，阔叶杂草生长畸形，维管束组织遭到破坏，造成杂草死亡。可用于管理对其他作用机理除草剂产生抗性杂草，如乙酰乳酸合成酶抑制剂、乙酰辅酶 A 羧化酶抑制剂、对羟基苯基丙酮酸双氧化酶抑制剂、敌稗、二氯喹啉酸、草甘膦、三嗪类除草剂等抗性杂草。用于防除水稻直播田或水稻移栽田的禾本科杂草、阔叶杂草和莎草，如稗草、水田稗、水竹叶、光头稗、野慈姑、水苋、鸭舌草、水花生、泽泻、醴肠、异型莎草、碎米莎草等。

【使用方法】

水稻直播田：在水稻 4 叶期后，稗草 3～4 叶期，每 667 m² 用 3％氯氟吡啶酯乳油 33～67 mL，用水量 30 L，均匀喷施。施药后 24 h 至 72 h 内灌水，保持浅水层 5～7 d，切勿浸没秧心。

水稻移栽田：在水稻移栽返青后，稗草 2～3 叶期，每 667 m² 用 3％氯氟吡啶酯乳油 33～67 mL，用水量 30 L，均匀喷施。施药后 24 h 至 72 h 内灌水，保持浅水层 5～7 d，切勿浸没秧心。

【注意事项】

（1）不推荐在水稻 3 叶期前施用。

（2）严格按照推荐剂量施用，请勿擅自增加使用剂量，施药务必均匀，避免重施漏施，擅自增加剂量或者重喷可能会影响作物正常生长。

（3）不宜在缺水田、漏水田及盐碱田的田块使用。不推荐在秧田、制种田使用。缓苗期、秧苗长势弱，存在药害风险，不推荐使用。弥雾机常规剂量施药可能会造成严重药物反应，建议咨询当地植保部门或先试后再施用。

（4）任何会影响到作物健康的逆境或环境因素如极端冷热天气、干旱、冰雹等，可能会影响到药效和作物耐药性，不推荐施用。某些情况下如不利的天气、水稻不同品种敏感性差异，施药后水稻可能出现暂时性药物反应如生长受到抑制或叶片畸形，通常水稻会逐步恢复正常生长，不影响水稻产量。

（5）不能和马拉硫磷等药剂混用，施用本品 7 d 内不能再施马拉硫磷，与其他药剂和肥料混用需先进行测试确认。

（6）避免飘移到邻近敏感阔叶作物如棉花、大豆、葡萄、烟草、蔬菜、桑树、花卉、观赏植物及其他非靶标阔叶植物。

【主要制剂和生产企业】

3％乳油。

美国陶氏杜邦公司。

第 Z 组　机理未知

噁 嗪 草 酮
（oxaziclomefone）

【曾用名】

去稗胺。

【理化性质】

白色至浅黄色粉末状结晶体，熔点 149.5～150.5 ℃，蒸气压 1.6×10^{-8} Pa（25 ℃），沸点 260 ℃ 时分解。溶解度（g/L，20 ℃）：水 1.3×10^{-4}（pH7.9）、1.0×10^{-4}（pH5）；正己烷 1.30、甲苯 74.2、丙酮 96.0、甲醇 15.2、乙酸乙酯 67.0。不可燃，无爆炸性，无腐蚀性。

【毒性】

低毒。大鼠急性经口 LD_{50}（mg/kg）$>5\,000$，大鼠急性经皮 LD_{50}（mg/kg）$>2\,000$。对兔皮肤无刺激性，对兔眼睛有轻微刺激性。无致突变、致畸作用。鲤鱼 LC_{50}（48 h）>5 mg/L。

【防除对象】

杀草作用机理尚不清楚。该药可能以不同于其他除草剂的方式抑制分生组织细胞生长。施药后稗草症状为新叶部分褪色，叶鞘逐渐变黄，枯败直至死亡，此过程通常需要 1～2 周。可有效防除稻田稗草、千金子、沟繁缕、异型莎草等。

【使用方法】

水稻秧田：水稻播后苗前，每 667 m² 使用 1% 噁嗪草酮悬浮剂 200～250 mL，对水 30 L 喷雾。施药后 15 d 内保持田面湿润，不能有积水。水稻出苗后需灌水时，水深不能淹没水稻心叶。

水稻移栽田：水稻播后苗前或移栽后，每 667 m² 使用 1% 噁嗪草酮悬浮剂 266～333 mL，瓶甩或对水 30 L 喷雾。施药时田间保有水层 3～5 cm，保水 5～7 d。此期间只能补水，不能排水，水深不能淹没水稻心叶。

水稻直播田：水稻播后苗前或移栽后，每 667 m² 使用 1% 噁嗪草酮悬浮剂

266～333 mL（有效成分 2.66～3.33 g），瓶甩或对水 30 L 喷雾。施药后 15 d 内保持田面湿润，不能有积水。水稻出苗后需灌水时，水深不能淹没水稻心叶。

【注意事项】

（1）本品每季最多施药次数为 1 次。

（2）可与苄嘧磺隆、吡嘧磺隆混用，扩大杀草谱。

（3）对后茬作物小麦、大麦、胡萝卜、白菜、洋葱等无不良影响；种植其他后茬作物需预先进行试验。

【主要制剂和生产企业】

30％、10％、1％悬浮剂。

山东先达农化股份有限公司、江苏瑞邦农药厂有限公司、中农立华（天津）农用化学品有限公司等。

参考文献

郭普，张其安，2006. 植保大典［M］. 北京：中国三峡出版社．

李香菊，梁帝允，袁会珠，2014. 除草剂科学使用指南［M］. 北京：中国农业科学技术出版社．

李拥兵，王小玲，2004. 湖南稻区稗草对二氯喹啉酸的抗药性研究［J］. 植物保护，3（30）：48－52.

刘长令，2002. 世界农药大全　除草剂卷［M］. 北京：化学工业出版社．

陆保理，张建新，王玉香，等，2008. 直播稻田稗草对二氯喹啉酸抗性研究［J］. 杂草科学（4）：31－32.

马国兰，刘都才，刘雪源，等，2014. 不同除草剂对直播稻田杂草的防效及安全性评价［J］. 杂草科学，32（1）：91－95.

宋宝安，吴剑，2011. 新杂环农药　除草剂［M］. 北京：化学工业出版社．

苏少泉，2001. 除草剂作用靶标与新品种创制［M］. 北京：化学工业出版社．

苏少泉，宋顺祖，1996. 中国农田杂草化学防除［M］. 北京：中国农业出版社．

隋标峰，张朝贤，崔海兰，等，2009. 杂草对 AHAS 抑制剂的抗药性分子机理研究进展［J］. 农药学学报，11（4）：399－406.

陶波，2013. 杂草化学防除实用技术［M］. 北京：化学工业出版社．

王险峰，2000. 进口农药应用手册［M］. 北京：中国农业出版社．

王险峰，2013. 除草剂安全应用手册［M］. 北京：中国农业出版社．

吴声敢，王强，2006. 浙江省稻田稗草对二氯喹啉酸的抗药性［J］. 农药，12（45）．

吴声敢，赵学平，2007. 我国长江中下游稻区稗草对二氯喹啉酸的抗药性研究［J］. 杂草科学，3：25－26.

邢岩，孟繁东，2001. 最新进口农药使用手册［M］. 沈阳：辽宁科学技术出版社．

余柳青，1989. 除草剂复合配方对旱直播稻田杂草的防除效果［J］. 中国水稻科学，3（2）：92－94.

余柳青，陆永良，玄松南，2009. 稻田杂草防控技术规程 [M]. 北京：中国农业出版社.

张朝贤，2011. 农田杂草与防控 [M]. 北京：中国农业科学技术出版社.

张殿京，陈仁霖，段同钊，1992. 农田杂草化学防除大全 [M]. 上海：上海科学技术文献出版社.

张恒敏，2006. 新编农药商品大全 [M]. 北京：化学工业出版社.

张亦冰，2013. 新颖磺酰脲类除草剂——propyrisulfuron [J]. 世界农药，35 (5)：63.

朱永和，王振荣，李布青，2006. 农药大典 [M]. 北京：中国三峡出版社.

NURIA L M, GEORGE M, RAFAEL D P, et al, 2003. Resistance of barnyardgrass (*Echinochloa crusgalli*) to atrazine and quinclorac [J]. Pesticide Science, 51: 171 – 175.

TALBERTTE, BURGOS N R, 2007. History and Management of Herbicide – Resistant Barnyardgrass (*Echinochloa crusgalli*) in Arkansas Rice [J] . Weed Technology, 21: 331 – 423.

YUKARI S, HIROSHI M, 2004. Oxidative injury induced by the herbicide quinclorac on *Echinochloa crugalli* Vasing and the involvement of antioxidative ability in its highly selective action in grass species [J] . Plant Science, 167: 597 – 606.

附　国际除草剂抗性行动委员会除草剂作用机理分类表

作用机理编码及作用靶标	化学类别	举　例
A 乙酰辅酶 A 羧化酶抑制剂	芳氧苯氧基丙酸酯类	氰氟草酯、禾草灵
	环己烯酮类	烯草酮、噻草酮
	苯基吡唑啉类	唑啉草酯
B 乙酰乳酸合成酶抑制剂	磺酰脲类	苄嘧磺隆、吡嘧磺隆
	咪唑啉酮类	咪唑乙烟酸、咪唑喹啉酸
	三唑并嘧啶磺酰胺类	五氟磺草胺、双氟磺草胺
	嘧啶硫代苯甲酸酯类	双草醚、嘧啶肟草醚
	磺酰胺羰基三唑啉酮类	氟唑磺隆、丙苯磺隆
C1 光系统 II 抑制剂	三嗪类	莠去津、扑草净、西草净
	三嗪酮类	嗪草酮、环嗪酮
	三唑啉酮类	胺唑草酮
	尿嘧啶类	除草定、特草定
	哒嗪酮类	氯草敏
	氨基甲酸酯类	甜菜安、甜菜宁

（续）

作用机理编码及作用靶标	化学类别	举 例
C2 光系统 II 抑制剂	取代脲类	异丙隆、敌草隆
	酰胺类	敌稗
C3 光系统 II 抑制剂	苯腈类	溴苯腈
	苯并噻二嗪酮类	灭草松
	苯哒嗪类	哒草特
D 光系统 I 电子传递抑制剂	联吡啶类	敌草快
E 原卟啉原氧化酶抑制剂	二苯醚类	乙氧氟草醚、三氟羧草醚、甲氧除草醚
	苯基吡唑类	吡草醚
	N-苯基酞酰亚胺类	丙炔氟草胺、氟烯草酸
	噻二唑类	嗪草酸甲酯、噻二唑草胺
	噁二唑酮类	噁草酮、丙炔噁草酮
	三唑啉酮类	唑草酮、唑啶草酮
	噁唑啉酮类	环戊噁草酮
	嘧啶二酮类	双苯嘧草酮、氟苯嘧草酯
	其他	双唑草腈、氟唑草胺
F1 类胡萝卜素生物合成抑制剂：八氢番茄红素脱氢酶抑制剂	哒嗪酮类	氟草敏
	烟酰替苯胺类	吡氟酰草胺
	其他	氟啶草酮、氟咯草酮、呋草酮
F2 类胡萝卜素生物合成抑制剂：4-羟基苯基丙酮酸双氧化酶抑制剂	三酮类	硝磺草酮、磺草酮
	异噁唑酮类	异噁唑草酮
	苯甲酰吡唑酮类	吡草酮、苄草唑
	其他	苯并双环酮
F3 类胡萝卜素生物合成抑制剂（未知位点）	三唑类	杀草强
	异噁唑酮类	异噁草松
	脲类	氟草啶
	联苯醚类	苯草醚
G 莽草酸合成酶抑制剂	有机磷类	草甘膦
H 谷氨酰胺合成酶抑制剂	膦酸类	草铵膦、双丙氨膦
I 二氢喋呤合成酶抑制剂	氨基甲酸酯类	磺草灵

作用机理编码及作用靶标	化学类别	举　例
K1 微管组装抑制剂	二硝基苯胺类	二甲戊灵、氟乐灵
	氨基磷酸盐类	胺草磷、异草磷
	吡啶类	噻唑烟酸
	苯甲酰胺类	炔苯酰草胺
	苯甲酸类	氯酞酸甲酯
K2 有丝分裂抑制剂	氨基甲酸酯类	氯苯胺灵、苯胺灵
K3 细胞分裂抑制剂	氯酰胺类	乙草胺、丁草胺、丙草胺
	乙酰胺类	敌草胺、克草胺
	芳氧乙酰胺类	氟噻草胺
	四唑啉酮类	四唑酰草胺
	其他	莎稗磷、哌草磷
L 细胞壁（纤维素）合成抑制剂	腈类	敌草腈、草克乐
	苯甲酰胺类	异噁酰草胺
	三唑羧基酰胺类	氟胺草唑
M 解偶联（破坏细胞膜）	二硝基苯酚类	地乐酚、特乐酚
N 脂肪酸及酯类合成抑制剂	硫代氨基甲酸酯类	禾草丹、禾草敌
	二硫代磷酸酯类	地散磷
	苯并呋喃类	呋草黄
	氨碳酸类	四氟丙酸
O 合成激素类	苯氧羧酸类	2甲4氯、2，4-滴丁酯
	苯甲酸类	麦草畏
	吡啶羧酸类	氯氟吡氧乙酸、二氯吡啶酸
	喹啉羧酸类	二氯喹啉酸（也属于 L 组）
	其他	草除灵
P 抑制生长素运输	氨基羰基脲类	萘草胺
Z 机理未知	芳香氨基丙酸类	麦草伏
	吡唑类	野燕枯
	有机砷	甲基砷酸钠
	其他	噁嗪草酮

第七章 <<<
抗药性监测现状与监测方法

水稻病虫草抗药性监测情况

1. 水稻害虫

褐飞虱对新烟碱类药剂吡虫啉、噻虫嗪处于高水平抗性（抗性倍数＞200倍），对呋虫胺处于中等至高水平抗性，对烯啶虫胺处于低至中等水平抗性；对昆虫生长调节剂类药剂噻嗪酮处于高水平抗性（抗性倍数＞1 000 倍）；对有机磷类药剂毒死蜱处于中等水平抗性。根据目前监测结果，在褐飞虱防治过程中，迁出区和迁入区之间，同一地区的上下代之间，应交替、轮换使用不同作用机制、无交互抗性的杀虫剂，避免连续、单一用药。鉴于目前褐飞虱对吡虫啉、噻虫嗪、噻嗪酮已达高水平抗性，建议各稻区暂停使用吡虫啉、噻虫嗪、噻嗪酮防治褐飞虱；严格限制吡蚜酮、毒死蜱防治褐飞虱的使用次数，每季水稻最好使用 1 次；交替轮换使用烯啶虫胺、呋虫胺、氟啶虫胺腈、三氟苯嘧啶等药剂，延缓褐飞虱抗药性的快速发展。

白背飞虱对噻嗪酮、毒死蜱处于中等至高水平抗性；对吡虫啉、噻虫嗪处于敏感至中等水平抗性。鉴于白背飞虱和褐飞虱通常混合发生，且褐飞虱目前已对噻嗪酮产生高水平抗性，建议各稻区暂停使用噻嗪酮防治白背飞虱，延缓其抗性继续发展。同时，因为新烟碱类药剂对白背飞虱的毒力依然很高，可以考虑在田间稻飞虱种群以白背飞虱为主时选用吡虫啉、噻虫嗪，与吡蚜酮交替轮换使用。灰飞虱对噻虫嗪、烯啶虫胺、吡蚜酮处于敏感状态；对毒死蜱处于中等水平抗性。在水稻生长后期，当灰飞虱与褐飞虱混合发生时，不宜使用吡虫啉、噻虫嗪进行防治。

二化螟种群对杀虫剂抗性状况具有明显的地域性，其中浙江、江西、湖南等省份部分地区种群对氯虫苯甲酰胺处于中等至高水平抗性，对毒死蜱处于中等水平抗性，对大环内酯类药剂阿维菌素处于低至中等水平抗性；江苏、安徽、湖北等省份对氯虫苯甲酰胺处于敏感至低水平抗性，对毒死蜱处于低至中等水平抗性，对阿维菌素处于敏感至低水平抗性。今后应重点加强浙江、江西、湖南等省二化螟抗药性治理，继续限制双酰胺类、有机磷类药剂使用次数，避免二化螟连续多个世代接触同一作用机理的药剂。同时，应控制阿维菌素的过量使用，减少对天敌的杀伤作用。

2. 水稻病害

部分稻区水稻恶苗病菌对多菌灵、咪鲜胺产生了高水平抗性，因此在多菌灵或咪鲜胺防治效果不理想的稻区，建议暂停使用苯并咪唑类和咪唑类药剂进行种子处理，轮换使用氰烯菌酯、咯菌腈等不同作用机制、无交互抗性的杀菌剂。

部分稻区稻瘟病菌对硫代磷酸酯类药剂异稻瘟净、杂环类药剂稻瘟灵产生了高水平抗性，三环唑的防治效果也有下降趋势，因此建议在稻瘟病重发地区，轮换使用不同作用机制、无交互抗性的杀菌剂，如咪鲜胺＋三环唑、嘧菌酯＋咪鲜胺等，严禁同一作用机理药剂一年内多次使用，以延缓稻瘟病菌抗药性的发展。

由于大量使用甾醇合成抑制剂类药剂苯醚甲环唑、戊唑醇防治稻曲病，已有报道对甾醇合成抑制剂类药剂产生抗性。因此，建议轮换使用不同作用机理药剂防治稻曲病，如多菌灵＋苯醚甲环唑、多菌灵＋嘧菌酯或嘧菌酯＋苯醚甲环唑等，延缓稻曲病菌抗药性的发展。

3. 水稻杂草

我国水稻主产区杂草对五氟磺草胺、二氯喹啉酸、氰氟草酯、苄嘧磺隆、丁草胺等除草剂已产生不同程度的抗药性。在长江流域部分双季稻区稗草对二氯喹啉酸、五氟磺草胺、双草醚等常用除草剂产生了高水平抗性，五氟磺草胺、二氯喹啉酸、氰氟草酯的使用剂量已是最初登记剂量的 2 倍以上，田间防效仍然很差。东北稻区稗草对丁草胺、二氯喹啉酸等常用药剂也产生高水平抗性，丁草胺用量已达最初登记剂量的 2～3 倍，稗草防效仍然很差；二氯喹啉酸的用量在最初登记剂量的 4 倍以上也出现无效的田块，水稻出现严重药害。苄嘧磺隆、吡嘧磺隆等磺酰脲类除草剂在我国使用已超过 20 年，在双季稻区一年施用 2～3 次，导致鸭舌草、莎草、牛毛毡等阔叶杂草和莎草抗药性明显上升，田间防效逐年下降。由于直播稻的大面积推广，千金子成为稻田的主要禾本科杂草，发生面积不断上升。除草剂氰氟草酯已从最初的每 667 m^2 6 g 上升到目前的 40 g。

附录 有关抗药性监测的技术标准

NY/T 1708—2009

水稻褐飞虱抗药性监测技术规程

Guideline for Insecticide Resistance Monitoring of
Nilaparvata lugens（Stål）

1 范围

本标准规定了水稻褐飞虱［*Nilaparvata lugens*（Stål）］抗药性监测的基本方法。

本标准适用于水稻褐飞虱对常用杀虫药剂的抗性监测。

2 试剂与材料

试剂为分析纯试剂。

2.1 生物试材

水稻褐飞虱：田间采集，经室内饲养的 1～2 代的 3 龄中期若虫。

供试水稻：TN1 或汕优 63（温室笼罩内盆栽的无虫、未用药处理的水稻）。

2.2 试验药剂

原药或母药。

3 仪器设备

3.1 实验室通常使用仪器设备

3.2 特殊仪器设备

电子天平（感量 0.1 mg）；

培养杯（直径 7 cm，高 27 cm）；

塑料小杯（直径 5 cm，高 4.5 cm）；

恒温培养箱、恒温养虫室或人工气候箱；

塑料圆筒（直径 16 cm、高 15 cm）；

吸虫器等。

4　试验步骤

4.1　试材准备

4.1.1　试虫

4.1.1.1　试虫采集

选当地具有代表性的稻田 3～5 块，每块田随机多点采集生长发育较一致的稻褐飞虱成虫或若虫或卵，每地采集虫（卵）1 000 头（粒）以上，供室内饲养。

4.1.1.2　试虫饲养

采集的成虫接入供试水稻上分批产卵（2～3 d 一批），采集的若虫或卵在供试水稻上饲养到成虫分批产卵，取 3 龄中期若虫供试。

4.1.2　供试水稻

4.1.2.1　稻茎

连根挖取分蘖至孕穗初期、长势一致的健壮稻株，洗净，剪成 10 cm 长的带根稻茎，3 株一组，于阴凉处晾至表面无水痕，供测试用。

4.1.2.2　稻苗

在温室内用塑料小杯播种水稻，每杯 20～30 株稻苗，选择生长至 10 cm 高的稻苗供试。

4.2　药剂配制

原药用有机溶剂（如丙酮、乙醇等）溶解，加入 10%（m/v）用量的 Triton‐X 100（或吐温 80），加工成制剂，并用蒸馏水稀释。根据预备试验结果，按照等比例方法设置 5 个～7 个系列质量浓度。每质量浓度药液量不少于 400 mL。

4.3　处理方法

4.3.1　稻茎浸渍

将供试稻茎在配制好的药液中浸渍 30 s，取出晾干，用湿脱脂棉包住根部保湿，置于培养杯中，每杯 3 株。按试验设计剂量从低到高的顺序重复上述操作，每浓度处理至少 4 次重复，并设不含药剂的处理作空白对照。

4.3.2　稻苗浸渍

在稻苗高约 10 cm 的塑料小杯土表加约 2 mL 1.5% 琼脂水溶液，静置 1 h 待凝固。将杯栽供试稻苗倒置在配制好的药液中，浸渍到稻苗基部 30 s，取出晾干，将杯放入搁物架并盖上通气的盖子。按试验设计剂量从低到高的顺序重复上述操作，每浓度处理至少 4 次重复，并设不含药剂的处理作空白对照。

4.3.3 接虫与培养

用吸虫器将试虫移入培养杯或塑料小杯中，每杯 10～15 头，杯口用纱布或盖子罩住，转移至温度为 25 ℃±1 ℃，相对湿度为 60%～80%、光周期为 L：D＝16 h：8 h 条件下饲养和观察，特殊情况可适当调整试验环境条件，应如实记录。

4.4 结果检查

分别于处理后 2 d（有机磷酸酯类、氨基甲酸酯类及拟除虫菊酯类）、4 d（氯化烟酰类和苯基吡唑类）、5 d（昆虫生长调节剂类）、7 d（吡啶甲亚胺杂环类）检查试虫死亡情况，每天记录虫数并清除死虫。

5 数据统计与分析

5.1 死亡率计算方法

根据检查数据，计算各处理的校正死亡率。按公式（1）和（2）计算，计算结果均保留到小数点后两位：

$$P_1（\%）=\frac{K}{N}\times100 \qquad\qquad (1)$$

式中：

P_1——死亡率，单位为百分率（%）；

K ——表示每处理浓度总死亡虫数，单位为头；

N ——表示每处理浓度总虫数，单位为头。

$$P_2（\%）=\frac{P_t-P_0}{100-P_0}\times100 \qquad\qquad (2)$$

式中：

P_2——校正死亡率，单位为百分率（%）；

P_t——处理死亡率，单位为百分率（%）；

P_0——对照死亡率，单位为百分率（%）。

对照死亡率在 10% 以下。

5.2 回归方程和致死中浓度（LC$_{50}$）计算方法

采用机率值分析法，求出每个药剂的 LC$_{50}$ 值及其 95% 置信限、斜率（b 值）及其标准误。

6 抗药性水平的计算与评估

6.1 水稻褐飞虱对部分杀虫剂的敏感性基线

见附录 A。

6.2 抗性倍数的计算

根据敏感品系的 LC_{50} 值和测试种群的 LC_{50} 值，按公式（3）计算测试种群的抗性倍数。

$$RR = \frac{T}{S} \qquad\qquad (3)$$

式中：

RR——测试种群的抗性倍数；

T——测试种群的 LC_{50} 值；

S——敏感品系的 LC_{50} 值。

6.3 抗药性水平的评估

根据抗性倍数的计算结果，按照下表中抗药性水平的分级标准，对测试种群的抗药性水平作出评估。

表 1 抗药性水平的分级标准

抗药性水平分级	抗性倍数（倍）
低水平抗性	$5.0 < RR \leqslant 10.0$
中等水平抗性	$10.0 < RR \leqslant 100.0$
高水平抗性	$RR > 100.0$

附录 A

(资料性附录)

水稻褐飞虱对部分杀虫剂的敏感性基线

表 A.1 水稻褐飞虱对部分杀虫剂敏感性基线

药　　剂	毒力回归方程	LC$_{50}$（95%CL）（mg a.i./L）	备　　注
阿维菌素 EC[2]	Y = 2.34X + 9.03	0.021 (0.018~0.024)	
氟虫腈 EC[2]	Y = 2.15X + 8.04	0.04 (0.03~0.05)	
噻嗪酮（5%EC）[2]	Y = 4.25X + 10.02	0.066 (0.06~0.07)	
噻嗪酮（25%WP）[1]	Y = 2.89X + 6.65	0.27 (0.21~0.32)	
噻虫嗪 EC[2]	Y = 2.18X + 7.13	0.11 (0.09~0.12)	
呋虫胺 SL[2]	Y = 2.72X + 7.35	0.14 (0.11~0.18)	
吡虫啉 EC[2]	Y = 1.51X + 6.68	0.08 (0.05~0.10)	稻茎浸渍法
吡虫啉（10%WP）[1]	Y = 2.08X + 7.14	0.09 (0.08~0.11)	
氯噻啉 EC[2]	Y = 2.10X + 6.00	0.33 (0.27~0.40)	
烯啶虫胺 EC[2]	Y = 2.17X + 5.71	0.47 (0.25~0.95)	
啶虫脒 EC[2]	Y = 2.47X + 2.84	7.55 (6.42~9.01)	
毒死蜱 EC[2]	Y = 3.14X + 4.26	1.72 (1.40~12.81)	
异丙威 EC[2]	Y = 2.28X + 3.66	3.88 (3.29~4.59)	
硫丹 EC[2]	Y = 2.64X + 6.65	0.24 (0.19~0.30)	
吡蚜酮 EC[2]	Y = 0.66X + 4.81	1.94 (1.17~3.48)	稻苗浸渍法

注：1. 江浦敏感品系（JPS）的毒力基线制订：1993 年采集于江苏江浦县植保站预测圃水稻田的第一代褐飞虱成虫，在室内经单对纯代筛选得敏感品系，在不接触任何药剂的情况下用汕优 63 杂交稻在室内饲养。

2. 杭州敏感品系（HZS）的毒力基线制订：2005 年 7 月由杭州化工集团提供，该品系于 1995 年采自杭州市蒋家湾村单季水稻大田，在室内不接触任何药剂的情况下用汕优 63 杂交稻饲养。

NY/T 3159—2017

水稻白背飞虱抗药性监测技术规程

Guideline for insecticide resistance monitoring of
Sogatella furcifera (Horváth)

1 范围

本标准规定了稻茎浸渍法对水稻白背飞虱 ［*Sogatella furcifera* (Horváth)］ 抗药性的监测方法。

本标准适用于水稻白背飞虱对常用杀虫剂的抗药性监测。

2 试剂与材料

2.1 生物试材

试虫：白背飞虱 *Sogatella furcifera* (Horváth)；

供试植物：未接触任何药剂处理的感虫水稻品种，如汕优 63 或 TN1 等。

2.2 试验药剂

原药。

2.3 试验试剂

Triton X-100 (或吐温 80)；丙酮 (或二甲基甲酰胺)；所用试剂为分析纯。

3 仪器设备

电子天平 (感量 0.1 mg)；

塑料杯 (容量：550 mL；上口直径：7 cm，下口直径：6 cm，高：15 cm)；

培养杯 (直径：7 cm，高：20 cm)；

移液管；

容量瓶；

量筒；

烧杯；

吸虫器；

移液器。

4 试验步骤

4.1 试材准备

4.1.1 试虫准备

4.1.1.1 试虫采集

选当地具有代表性的稻田（如不同品种）3 块～5 块，每块田至少随机选取 5 点采集生长发育较一致的白背飞虱成虫或若虫，每地采集虫量 1 000 头以上，供室内饲养。

4.1.1.2 试虫饲养

大田采集的成虫或若虫在室内扩繁 1～2 代，测试代（F_1 或 F_2）于 7 日龄水培水稻苗饲养至 3 龄中期若虫供抗药性监测，饲养条件为 27 ℃±1 ℃、湿度 75％±5％、光照周期 16 h：8 h（L：D）。

4.1.2 试验水稻准备

4.1.2.1 稻茎

连根挖取分蘖至孕穗初期、长势一致的健壮、无虫稻株，洗净，剪成 10 cm 长的带根稻茎，于阴凉处晾至表面无水痕，供测试用。

4.2 药剂配制

在电子天平上用容量瓶称取一定量的原药，用丙酮等有机溶剂（吡蚜酮用二甲基甲酰胺）溶解，配制成一定浓度的母液。用移液管或移液器吸取一定量的母液加入塑料杯中，用含有 0.1％ Triton X - 100（或 0.1％的吐温 80）的蒸馏水稀释配制成一定质量浓度的药液供预备试验。根据预备试验结果，按照等比梯度设置 5 个～6 个系列质量浓度。每质量浓度药液量不少于 400 mL，盛装于 550 mL 的塑料杯中，用于稻茎浸渍。用不含药剂的溶液作空白对照。

4.3 处理方法

4.3.1 浸药

将供试稻茎在配制好的药液中浸渍 30 s，取出晾干，用湿脱脂棉包住根部保湿，置于培养杯中，每杯 3 株。按试验设计剂量从低到高的顺序重复上述操作，每处理设置 3 次以上重复。

4.3.2 接虫与培养

用吸虫器将试虫移入培养杯中，每杯 20 头，杯口用纱布或盖子罩住，在温度为 27 ℃±1 ℃，相对湿度为 75％±5％、光周期 16 h：8 h（L：D）条件下饲养和观察。

4.4 结果检查

于处理后 2 d（有机磷酸酯类、氨基甲酸酯类及拟除虫菊酯类）、4 d（氯化烟酰类和苯基吡唑类）、5 d（昆虫生长调节剂类）或 7 d（吡啶甲亚胺杂环类）检查并记录存活虫数。

5　数据统计与分析

5.1　计算方法

根据调查数据，计算各处理的校正死亡率。按公式（1）和（2）计算，计算结果均保留到小数点后两位：

$$P_1（\%）=\frac{K}{N}\times 100 \tag{1}$$

式中：

P_1——死亡率，单位为百分率（%）；

K——表示存活虫数，单位为头；

N——表示处理总虫数，单位为头。

$$P_2（\%）=\frac{P_1-P_0}{100-P_0}\times 100 \tag{2}$$

式中：

P_2——校正死亡率，单位为百分率（%）；

P_t——处理死亡率，单位为百分率（%）；

P_0——空白对照死亡率，单位为百分率（%）。

若对照死亡率<5%，无须校正；对照死亡率在 5%～20% 之间，应按公式（2）进行校正；对照死亡率>20%，试验需重做。

5.2　统计分析

采用 POLO 等统计分析软件进行机率值分析，求出每个药剂的 LC_{50} 值及其 95% 置信限、斜率（b 值）及其标准误。

6　抗药性水平的计算与评估

6.1　白背飞虱对部分杀虫剂的敏感性基线

见附件 A。

6.2　抗性倍数的计算

根据敏感品系的 LC_{50} 值和测试种群的 LC_{50} 值，按公式（3）计算测试种群的抗性倍数。

$$RR=\frac{T}{S} \tag{3}$$

式中：

RR ——测试种群的抗性倍数；

T ——测试种群的LC_{50}值；

S ——敏感品系的LC_{50}值。

6.3 抗药性水平的评估

根据抗性倍数的计算结果，按照下表中抗药性水平的分级标准，对测试种群的抗药性水平作出评估。

表1 抗药性水平的分级标准

抗药性水平分级	抗性倍数（倍）
低水平抗性	$5.0 < RR \leqslant 10.0$
中等水平抗性	$10.0 < RR \leqslant 100.0$
高水平抗性	$RR > 100.0$

附录 A

（资料性附录）

水稻白背飞虱对部分杀虫剂的敏感性基线

表 A.1　水稻白背飞虱对部分杀虫剂的敏感性基线

药剂名称	斜率±标准误	LC$_{50}$（95％置信限）（mg a. i. /L）
毒死蜱	1.918±0.291	0.236（0.169～0.312）
噻嗪酮	1.580±0.265	0.044（0.032～0.059）
吡蚜酮	1.590±0.211	0.118（0.063～0.177）
吡虫啉	1.906±0.284	0.109（0.057～0.172）
烯啶虫胺	1.955±0.356	0.273（0.189～0.360）
啶虫脒	2.009±0.268	0.463（0.253～0.764）
噻虫嗪	2.364±0.507	0.175（0.112～0.231）
呋虫胺	2.035±0.269	0.201（0.155～0.254）
环氧虫啶	2.097±0.300	7.872（6.089～10.236）
氟啶虫胺腈	2.252±0.406	0.497（0.325～0.663）
异丙威	2.328±0.328	9.416（6.968～11.979）
丁硫克百威	2.279±0.375	10.379（7.473～13.177）
丁烯氟虫腈	2.080±0.282	1.655（1.234～2.106）
醚菊酯	2.641±0.382	34.606（20.283～52.756）

注：水稻白背飞虱敏感品系为 2006—2007 年采集于广西农业科学院南宁试验基地，在不接触任何药剂的情况下室内饲养。

NY/T 2622—2014

灰飞虱抗药性监测技术规程

Guideline for Insecticide Resistance Monitoring of
Laodelphax striatellus（Fallén）

1 范围

本标准规定了稻苗浸渍法对灰飞虱［*Laodelphax striatellus*（Fallén）］抗药性的监测方法。

本标准适用于灰飞虱对常用杀虫剂的抗药性监测。

2 试剂与材料

2.1 生物试材

试虫：灰飞虱；

供试植物：采用感虫水稻品种，如武育粳3号。

2.2 试验药剂

原药。

2.3 试验试剂

Triton X-100（或吐温80）；丙酮（或二甲基甲酰胺）；所用试剂一般为分析纯。

3 仪器设备

电子天平（感量0.1 mg）；

塑料杯（容量：350 mL；上口直径：7 cm，下口直径：5 cm，高：10 cm）；

养虫盒（规格：35 cm×23 cm×13 cm）；

移液管（2 mL）；

容量瓶（10 mL、25 mL）；

量筒（500 mL）；

烧杯（500 mL）；

吸虫器；

移液器；

人工气候箱：温度 25 ℃±1 ℃、湿度 85％±10％、光照周期 16 h∶8 h（L∶D）。

4 试验步骤

4.1 试材准备

4.1.1 试虫准备

4.1.1.1 试虫采集

选当地具有代表性的农田（如不同作物或品种）3～5 块，每块田随机选取 5 点用吸虫器等工具采集生长发育较一致的灰飞虱成虫或若虫，每地采集虫量 1 000 头以上，供室内饲养。

4.1.1.2 试虫饲养

大田采集的成虫或若虫，在人工气候箱内 25 ℃±1 ℃、湿度 85％±10％、光照周期 16 h∶8 h（L∶D）无土种植的水稻上饲养，以室内饲养的 F_1 或 F_2 代生理状态一致的 3 龄中期若虫供抗药性监测。

4.1.2 试验水稻准备

将催芽 48 h 的稻种均匀撒于垫有湿滤纸的养虫盒中，置于培养箱中，定时浇水以保持稻苗的正常生长，6 d 后，将稻苗（1 叶 1 心，苗高约 6 cm）分成 30 株一组，于阴凉处晾至根部无明水，供测试用。

4.2 药剂配制

在电子天平上用容量瓶称取一定量的原药，用有机溶剂（如丙酮等，吡蚜酮用二甲基甲酰胺）溶解，加入终浓度 0.1％ Triton X‐100（或 0.1％吐温 80），用有机溶剂定容，加工成制剂。用移液管吸取一定的制剂加入塑料杯中，用蒸馏水稀释配制成一定质量浓度的药液供预备试验。根据预备试验结果，按照等比梯度设置 5～7 个系列质量浓度。每质量浓度药液量不宜少于 250 mL。

4.3 处理方法

4.3.1 浸药

将试验稻苗在配制好的药液中浸渍 10 s，取出沥至无水滴下，置于垫有滤纸的塑料杯中。按试验设计浓度从低到高的顺序重复上述操作，每浓度处理 3 次以上重复，以含有与最高浓度药液等剂量的有机溶剂的蒸馏水溶液作空白对照。

4.3.2 接虫与培养

在室温晾 30 min 后，用吸虫器将 3 龄中期若虫移入上述塑料杯中，每杯 20

头，杯口用保鲜膜封住并用 3 号昆虫针扎孔，然后转移至温度为 25 ℃±1 ℃，相对湿度为 85％±10％、光周期 16 h：8 h（L：D）的人工气候箱中饲养和观察。

4.4 结果检查

分别于处理后 2 d（有机磷类、氨基甲酸酯类及拟除虫菊酯类）、4 d（氯化烟酰类和苯基吡唑类）和 5 d（吡啶甲亚胺杂环类）检查试虫死亡情况，记录总虫数和死虫数。

5 数据统计与分析

5.1 死亡率计算方法

根据检查数据，计算各处理的校正死亡率。按公式（1）和（2）计算，计算结果均保留到小数点后两位：

$$P_1（\%）=\frac{K}{N}\times100 \tag{1}$$

式中：

P_1——死亡率，单位为百分率（％）；

K——表示每处理浓度总死亡虫数，单位为头；

N——表示每处理浓度总虫数，单位为头。

$$P_2（\%）=\frac{P_t-P_0}{100-P_0}\times100 \tag{2}$$

式中：

P_2——校正死亡率，单位为百分率（％）；

P_t——处理死亡率，单位为百分率（％）；

P_0——对照死亡率，单位为百分率（％）。

对照死亡率在 10％ 以下。

5.2 回归方程和致死中浓度（LC$_{50}$）计算方法

采用机率值分析法，求出每个药剂的 LC$_{50}$ 值及其 95％ 置信限、斜率（b 值）及其标准误。

6 抗药性水平的计算与评估

6.1 灰飞虱对部分杀虫剂的敏感性基线

见附录 A。

6.2 抗性倍数的计算

根据敏感品系的 LC$_{50}$ 值和测试种群的 LC$_{50}$ 值，按公式（3）计算测试种群的抗性倍数。

$$RR = \frac{T}{S} \tag{3}$$

式中：

RR ——测试种群的抗性倍数；

T ——测试种群的 LC_{50} 值；

S ——敏感品系的 LC_{50} 值。

6.3 抗药性水平的评估

根据抗性倍数的计算结果，按照下表中抗药性水平的分级标准，对测试种群的抗药性水平作出评估。

表 1　抗药性水平的分级标准

抗药性水平分级	抗性倍数（倍）
低水平抗性	$5.0 < RR \leqslant 10.0$
中等水平抗性	$10.0 < RR \leqslant 100.0$
高水平抗性	$RR > 100.0$

附录 A

（资料性附录）

灰飞虱对部分杀虫剂的敏感性基线

表 A.1　灰飞虱对部分杀虫剂的敏感性基线

药剂名称	斜率±标准误	LC_{50}（95％置信限）（mg a.i./L）
吡虫啉	2.65±0.40	9.31（7.12～11.56）
噻虫嗪	2.12±0.43	1.79（1.34～2.28）
烯啶虫胺	2.45±0.36	1.23（0.94～1.53）
呋虫胺	2.09±0.34	0.53（0.37～0.70）
吡蚜酮	1.75±0.25	8.00（5.80～10.50）
噻嗪酮	1.21	1.35（0.72～2.33）
毒死蜱	2.13±0.38	0.48（0.36～0.62）
异丙威	2.25±0.37	68.16（48.10～89.28）
丁硫克百威	2.98±0.60	20.33（6.24～30.28）
丁烯氟虫腈	2.15±0.41	0.71（0.48～0.95）
高效氯氰菊酯	2.17±0.33	2.17（1.64～2.80）
氰戊菊酯	2.14±0.45	9.38（6.63～12.55）
氯氟氰菊酯	2.23±0.35	4.16（3.10～5.36）

注：1. 毒死蜱、烯啶虫胺、噻虫嗪及吡蚜酮等 4 种药剂敏感基线测定所用敏感品系为 2002 年采自江苏海安的敏感品系；

2. 高效氯氰菊酯、氯氟氰菊酯、氰戊菊酯、吡虫啉、异丙威、呋虫胺、丁硫克百威、丁烯氟虫腈敏感基线测定所用敏感品系为 2005 年采集于江苏无锡市麦田的越冬代灰飞虱成虫、若虫，在室内不接触任何药剂的情况下用武育粳 3 号水稻在室内饲养，后经室内单对纯化建立的敏感品系；

3. 噻嗪酮敏感基线数据引自王利华等（昆虫学报，2008）的结果。

NY/T 2058—2014

水稻二化螟抗药性监测技术规程

Guideline for Insecticide Resistance Monitoring of *Chilo suppressalis* (Walker)

1 范围

本标准规定了毛细管点滴法和稻苗浸渍法对水稻二化螟［*Chilo suppressalis*（Walker）］抗药性的监测方法。

本标准适用于水稻二化螟对常用杀虫剂的抗药性监测。

2 试剂与材料

2.1 生物试材

试虫：水稻二化螟。

供试植物：采用感虫品种，如 TN1 或汕优系列等。

2.2 试验药剂

原药或母药。

2.3 试验试剂

Triton X-100；丙酮（或二甲基甲酰胺）；所用试剂一般为分析纯。

3 仪器设备

电子天平（感量 0.1 mg）；

天平（感量 1 g）；

容量瓶（10 mL、25 mL）；

青霉素瓶（容量为 5 mL）；

移液管（1 mL、2 mL、5 mL）；

量筒（100 mL）；

玻璃烧杯（1 000 mL）；

塑料小杯（直径 5 cm，高 4.5 cm）；

培养皿（小号培养皿：直径 5 cm；中号培养皿：直径 6.5 cm）；

滤纸片（直径 6.5 cm）；

养虫笼（长 23 cm×宽 23 cm×高 32 cm）；

养虫缸（直径 15 cm，高 10 cm）或玻璃广口瓶（瓶底直径 8 cm，高 10 cm）；

毛细管点滴器：容积通常为 0.04～0.06 μL（精确度为 0.01 μL）；

钢精锅（中号：直径 24 cm，高 13 cm；大号：直径 33 cm，高 18 cm）；

白色搪瓷盘（长 30 cm、宽 20 cm、高 4.5 cm）；

高压灭菌锅（最大安全压力：102 kPa；最高温度：121 ℃）；

恒温培养箱（容量 320 L，温度范围 0～50 ℃，光照度 12 000 lx）、恒温养虫室或人工气候箱；

电磁炉；

镊子、剪刀、小号毛笔。

4 试验步骤

4.1 试材准备

4.1.1 试虫采集

选当地具有代表性的稻田 3～5 块，每块田随机 5 点采集，每地采集二化螟卵块 200 块以上，或采集幼虫、蛹 500 头以上，成虫 200 头以上（成虫的采集可在白天使用捕虫网、养虫笼等工具捕捉或夜晚灯光诱集），供室内饲养。

4.1.2 试虫饲养

4.1.2.1 成虫产卵

采集的成虫放入恒温培养箱中［温度 26 ℃±1 ℃、光周期 16 h∶8 h（L∶D）］的养虫笼中，相对湿度为 85%～90%，在未用药处理的感虫、生长嫩绿的秧苗上分批产卵（2～3 d 一批），所产卵块分批在恒温培养箱［温度 28 ℃±1 ℃、光周期 16 h∶8 h（L∶D）］中培育至黑头。

4.1.2.2 幼虫饲养

将大田采集或室内饲养已黑头的卵块接入盛有人工饲料或栽有 5～6 cm 高稻苗的养虫缸或玻璃广口瓶中（每缸/瓶幼虫密度控制在约 100 头），置于温度为 28 ℃±1 ℃、光周期为 16 h∶8 h（L∶D）的恒温培养箱、恒温养虫室或人工气候箱中，设弱下光照，以免幼虫逃逸。饲养至生理状态一致、体重范围在每头 0.45～0.65 mg 的 2 龄中期幼虫为标准试虫，供稻苗浸渍法试验；体重范围在每头 6～9 mg 的 4 龄中期幼虫为标准试虫，供毛细管点滴法试验。

4.1.3 供试水稻

供取食水稻：取一定量水稻种子，于 70 ℃温水中表面消毒 10 min，在适宜温度下（一般 28 ℃）浸种 2 d，催芽至露白后，播入玻璃广口瓶或养虫缸中，瓶/缸口封上一层保鲜膜并扎少量透气孔，置于适宜温度下培养，待稻苗长至 5～6 cm 时供初孵幼虫取食。

供稻苗浸渍法试验水稻：同上述方法催芽后，在温室内用直径 5 cm，高 4.5 cm 的塑料小杯播种水稻，每杯 25～35 株稻苗，选择生长 3 周（约 25 cm 高）的稻苗供试。

4.1.4 试验人工饲料

按附录 A 配制人工饲料，现配现用，或于 4 ℃ 冰箱中保存，不超过 7 d，试验前从冰箱中取出，待回温至室温，即可用于饲养幼虫或点滴试验（每小号培养皿内加长约 2 cm、厚约 0.5 cm 的条状饲料）。

4.2 药剂配制

4.2.1 毛细管点滴法

在电子天平上用容量瓶称取一定量的原药，用丙酮等有机溶剂溶解（杀虫单、杀螟丹等用体积为 1∶1 的丙酮∶水混合液），配制成一定浓度的母液。用移液管吸取一定量的母液至青霉素瓶，用上述溶剂配制成一定质量浓度的药液供预备试验，根据预备试验结果，再按照等比法用青霉素瓶配制 5～6 个系列质量浓度。每个浓度的药液量不少于 2 mL。

4.2.2 稻苗浸渍法

在电子天平上用容量瓶称取一定量的原药/制剂，根据溶解度的大小选择合适的溶剂将药剂溶解，配制成一定浓度的母液（双酰胺类原药用二甲基甲酰胺溶解，Bt 等制剂用蒸馏水溶解），原药配制的母液需加入终浓度 0.1% Triton X-100，再用蒸馏水稀释。根据预备试验结果，按照等比法设置 5～6 个系列质量浓度。每个浓度的药液量不少于 400 mL。

4.3 处理方法

4.3.1 毛细管点滴法

挑取每头体重为 6～9 mg 4 龄中期幼虫置于盛有人工饲料的小号培养皿中，每皿 5 头，每浓度重复 6 次，共 30 头。供试药液浓度按从低到高的顺序处理，用容积为 0.04～0.06 μL 的毛细管点滴器将药液逐头点滴于幼虫胸部背面，以点滴丙酮（或丙酮∶水＝1∶1）为空白对照。处理后将培养皿转移至温度为 28 ℃±1 ℃，光周期为 16 h∶8 h（L∶D）的条件下饲养和观察。

4.3.2 稻苗浸渍法

在栽有高约 25 cm 稻苗的塑料小杯土表倒上约 2 mL 1.5% 琼脂水溶液至杯口平齐，静置 20 min 待凝固。将稻苗倒置浸入配制好的药液中，浸渍到稻苗基部 10 s，取出晾干至无明水，将稻茎齐根剪下，去除上部叶片，留下 5.5～

6.0 cm 的茎秆；放入事先准备好的中号培养皿（每皿底部垫入四层滤纸，加入 3 mL 无菌水保湿）中，每皿 15 根茎秆；按试验设计剂量从低到高的顺序重复上述操作，每浓度 4 个重复，以含有与最高浓度药液等剂量的有机溶剂的蒸馏水溶液作空白对照。

用毛笔将试虫接入培养皿中，每皿 10 头，用两层黑棉布覆盖后再盖上培养皿盖，处理后的二化螟幼虫放置于温度为 28 ℃±1 ℃，光周期为 16 h：8 h（L：D）条件下饲养和观察。

4.4 结果检查

4.4.1 毛细管点滴法

分别于处理后 2 d（有机磷类杀虫剂）、3 d（大环内酯类杀虫剂）、4 d（沙蚕毒素类杀虫剂）、5 d（昆虫生长调节剂类杀虫剂）检查试虫死亡情况，记录总虫数和死虫数。

4.4.2 稻苗浸渍法

处理 6 d 后检查试虫死亡情况，记录总虫数和死虫数。

4.4.3 死亡判断标准

用毛笔轻触虫体，虫体不能协调运动即判断为死亡。

5 数据统计与分析

5.1 死亡率计算方法

根据检查数据，计算各处理的校正死亡率。按公式（1）和（2）计算，计算结果均保留到小数点后两位：

$$P_1（\%）=\frac{K}{N}\times100 \tag{1}$$

式中：

P_1——死亡率，单位为百分率（%）；

K——表示每处理浓度总死亡虫数，单位为头；

N——表示每处理浓度总虫数，单位为头。

$$P_2（\%）=\frac{P_t-P_0}{100-P_0}\times100 \tag{2}$$

式中：

P_2——校正死亡率，单位为百分率（%）；

P_t——处理死亡率，单位为百分率（%）；

P_0——对照死亡率，单位为百分率（%）。

对照死亡率在 10% 以下。

5.2 回归方程和致死中浓度（LC$_{50}$）计算方法

采用机率值分析法，求出每个药剂的 LC$_{50}$ 值及其 95％ 置信限、斜率（b 值）及其标准误。

6 抗药性水平的计算与评估

6.1 水稻二化螟对部分杀虫剂的敏感性基线

见附录 B。

6.2 抗性倍数的计算

根据敏感品系的 LD$_{50}$（LC$_{50}$）值和测试种群的 LD$_{50}$（LC$_{50}$）值，按公式（3）计算测试种群的抗性倍数。

$$RR = \frac{T}{S} \qquad (3)$$

式中：

RR——测试种群的抗性倍数；

　T——测试种群的 LD$_{50}$（LC$_{50}$）；

　S——敏感品系的 LD$_{50}$（LC$_{50}$）。

6.3 抗药性水平的评估

根据抗性倍数的计算结果，按照下表中抗药性水平的分级标准，对测试种群的抗药性水平作出评估。

表 1 抗药性水平的分级标准

抗药性水平分级	抗性倍数（倍）
低水平抗性	5.0 ＜ RR ≤ 10.0
中等水平抗性	10.0 ＜ RR ≤ 100.0
高水平抗性	RR ＞ 100.0

附录 A

（规范性附录）

水稻二化螟人工饲料配方和制备

A.1 人工饲料配方 I（韩兰芝，2009）

表 A.1 水稻二化螟人工饲料配方 I

组分	含量 %	分量 g	分量 g	分量 g	分量 g
鲜茭白	14.560	100	200	400	1 000
大豆粉	4.370	30	60	120	300
酵母粉	2.910	20	40	80	200
干酪素	1.460	10	20	40	100
蔗糖	1.460	10	20	40	100
琼脂	1.750	12	24	48	120
威氏盐	0.015	0.1	0.2	0.4	1.0
山梨酸	0.146	1.0	2.0	4.0	10.0
37.5%甲醛	0.044	0.3	0.6	1.2	3.0
胆固醇	0.029	0.2	0.4	0.8	2.0
抗坏血酸	0.437	3.0	6.0	12.0	30.0
氯化胆碱	0.044	0.3	0.6	1.2	3.0
混合维生素	0.002	0.013 75	0.027 5	0.055	0.137 5
维生素 B_{12}	0.001	0.006 85	0.013 7	0.027 5	0.068 5
水	72.78	500 mL	1 L	2 L	5 L

A.2 人工饲料 I（韩兰芝，2009）配制的操作步骤

A.2.1 根据饲养的二化螟种群的数量，确定所需配制饲料的量，按上述配方，在天平（感量 1 g）上称取大豆粉、干酪素、蔗糖、鲜茭白（搅成汁）后倒入不锈钢锅（中号）内，加入所需水量的 1/2，搅拌均匀，放入高压灭菌锅内，打开气门，加热至空气完全排除后（蒸汽从气门有力地冲出），关闭气门，当灭菌锅内气压达到 102 kPa，温度达到 121 ℃时，灭菌锅开始喷气，从此时起计时 15 min 后即可关闭电源；

A.2.2 在天平（感量 1 g）上称取琼脂，放入大号钢精锅内，并加入剩下 1/2 的水量，在电磁炉上煮至完全溶化（过程中应边煮边搅，以防焦枯）；

A.2.3 打开高压锅气门，当压力指针降至 0 后开启锅盖，将其中蒸煮并

灭菌完毕的混合物倒入煮有溶化琼脂的大号钢精锅中充分混匀；

A.2.4　冷却至 50 ℃～60 ℃后，将称好的威氏盐、山梨酸、胆固醇、抗坏血酸、氯化胆碱、酵母粉和混合维生素（感量 0.1 mg）用冷开水溶解后一并倒入。最后加入甲醛和维生素 B_{12}，充分混匀；

A.2.5　稍冷却（待锅中上层开始凝固）后，倒入白色搪瓷盘内，冷却后封上保鲜膜，放入冰箱备用。

注：混合维生素的配方为：烟酰胺：30％；盐酸硫胺素（VB_1）：8％；核黄素（VB_2）：15％；盐酸吡多辛（VB_6）：8％；叶酸：8％；生物素：0.8％；泛酸钙：30％；赖氨肌醇（VB_{12}）：0.2％。

威氏盐配方：$CaCO_3$：21％；$FePO_4 \cdot 4H_2O$：1.47％；$MgSO_4$：9％；KCl：12％；KI：0.005％；NaF：0.057％；$CuSO_4 \cdot 5H_2O$：0.039％；$MnSO_4$：0.02％；$K_2 Al_2 (SO_4)_4 \cdot 24H_2O$：0.009％；$KH_2PO_4$：31％；$NaCl$：10.5％；$Ca_3 (PO_4)_2$：14.9％。

A.3　人工饲料配方Ⅱ（胡阳等，2013）

表 A.2　水稻二化螟人工饲料配方Ⅱ

组分	分量	分量	分量
A			
蒸馏水	450 mL	900 mL	1 350 mL
琼脂	18 g	36 g	54 g
B			
TN1 水稻茎粉	12 g	24 g	36 g
熟大豆粉	48 g	96 g	144 g
稻糠粉	30 g	60 g	90 g
蒸馏水	150 mL	300 mL	450 mL
C			
干酪素	24 g	48 g	72 g
酵母粉	6 g	12 g	18 g
蔗糖	12 g	24 g	36 g
维生素 C	2.4 g	4.8 g	7.2 g
混合维生素	1.2 g	2.4 g	3.6 g
维生素 E	1.2 g	2.4 g	3.6 g
氯化胆碱	0.48 g	0.96 g	1.44 g
山梨酸	2 g	4 g	6 g
金霉素	2 g	4 g	6 g
蒸馏水	150 mL	300 mL	450 mL

A.4 人工饲料Ⅱ（胡阳等，2013）配制的操作步骤

A.4.1 按照配方称量好各组分，同一个部分的几种组分可放在同一个容器中。

A.4.2 将 A 部分加热并搅拌，待琼脂完全溶解均匀。注意：过程中要不断搅拌，防止凝固。

A.4.3 倒入已拌匀的 B 部分，将初步混合的 A＋B 组分倒入搅拌器中充分拌匀，待其温度降到 50 ℃～58 ℃。

A.4.4 加入 C 部分（温度不要太高），搅拌混匀后倒入白色搪瓷盘内，冷却后封上保鲜膜，放入冰箱备用。

注：混合维生素为为市场购买的杭州赛诺菲民生健康药业有限公司生产的"21 金维他"，将粒状的 21 金维他粉碎后按剂量使用。

水稻茎粉和稻糠粉为自行加工的粉剂。

附录 B

（资料性附录）

二化螟对部分杀虫剂的敏感性基线

2000 年和 2002 年采集于黑龙江省五常市二化螟幼虫，在室内不接触任何药剂的情况下用汕优 63 杂交稻及人工饲料在室内传代饲养，得到敏感品系，已建立的敏感性基线见表 B.1。

表 B.1　二化螟对部分杀虫剂的敏感性基线（毛细管点滴法）

药剂名称	斜率±标准误	LD$_{50}$（95%置信限）（μg/头）
阿维菌素	3.07±0.46	0.000 17（0.000 14～0.000 20）
辛硫磷	5.28±0.94	0.004 6（0.003 9～0.005 2）
三唑磷	3.13±0.43	0.006 2（0.005 1～0.007 4）
毒死蜱	5.17±0.82	0.008 4（0.007 3～0.009 5）
杀螟硫磷	4.72	0.009 2（0.008 0～0.010 3）
二嗪磷	7.67±1.63	0.004 1（0.037～0.046）
敌百虫	3.34±0.53	0.073（0.061～0.089）
乙酰甲胺磷	4.08±0.59	0.42（0.35～0.50）
杀虫单	2.15±0.27	0.29（0.23～0.36）
虫酰肼	1.51±0.22	0.015（0.011～0.021）

注：1. 杀螟硫磷的数据引自曹明章（2004）监测结果；

2. 该试验按照本标准中毛细管点滴法的步骤进行。

表 B.2　二化螟对部分杀虫剂的敏感性基线（稻苗浸渍法）

药剂名称	斜率±标准误	LC$_{50}$（95%置信限）（mg a.i./L）
氯虫苯甲酰胺	0.91±0.06	1.39（1.15～1.68）
Bt	1.55±0.51	31.41（14.11～52.27）

注：1. 敏感基线数据为四川、安徽多地敏感种群监测数据的平均值；

2. 该试验按照本标准中稻苗浸渍法的步骤进行。

NY/T 2728—2015

稻田稗属杂草抗药性监测技术规程

Guideline for herbicide Resistance Monitoring of *Echinochloa* spp. in the rice field

1 范围

本标准规定了稻田稗属杂草（*Echinochloa* spp.）抗药性监测的基本方法。本标准适用于稻田稗属杂草对除草剂抗药性监测。

2 术语及定义

下列术语和定义适用于本标准。

2.1 抗药性 herbicide resistance

由于除草剂使用在杂草种群中发展的可以遗传给后代的对杀死正常种群药剂剂量的忍受能力。

2.2 土壤处理法 pre‐emergence application

将除草活性化合物喷洒于土壤防除杂草的施药方法。

2.3 茎叶处理法 post‐emergence application

将除草活性化合物喷洒于杂草植株上的施药方法。

2.4 敏感基线 sensitivity baseline

通过生物测定方法得到的杂草敏感种群对除草剂的剂量反应曲线。

3 仪器设备

电子天平（感量 0.001 g）；

移液管或移液器（100μL，200μL，1 000μL，5 000μL）；

容量瓶（10 mL，25 mL，50 mL，100 mL，200 mL）；

可控定量喷雾设备；

人工气候室、温室。

4 试剂与材料

4.1 生物试材

稻田稗属杂草：（*Echinochloa* spp.）。

4.2　试验药剂

选择用于监测用的除草药剂原药。

5　试验步骤

5.1　试材准备

5.1.1　稗草种子采集

选当地具有代表性的田块，采取倒置"W"九点取样法，每点0.25 m²，采集成熟的稗草种子，记录采集信息（附录A）。将采集的种子晒干，置于牛皮纸袋内，于−20 ℃冰箱内储存约1个月后备用。

5.1.2　试材培养

试验土壤定量装至盆钵的4/5处。将供试稗草种子催芽后定量均匀撒播于土壤表面，然后将其置于人工气候室或温室内培养，光周期为12/12 h（光照/黑暗），培养温度为28/25 ℃（昼/夜），相对湿度为60%。

5.2　药剂配置

参照中华人民共和国农业行业标准《农药室内生物测定试验准则—除草剂活性测定（ＮＹ/Ｔ 1155.1—2006）》，将水溶性药剂直接用水溶解、稀释。其他药剂选用合适的溶剂（丙酮、二甲基甲酰胺或二甲基亚砜等）溶解，再用0.1%吐温80水溶液稀释。采用梯度稀释法配制7个系列质量浓度。

5.3　药剂处理

5.3.1　土壤处理法

标定喷雾设备参数（喷雾压力和喷头类型），校正喷液量，按试验设计从低剂量到高剂量顺序进行土壤喷雾处理播种后培养24 h的试材，每处理至少重复4次，并设不含药剂的处理作空白对照。处理后移入人工气候室或温室内培养，保持土壤湿润。

5.3.2　茎叶处理法

标定喷雾设备参数（喷雾压力和喷头类型），校正喷液量，按试验设计从低剂量到高剂量顺序，对定苗后所需叶龄的稗草进行茎叶喷雾处理（见附录B）。其他同5.3.1土壤处理法。

5.4　结果检查

于处理后2～3周，剪取植株地上部分，立即称重，统计稗草鲜重抑制率，计算毒力回归方程及ED_{50}值。

6 数据统计与分析

6.1 鲜重抑制率计算方法

根据调查数据，计算各处理的生长抑制率。按以下公式计算，计算结果均保留到小数点后两位：

$$E（\%）=\frac{T_0-T_1}{T_0}\times100$$

式中：

E——鲜重抑制率，单位为百分率（%）；

T_0——表示空白处理稗草鲜重，单位为克；

T_1——表示处理浓度处理稗草鲜重，单位为克。

6.2 回归方程和半抑制剂量计算方法

采用数据处理统计软件进行统计分析，计算毒力回归方程式、ED_{50}值及其95%置信限、b值及其标准误。

7 抗药性水平的计算与评估

7.1 抗药性水平的计算

根据敏感种群的ED_{50}和测试种群的ED_{50}值，按以下公式计算测试种群的抗性指数，计算结果均保留到小数点后一位：

$$RI=\frac{测试种群的\,ED_{50}}{敏感种群的\,ED_{50}}$$

式中：

RI——抗性指数；

ED_{50}——抑制杂草50%生长的剂量，单位为 g(ai)/hm²。

按照抗性水平的分级标准，对测试种群的抗药性水平作出评估。

7.2 敏感毒力基线

稗草［*Echinochloa crusgalli*（L.）Beauv.］对部分除草剂的敏感毒力基线（附录C）。

7.3 抗药性水平的分级参考

抗药性水平的分级参考

抗药性水平参考分级	抗性指数
低水平抗性	$3.0 < RI \leqslant 10.0$
中等水平抗性	$10.0 < RI \leqslant 100.0$
高水平抗性	$RI > 100.0$

附录 A

稗草样品种子采集相关信息登记表

样品编号			采集人	
采集时间	年　　月　　日		经纬度	E°　　N°
具体地点	省　　市（县）　　乡　　村　　组			
耕作方式	1. 移栽　2. 机插　3. 直播　4. 抛秧　5. 其他			
近 5 年除草剂使用情况	年　份			
	使用除草剂			

附录 B

几种常用除稗剂的用药时期

药　　剂	稗草处理时期
二氯喹啉酸	3 叶 1 心
五氟磺草胺	3 叶
氰氟草酯	2 叶 1 心
噁唑酰草胺	3 叶
嘧啶噁草醚	2 叶 1 心
双草醚	3 叶 1 心

附录 C

稗草 ［*Echinochloa crusgalli*（L.）Beauv.］对部分除草剂敏感基线参考值

从湖南省农科院春华镇龙王庙基地一块从未施用过除草剂的稻田采集,在网室内不接触任何药剂的情况下让其繁殖,连续传代繁殖至今,得到敏感品系，已建立的敏感基线见下表。

药　剂	茎叶处理法		土壤处理法	
	Slope $\pm$ SE	ED$_{50}$（95%FL）[g(ai)/hm^2]	Slope $\pm$ SE	ED$_{50}$（95%FL）[g(ai)/hm^2]
二氯喹啉酸	2.025±0.120 4	68.57（59.69～78.78）		
五氟磺草胺	1.825 9±0.270 7	1.50（0.77～2.92）		
氰氟草酯	2.849 6±0.313	29.91（25.01～35.76）		
噁唑酰草胺	1.312±0.165 7	7.59（5.0～11.52）		
嘧啶噁草醚	1.583 8±0.101 9	5.99（5.24～6.85）		
双草醚	1.600 7±0.253 9	2.97（1.42～6.19）		
丁草胺			1.009 4±0.021 1	30.30（29.35～31.28）
乙草胺			2.562 5±0.766 4	17.54（10.07～30.55）
异丙甲草胺			2.505 8±0.879 5	25.15（11.37～55.62）
苯噻酰草胺			2.730 1±0.672 2	43.59（19.52～97.35）
噁草酮			1.201 2±0.191 2	5.70（2.14～15.19）

图书在版编目（CIP）数据

稻田农药科学使用技术指南／全国农业技术推广服
务中心主编 . —北京：中国农业出版社，2018.5（2023.9重印）
ISBN 978 - 7 - 109 - 24085 - 8

Ⅰ.①稻…　Ⅱ.①全…　Ⅲ.①稻田-农药施用-指南
Ⅳ.①S435.11 - 62

中国版本图书馆 CIP 数据核字（2018）第 091219 号

中国农业出版社出版
（北京市朝阳区麦子店街 18 号楼）
（邮政编码 100125）
责任编辑　阎莎莎　张洪光

三河市国英印务有限公司印刷　新华书店北京发行所发行
2018 年 5 月第 1 版　2023 年 9 月河北第 3 次印刷

开本：720mm×960mm 1/16　印张：16
字数：280 千字
定价：58.00 元
（凡本版图书出现印刷、装订错误，请向出版社发行部调换）